新物理学選書

ゆらぎのエネルギー論

新物理学選書

ゆらぎのエネルギー論

Stochastic Energetics

関本 謙 著

Ken Sekimoto

岩波書店

まえがき

私たちの身のまわりには不確実なことが山とある．だから情報をあつめ，ものごとの発展の中にある規則性を推し量り，その発展に積極的・消極的に対応しようとする．それでも精確に先き行きを予想できなかったり，同じ設定をしたつもりがその都度結果が異なるなど，確率的な要素がしばしばつきまとう．

物理で扱う対象にも確率的な要素は現われ，しばしば「ゆらぎ」と呼ばれる．歴史的にみると，ゆらぎは次第にその重要さを増してきた．

19 世紀から前世紀にかけて発展した熱力学が明らかにしたのは，均質な要素をマクロな個数集めた対象において，ゆらぎのない，いくつかの確実で普遍的な量的関係が成り立つということだ．正確にはこれらの関係は要素の個数が無限大の条件下で成り立つ漸近法則だが，当時の実用・実験で扱った対象はほぼこの条件を満たしていた．

その後 Boltzmann や Einstein, Onsager らにより統計力学が発展させられ，現実の有限大の系では熱力学に現われる量が平均値のまわりにどれだけのゆらぎを伴うのか，またその確率・統計的性質が他の量とどう関係するのかが明らかになってきた．同時に実験技術も進歩し，ゆらぎが測定可能になった．それでも最初は平均量が主で，ゆらぎは通常小さいものとして扱われた．

ところが前世紀の末頃から微細加工や情報処理の技術革新のおかげでサブミクロン(1 ミクロン μm は 10^{-4} cm)の小さな対象をミリ秒やそれ以下の精度で個別に測定し制御することが可能になった．この尺度ではゆらぎが非常に重要となり，平均量との主従が逆転した状況も現実問題になってきた．ゆらぎが平均量と同等以上に重要となる時空尺度の世界を以下では**ゆらぐ世界**と呼ぼう．

このゆらぐ世界が本書の主題であるが，ゆらぎとしては有限温度のいわゆる熱ゆらぎをもっぱら対象とし，量子力学的な干渉効果や量子ゆらぎが見える程にミクロあるいは低温の状況は本書では考えない．タンパク質分子モーターなど細胞レベルの構造・機能を扱うナノバイオロジーや，高分子やコロイドなど分子集合体のゆらぎを扱う研究ではそれでおおむね十分だし，それにもまして，観測における不確定性および不可逆性という量子力学に特徴的な効果に似た現象が，熱ゆらぎによっても再現されることが明らかになる(第5章，第6章)ので，量子ゆらぎを扱わないのにも積極的な意義がある．またこのことは量子力学的な対象を専門とする人々にとっても，広い文脈で量子的な効果を考え直す材料となるだろう．

さて熱ゆらぎが重要な尺度ではまずもってそのゆらぎおよびその変化が見えるということだが，花粉の微粒子が示すBrown運動(1827)をはじめとして熱ゆらぎを観察した歴史は長い．今日何が新しい状況かというと，私たちがその世界に直接はたらきかけたり，その世界でものを作ったりと主体的にかかわりはじめたことだ．また，臨界現象における比熱や粘性係数の発散のように，特殊な条件下ではマクロな対象でもゆらぎの効果が顕著な場合があることが知られていたが，サブミクロン・サブミリ秒を扱うようになってからは，ゆらぎを正面から扱うことが基礎・応用ともに一般的な課題となり，ますますその重要性が増すというのが今日の特徴だ．

ゆらぐ世界を記述するにはゆらぎの時間発展を与える枠組みが必要だが，この枠組みは前世紀のはじめ以来，つとに発達している．マスター方程式，Langevin方程式(巻末の参考文献[1])，Fokker-Planck方程式[2]，確率微分方程式などを耳にされたこともあろう．本書でも最初の3章の中でこれらについて必要な事項の導入をおこなう．ところがゆらぎの時間発展がわかれば十分かというとそうではない．一言でいうと，運動論に加えてエネルギー論を完備しないと，ゆらぐ世界を自在に論じることができない．たとえばゆらぎが見える世界では，熱力学で熱として扱ってきたものは一体何に対応するのか，またゆらぎの時間発展に対して外からの操作や観察がどんな影響をおよぼし，どのようなエネルギーの授受をともなうのか，これらの問いに答えることができない．エネルギー論の重要性は力学において，運動方程式だけでなく運動エネルギー，ポテンシャルエネルギーといった概念を伴ってはじめて理解が進むことからも類推されよう．

たとえば微粒子のBrown運動は重力や電場によるものではない，熱ゆらぎだという．その由来はまわりの溶媒(水)である．そうして微粒子の動きを運動方程式——Langevin方程式——で記述する．ところが，この方程式にはランダムに変化する力を表わす項がある(第1章で説明する)ものの，エネルギー移動の一形態としての熱はどこにもない．そこで Langevin 方程式にしたがって動く微粒子が溶媒とどれだけのエネルギーをやりとりするか，つまり熱をゆらぐ世界で定義することから始めなければならない．

この定義から始めて，ゆらぐ世界のエネルギー論の枠組みを提示しその帰結を探索すること，それが本書の目的である．これを**ゆらぎのエネルギー論：Stochastic Energetics** とよぶことにする．

このゆらぎのエネルギー論は，ゆらぎの運動論の付録とか枝葉末節という質のものではなく，むしろ早晩つながるべき missing link として論理的には予定されたものである．これを説明するため，(溶媒などを含め)すべての構成要素の運動を明示的に扱う力学，(微粒子など)そのゆらぎが見える対象だけを記述するゆらぐ世界の運動論，ゆらぎを一切見ない熱力学，という3つの記述方法を，3角形の各頂点になぞらえよう．力学からゆらぐ世界の運動論への辺は Zwanzig, 森，川崎らにより1970年代の半ばまでに樹立されており(第1章)，また力学系から熱力学への辺は Boltzmann, Gibbs らの統計力学としてつとにつながっている．したがって残る1辺，ゆらぐ世界の運動論から熱力学に到る道はあってこそ自然なのである．実際，本書で展開するゆらぎのエネルギー論では，力学からみて自然な形で熱を定義し(第4章)，そこから熱力学の法則と相似な構造を導き出す(第5章)．

いままでにもゆらぐ世界で熱を定義しようという議論がなかったわけではない．しかしそのほとんどは(Langevin 方程式による)個別のゆらぎの発展ではなく，多数回のゆらぎ発展の統計を対象にして，平均としての熱を考えていた．ところが実験・開発技術の進歩は，個別のゆらぎを測定・操作することによりはるかに多くの情報獲得と制御を可能にしたので，個別のゆらぎにもとづくエネルギー論は時代の要請となったのである．たとえば熱ゆらぎの運動を整流して仕事を取り出す，Feynman の爪と爪車[3]という装置がかつて提案されたとき(1966)，それは思考実験でしかなかった．ところが今日では，この尺度の装置を実際に組み立て，その動作をつぶさに観測できる．

本書の読まれ方には2つのタイプがあるのではないかと思う．第一はゆらぎのエネルギー論の概念，方法論の基礎を知って各自の研究に応用したり参考に

したりすることを目的にする．実際本書を読めば，

1. 熱ゆらぎの運動と熱の関係が具体的な表現にもとづいて理解され，そこからエネルギー保存則や準静的な操作過程とその条件，ゆらぐ世界で自由エネルギーのもつ意味などが導かれることがわかる．
2. エネルギー収支の計算について必要な技術的知識や注意すべき点などを，本文に掲げた例も参照して得ることができる．また詳細は引用文献で確かめることができる．すでにこの方法論はゆらぐ世界のエネルギー変換装置や非平衡定常状態の熱力学の構成などの研究に用いられており，これらも文献を参照できる．
3. ゆらぐ世界から熱力学・統計力学を見ることがこれらを理解する助けになる．これは著者自身には少なくともあてはまり，たとえば次のような問いに対しゆらぎのエネルギー論の具体的な定式に基づいた解答ができるようになった：
   - 熱力学ポテンシャル(自由エネルギー)は誰にとってポテンシャルなのか．
   - なぜ理想気体でも化学ポテンシャルは濃度に依存するのか．
   - 電子の移動はフェルミエネルギーを持ち運ぶのか．
   - スプーンを水の中で動かして水を冷やすことができるか．
   - 理想的なゴムひもの張力を解放したら熱が生じるか．
   - 力学的に不可逆な操作は熱力学的にも不可逆か．
   - なにをもとに準静的過程への近さを測ればよいか．
   - メモリーの情報をコピーするのに仕事はいらないのか．

上のような問いをゆらぎのエネルギー論で考える場合，どの立場のどんな尺度で対象を論じるのか，およびどのように対象を操作したり制御したりするのかを具体的に表現することができる．これらはマクロな要素の集合を対象とする熱力学・統計力学ではしばしば十分に語られず，それがたとえば熱力学がむつかしいという印象を人に与える一因にすらなっているのではないかと思う．たとえば物体を熱環境(熱浴)から断熱するというとき，誰がその操作をするのか，それにはどんな仕事を要するのか，それは可逆にできるのか(暗黙にはそう仮定されている)，といったことは，熱力学の基礎にかかわる研究の現場*[1]ではさておき，教科書にはおおよそ書かれていない．だから本書は修士/博士を対象とす

る熱力学/統計力学関連の講義や輪講のテキスト・サブテキストとして，あるいは研究の先端で活躍するポスドクをはじめあらゆる層のプロ研究者が当分野の現況を知り自らの研究に役立てる資料として使うことができる．またたとえばバイオ技術やミクロマシンといった応用分野でも，ゆらぐ世界にかかわる側面について基礎的な理解が必要とされることがあろう．そんな時に本書の記述が，詳細にあてはまらないまでも，なにがしかの発想や解決のヒントを提供できるかもしれない．

本書のもう一つの読まれ方は，ゆらぐ世界や熱力学の拡大を志す研究者が，現在までの研究で何が問題として浮かび上がってきたかを批判的に抽出するという目的をもってなされるものであろう．実際，ゆらぐ世界という私たちの日常感覚やマクロの物理学についての経験から推察することが容易ではない‘異国’について，本書はきれいなところだけをサラリとまとめて，行ってきた気にさせる‘紀行文’や‘ガイド本’というよりも，その世界がもつルール・制約や内包する問題点なども指摘した‘在住の手引き’のようなものである．だからすらすら先には進めないところ，答のない問いが提示されるところで戸惑われることもあるのではないかと思う．それに欲求不満を覚えて無視するのでなく楽しんで頭の片隅に置いてもらえるかどうかは，個々の読者の志向に期待する他はない(おこがましくも比べるつもりではないが，メゾスコピック量子系を扱った本[7]には著者 Imry の考察がちりばめられており，量子物理の基礎を考える人々はこぞって薦めるが，まったく評価しない人々もいる)．本書をたたき台に基礎・応用の両面でゆらぐ世界をさらに開拓し，問題点を解決してほしいと願うばかりである．

各章の構成

全 9 章はおおよそ導入・本論・展開の 3 部構成で，それぞれ 3 章からなる．各章の冒頭には長めの導入をおいて，物理・理論を専門としない読者にも概要を把握してもらうよう努めた．

---

*1　熱力学という概念の拡大・抽象化については，非平衡定常状態[4,5]，絡み合った量子状態[6]など，最近さまざまな分野で検討されてきており，今後の研究の発展にまつものがある．このような視点をいちはやく指摘したのはイリノイ大学(UIUC)の大野克嗣氏である．

最初の3章ではそれぞれ，ゆらぐ世界の運動論(第1章)・熱力学(第2章)・化学反応論(第3章)の各分野において，以下の本論の展開に必要な内容をふりかえる．本論の準備および動機づけにつながらない事柄には触れていないので，分野のまとめとしては偏ったものである．したがって，本書を読み進む上での基礎知識として，力学の初歩——力およびエネルギーとニュートンの運動の法則——，熱力学の標準的なことがら——エネルギー，自由エネルギーのいちおうの定義，エネルギーの収支バランスなど——，また確率の初等的な概念にある程度親しんでいることが望ましい．ゆらぎのエネルギー論に赴く際にはこれらのどんな側面を検討すべきか，第2章と第3章では随所に短いコメントを設けた(ある分野が確立されるためには，問題の焦点を絞らざるをえないから，熱力学や化学反応論が成立する過程でも多くの興味ある問題が置き去りにされただろう)．

つづく3章が本書の中心部分である．第4章でゆらぐ世界における熱・仕事・エネルギーを定義し，それが1回ごとの過程におけるエネルギー保存を満足することを示す．また一般に記述の尺度を変えると熱・エネルギーの定義も変わらねばならないことを述べる．第5章では，ゆらぐ世界での準静的な操作過程を定義・検討し，1回ごとの準静的過程についてマクロな熱力学と類似の関係が得られることなどを示す．第6章では，ゆらぐ世界の操作・観測で一般に避けることのできない非平衡過程について論じる．これはマクロな系では相対的に小さな効果しかもたないため従来の統計熱力学では無視できたものだが，ゆらぐ世界ではそうではない．章の後半では，この非平衡過程を積極的に利用するメモリー操作のエネルギー論を述べる．

おわりの3章では，ゆらぐ世界の尺度で作動する(自由)エネルギー変換機構についてのべる．最初の2章で外からの制御に頼る変換機構を，最後の章で自律的な変換機構を扱う．第7章ではミクロなCarnot熱機関のモデルを示し，そこで制御の仕事を含めたエネルギー論を展開する．第8章では，粒子の出入りによって自由度の数が変化する「開放系」およびそのエネルギー論をゆらぐ世界の尺度で定義し，そこでの自由エネルギー変換機構を論じる．最後の第9章では，分子モーターなどゆらぐ世界で作動する，開放系の自律的な変換機構についてのべる．作業仮説としての自律の定義からはじめて，双方向制御という1

つの構成原理およびその他の概念を論じる．ゆらぎのエネルギー論が生まれるきっかけとなったラチェットモデルとよばれる一群の変換装置については，この章の付録でごく簡単にのべる．

開放系はゆらぎのエネルギー論の1つの応用場面である一方，将来的に生物に代表される自律的なシステム・プロセスをエネルギー論の枠を超えて考える際に1つの足場になると思われる．あらかじめお詫びしたいのは，開放系については1つの章を割いたにもかかわらず，それに関連する記述は多くの章にまたがってしまったことである．この構成上の不備は必要な箇所で細かく相互参照することで多少とも補った．

文献について

引用した文献は網羅的なものではない．本書の内容を補うのに必要なもの，含蓄が深くて著者の学ぶところ大であったものを引用した．著者の不勉強と見識不足のため，見落としや判断の誤りが少なからずあるのではないかと懼(おそ)れる．ご指摘いただけたら再版の機会に検討したい*2．

謝辞

本書の内容のうちオリジナルな部分は，以下にのべる共同研究者・準共同研究者の方々に多くを負っている．ここで深く感謝したい(以下敬称略50音順)．大野克嗣，佐々真一，佐藤勝彦，柴田達夫，高城史子，太和田勝久，本堂毅，宮本嘉久．また上記以外にも1997年から2000年に行った大学院講義の講義ノート(とその前身)に貴重なコメントを下さった次の方々に感謝したい．相沢慎一，小嶋泉，金田亮，神谷律，川崎恭治，佐々木一夫，佐々木文子，佐々田友平，田崎晴明，田中良巳，都築俊夫，長谷川洋，宮下尚，宮本直尚，宗像豊哲，宗行英朗，湯川諭，Armen Allahverdyan, Chris Jarzynski, Stanislas Leibler, Peter Salamon．さらに生物，とくに生物分子モーターについて多くの教示を下さった次の方々に感謝する．浅井博，石渡信一，大澤文夫，児玉孝雄，須藤和夫，徳永万喜洋，野地博行，安田涼平，柳田敏雄，山田章．また執筆の進め方について示唆をいただいた長岡洋介，Carol Escoffier, Antoine Trillerの諸氏，講義を

*2 e-mail: sekimoto@yukawa.kyoto-u.ac.jp

聴講し率直な感想を教えてくださった院生・スタッフの皆さんに感謝する．とくに忙しい中を時間を割いて草稿を読み，懇切で貴重な指摘をくださった大野克嗣・佐々真一・田崎晴明・宮部信明(岩波書店編集部)・宗行英朗の諸氏に感謝する．指摘いただいた誤解や説明不足などはできる限り最終稿にて修正したが，なお不足のところがあるかもしれない．それらの責はすべて著者にある．

2004年3月　ストラスブール

関本　謙

目　次

ゆらぎとその記述

本章ではゆらぎとは何かを考えることから始めて，ゆらぐ世界の運動論(ダイナミックス)を記述するうえで必要な，初等的な考え方と道具を説明する．ゆらぎを記述する道具にも状況に応じていろいろあり，物理・数学・化学はもちろん経済・遺伝学におよぶ，さまざまの分野の立場で書かれた本がたくさんあるので，詳しくは読者自身の専門に応じて専門書を参照されたい(物理むけに明快に書いてあるものとして巻末の参考文献[8,9]を，また確率統計の深みを書いて軽味のある邦書として[10,11]を挙げる)．本章では後の章で重要となるLangevin方程式を中心にのべる．とりわけ，エネルギー論の立場から，「運動方程式としてのLangevin方程式」の見方とその限界を強調している．道具の記述には，成り立ちの説明と使い方の説明とがあるが，いずれもいささか数学的な部分があり，興味のない読者は結果だけ見ればよいと思う．とくにLangevin方程式の一般的な導出については，コンパクトに説明しきれないので多くを省いた．

まず最初にゆらぎの統計性と自発性を定性的に論じ，ゆらぎの振舞いも役割もそれを受ける側の時空の尺度に依存して異なるということをのべる(1.1)．確率過程とは何かを説明し(1.2)，つづいて大偏差性質について述べ，Gauss分布に従って細かく時間変化する確率過程 $\xi(t)$ を導入する(1.3)．続く3つの節では，力学的な起原をもつゆらぎについて述べる．導入1.4のあと，1.5ではゆらぎの影響のみをうける自由Brown運動，1.7ではポテンシャルによる力もうける運動を記述するLangevin方程式を導入し，それが導かれたあらすじと簡単な例を述べる．

その後，Langevin方程式を扱う数学的道具——確率解析(1.8)——とその使われかた(1.9)を述べる．1.10では，ゆらぎを記述する尺度を変更するとLangevin

方程式がどう変更されるかを，簡単な例で示す．次に，運動方程式である Langevin 方程式がうみ出すランダムな運動の確率分布(1.11)およびその発展規則(1.12)についてまとめる．最後に本書で詳しく触れない事柄を 2, 3 指摘して終わる(1.13)．

ゆらぎを離散的な状態どうしの間の遷移として表わす方法も化学反応などで広く使われる．これについては第 3 章でまとめて扱う．

1.1　ゆらぎとは

最初にゆらぎとは何かを，定性的に考える．

生物の個体差，為替の変動，ゆらめく陽炎など，ちまたにゆらぎといわれる現象・性質は遍在するが，それらはあるデータ集団が不規則・確率的であること，あるいはその不規則さ・不確実さのことだと言ってよいのではないだろうか．すると不規則とは確率的とは何かということになるが，それには統計性と自発性を挙げることができる．

統計性：ある特定の物のある特定の時点における状態(を表わす状態量)だけを与えられても，それがゆらぎかどうかは議論できない．ゆらぎは常にデータ集団の性質すなわち統計を表わすものである．

自発性：このデータ集団が時系列の場合，その過去の履歴を知っただけでは将来の値や刺激への応答をピタリと予測・制御できない場合，また時系列でなくても，集団の一部のデータから残りのデータが確定できないとき，ゆらぎがあると言う．これらの場合，データは自発的にその値を選んでいるように見える．自発的なゆらぎが生じ続けるということは，ゆらいでいる系に与えた刺激情報や，系を観測したことの影響が時間とともに忘れられてゆくことも意味する．

あるデータ集団をゆらぎと見るか否かは，データ集団を解析する主体の知識や測定能力にもかかわる．広範囲あるいは長時間にわたる状態量は予測できなくても，十分に短かい距離や時間の範囲なら現時空点の状態量からだいたいの予想がつくという場合も多い．風は地球大気のゆらぎであるが，風向きがおだやかに変わるおかげで風車の向きを合わせることができ，風力発電ができる．タンパク質分子モーターは，溶媒の熱ゆらぎが時間変化する際の「くせ」(遷移率の特徴)を活かせるよう，進化の圧力を受けたかもしれない．

したがってゆらぎを論じる際には，どのような距離と時間の尺度で論じているかを意識しておかねばならない．実際に「ゆらぎ」がゆらぎらしく見える時間的および/あるいは空間的な尺度は，測定者のもつ観測精度にくらべて粗すぎず詳しすぎずという範囲に限られるだろう．観測者の感度(分解能)をはるかに下回るような細かなゆらぎは，せいぜいその統計平均量を測れるだけである．たとえば，流体力学の尺度で水を見る人にとって，応力場のゆらぎはその相関を粘性係数を介して測定できるのみだ．ところが，水分子の(古典力学的な)動力学シミュレーションプログラムを動かす立場からは，計算精度が許す限りの先までの分子速度は決定的に予測できる．

これに関連して，ゆらぐ状態量をノイズと見るかシグナルと見るかも，受け手側が問題にする時間尺度に依存する．たとえばタンパク質レセプターが細胞器官(ベシクル)の膜上に「口をあけて」シグナル分子の到来を待つ，あるいはタンパク質分子モーターがATP分子の到来を待つ状況を想像する．待っている分子(基質分子)の到来は，時間的な規則性がないという意味ではノイズだが，有用な信号あるいは資源でもある．というのも，これらのタンパク質はいったん基質分子を結合したら，それが再び離脱するよりも短い時間尺度で必要な応答(状態変化)ができるように設計されており，基質分子の到来はシグナルとして内部で処理されたわけだ．「気がついたときにはもう分子はいなかった」ではだめなのだ*1．

さて，上のように特徴づけたゆらぎを適切に記述したい．そのために必要な概念と道具を次に説明する．

1.2 確率変数・確率過程と平均

はじめにゆらぐ変数(確率変数)とその値について定義と表記の約束をしておく．サイコロを(公正な方法で)振った時に出る目の数を一般に表わしたいときには，1から6までの整数をとりうる変数 $\hat{n}$ を導入すると都合がよい．たとえば目の数の自乗というかわりに $\hat{n}^2$ といえばすむ．ある時振ってみてたまたま3

*1 これはもちろん機能のための必要条件で，タンパク質の機能が発揮されるには，環境が一方向の過程を促進するよう非平衡になっていることも必要である．

の目が出た(**実現したという**)なら「$\hat{n}=3$であった」と書くが，$\hat{n}$は3に固定されるわけではなく，変数のままである．$\hat{n}$のような変数を**確率変数**(random variable）と呼ぶ(「 ˆ 」は確率変数であることを強調したい場合につけることにする)．確率変数のとりうる値にはそれぞれ確率が付与されているので(公正なサイコロの$\hat{n}$ならばすべて1/6)，その確率に応じた平均を考えることができる．これを括弧$\langle\ \ \rangle$で表わす(公正なサイコロの例では$\langle\hat{n}\rangle=7/2$, $\langle\hat{n}^2\rangle=91/6$など)．

確率変数は多成分でもよい．たとえば3回続けて振る時の目の組を$\hat{n}=\{\hat{n}_1,\hat{n}_2,\hat{n}_3\}$と書ける．また$j$回目までの目の数の和$\hat{n}_1+\cdots+\hat{n}_j$を$\hat{m}_j$と書くと$\hat{m}=\{\hat{m}_1,\hat{m}_2,\hat{m}_3\}$なども確率変数である．この場合は成分どうしが独立ではないが，$\hat{m}$の可能な実現それぞれに確率が付与されており，それについての平均$\langle\ \ \rangle$を定義することができる．多成分の確率変数でとくに成分の添字が「時刻」であるとき，この(無限個の成分の)確率変数を**確率過程**(stochastic process)と呼ぶ．確率過程$\hat{\xi}(t)$について

$$\left\langle \exp\left[i\int_{-\infty}^{\infty}\phi(t)\hat{\xi}(t)dt\right]\right\rangle$$

を特性関数と呼ぶ．

$$\left\langle e^{i\int_{-\infty}^{\infty}\phi(t)\hat{\xi}(t)dt}\right\rangle = e^{-\int_{-\infty}^{\infty}\int_{-\infty}^{\infty}\phi(t)K(t,t')\phi(t')dtdt'} \tag{1.2.1}$$

のように特性関数が$\phi(t)$の2次式を指数関数の肩にもつとき，$\hat{\xi}(t)$はGauss確率過程であるという．

1.3　ゆらぎの統計的性質

多数N個の同質な部分状態量$\hat{a}_i$ $(i=1,\cdots,N)$の平均で定義される状態量$\hat{A}\equiv N^{-1}\sum_{i=1}^{N}\hat{a}_i$はしばしば興味ある量である．これについては次にのべる大偏差性質(Large Deviation Property, LDP)とよばれる性質がしばしば成り立つ[12]．

たとえばガスを溜めた大きな容器を考え，その体積の中に仮想的にN個の互いに重なり合わない，体積Δvをもつ区画を考える(これらの総体積$N\Delta v$は容

器の体積にくらべて十分小さいとする)．i 番めの区画にある全分子数(あるいは全運動エネルギーでもよい)を $\hat{a}_i$ とする．ガスが超希薄でなければ，各 $\hat{a}_i$ はほぼ独立に同じ確率分布 $p(a)$ に従っているとみなせる．つまり $a \leqq \hat{a}_i \leqq a + da$ である確率が $p(a)da$ と書けるとする[*2]．

あるいは $N\Delta t$ 秒間の測定を考え，その時間を N 等分する．$i\Delta t$ 秒めの区間での状態量を $\hat{a}_i$ とする．ゆらぎ変動の相関時間が Δt 秒より十分短ければ，$\hat{a}_i$ はほぼ独立に同じ確率分布 $p(a)$ に従っているとみなせる．

いずれの場合も，Δv あるいは Δt を変えずに集団のサイズ N を大きくしてゆくと，$\hat{A} = N^{-1} \sum_{i=1}^{N} \hat{a}_i$ の確率分布 $P(A) = \langle \delta(A - \hat{A}) \rangle$ は，

$$P(A) \sim e^{-NI(A)} \tag{1.3.1}$$

という漸近形をとる．

(1.3.1)のような分布の形をもつとき，ゆらぎ $\hat{A}$ は**大偏差性質**(large deviation property)をもつという．$P(A)$ が $A = A^*$ で最大値をとるとき $I(A^*) = 0$ となるように I の付加定数を定める[*3]．この $I(A)$ を **rate function** と呼ぶ．最大性から $I'(A^*) = 0$, かつ $I''(A^*) > 0$ となる(そうでない場合は扱わない)．$NI(A)$ を系の全エントロピー S^{tot}，NA を系に許される示量変数(のゆらぎ)とみなせば，大偏差性質は Einstein による熱力学的ゆらぎの理論として提案されていたものである．そこでは N は系の大きさを表わした．

上の例のような状況での(1.3.1)の導出の概略を述べよう：$P(A) = \langle \delta(A - \hat{A}) \rangle$ の Fourier 変換 $\tilde{P}(u) \equiv \int_{-\infty}^{\infty} e^{iAu} P(A) dA$ は $\tilde{P}(u) = (\tilde{p}(u/N))^N$ と書ける．ここで $\tilde{p}(u)$ は $p(a)$ の Fourier 変換である．そこで Fourier 逆変換 $P(A) \equiv \int_{-\infty}^{\infty} (du/2\pi) e^{-iAu} \tilde{P}(u)$ を使って $P(A)$ は次のように表わせる．

$$P(A) = \int_{-\infty}^{\infty} \frac{du}{2\pi} \exp\left[-i\left(A\frac{u}{N} + i \ln \tilde{p}\left(\frac{u}{N}\right)\right) N\right]$$

この右辺の積分を鞍点法で近似評価すれば(1.3.1)およびその中の $I(A)$ が得られる[*4]．

---

*2　不等式 $a \leqq \hat{a}_i \leqq a + da$ の両側や分布関数 $p(a)$ に現われる a は確率変数ではない．

*3　(1.3.1)式での比例定数を $P(A^*)$ に選べばよい．

*4　鞍点法とは，積分のなかの指数関数の絶対値が複素 u-面内で鞍(峠)状の地形をなすとみなし，積分値を鞍点——u に関する複素微分がゼロの点——の値で代表するものである．

大偏差性質(1.3.1)によれば，$\hat{A}-A^*$ を $\mathcal{O}(1)$ に固定したまま $N\ (<\infty)$ を大きくしてゆくと，$P(A)$ は指数関数的に減少することになる．これは次のように解釈できよう：$\hat{A}-A^*$ が分散幅($\mathcal{O}(1/\sqrt{N})$)より逸脱した稀な値(large deviation)をとるには，N 個の $\hat{a}_i$ のうち一定以上の割合(ϕ とする)のものが，平均値よりかなり外れた値をとることが必要で，そのようなことがおこる確率を各変数 $\hat{a}_i$ ごとに p_* とすれば，$P(A)\sim {p_*}^{\phi N}=e^{-N\phi|\ln p_*|}$ となる．

大偏差性質があれば，よく知られた**大数の法則**はもちろん成り立つ．すなわち，「N 個の独立で同じ分布にしたがうゆらぎ量 $\{\hat{a}_i\}$ の平均 $\hat{A}\equiv(1/N)\sum_{i=1}^{N}\hat{a}_i$ は，極限 $N\to\infty$ でゆらぎがなくなる」．なぜなら $\hat{A}-A^*$ を $\mathcal{O}(1)$ の精度で問題にする限り，すべての $A\neq A^*$ に対して(1.3.1)は $P(A)\sim e^{-NI(A)}\to 0$ を与えるので，$P(A)\to\delta(A-A^*)$ にならざるをえないからである．

式(1.3.1)を用いて $(\hat{A}-A^*)$ を $\mathcal{O}(1/\sqrt{N})$ の精度で調べるのは，$\hat{A}-A^*$ を固定して $N\to\infty$ の漸近性質を調べるという大偏差性質本来の適用範囲にもとる．しかし $\hat{A}$ が上の例のように独立な分布の和から成り立つとき，**中心極限定理**すなわち「N 個の独立で同じ分布にしたがうゆらぎ量 $\{\hat{a}_i\}$ から定義する $\hat{x}\equiv(1/\sqrt{N})\sum_{i=1}^{N}(\hat{a}_i-a^*)$ (a^* は $\hat{a}_i$ の平均値)は，$N\to\infty$ で Gauss 分布(確率分布関数が負の 2 次関数を指数の肩にもつ)に近づく」と大偏差性質の間には関連がつく．実際，展開

$$I(A)=(1/2)I''(A^*)(A-A^*)^2+\mathcal{O}((A-A^*)^3)$$

を(1.3.1)に代入すれば $x\equiv\sqrt{N}(A-A^*)$ とおいて次の形が得られる．

$$P(A)\sim e^{-\frac{1}{2}I''(A^*)x^2+\mathcal{O}(N^{-1/2})}$$

1.4　力学由来のゆらぎ――熱揺動力の理想化

上で説明したゆらぎの大偏差性質は，そのゆらぎが古典力学的あるいは量子力学的な微視的自由度の集まりによって作られる必要はない．また，熱平衡状態のまわりのゆらぎに限定されるものでもない．しかし本書では，**力学的な原因で生じるゆらぎ**に的をしぼり，また基本的に**熱平衡状態の近くで生じるゆらぎ**に限って議論を進める．

たとえば水分子の熱運動のような多くの互いに協調しない速い運動が，そこに懸濁する微粒子の速度にどのような作用を与えるかを考える際には，水から微粒子に及ぼされる力(時刻の関数)が問題となるが，これを1つの水分子が衝突する時間(ミクロな相関時間——τ_{m} と書こう)の精度で詳しく調べる必要はない．むしろ**ある程度の時間幅で平均した力**が統計的性質に良くモデル化できればよい．そこで熱環境中で静止した点に及ぼされる**熱揺動力**(random thermal force) $\hat{\xi}(t)$ の時間変化の統計的性質を理想化し，これが1.3で述べた大偏差性質をもつものと仮定しよう．すなわち $\hat{\xi}(t)$ は，平均ゼロのまわりに，近似的にGauss分布でゆらぐ確率過程であるとする．また我々が関心をもつ時間尺度は τ_{m} よりも十分に長いので，異なる2時刻 t, t' といえば τ_{m} よりも隔たった時刻 $|t-t'| \gg \tau_{\mathrm{m}}$ を意味すると約束する．すると，異なる時刻における熱揺動力どうしの相関 $\langle\hat{\xi}(t)\hat{\xi}(t')\rangle$ はゼロとみなしてよい．これらのことは特性関数を使って次の式にまとめられる．

$$\left\langle e^{i\int_{-\infty}^{\infty}\phi(t)\hat{\xi}(t)dt}\right\rangle = e^{-b\int_{-\infty}^{\infty}\phi^2(t)dt} \tag{1.4.1}$$

ただし，$\langle\ \ \rangle$ は統計平均を表わす．右辺は $\phi(t)$ の2次式を指数の肩にもち，$\hat{\xi}(t)$ がGauss確率過程であることを示している．さらに(1.4.1)の両辺を特定の t での $\phi(t)$ で偏微分(汎関数微分)してすべての t' について $\phi(t')=0$ とおいてみれば，$\langle\hat{\xi}(t)\rangle = 0$ が導かれ，また $\phi(t)$ と $\phi(t')$ で汎関数微分して再びすべての t'' について $\phi(t'')=0$ とおけば

$$\langle\hat{\xi}(t)\hat{\xi}(t')\rangle = 2b\delta(t-t') \tag{1.4.2}$$

が得られる．$\delta(s)$ はDiracのデルタ関数で，形式的には $s \neq 0$ では0，積分が1の(超)関数である．平均と相関時間がゼロの理想化された確率過程を白色ノイズ過程と呼ぶ(ノイズの周波数スペクトルが周波数によらないので)．繰り返すが $s \neq 0$ といえば実際には $|s| \gg \tau_{\mathrm{m}}$ を意味すると暗黙の了解をしている．Diracのデルタ関数の数学的な取り扱い上の注意は後(1.12.1)とその脚注でのべる．

以下，熱ゆらぎによって駆動される運動として，最も簡単な自由Brown運動から議論をはじめよう．

1.5　自由 Brown 運動

ある温度 T のマクロに均一な環境，たとえば水の中に，重力・浮力が無視できる微粒子をおくと，この微粒子は環境のミクロなゆらぎの力(熱揺動力)を受けてランダムな運動をする．これを**自由 Brown 運動**(free Brownian motion)という．

熱ゆらぎ環境の中での運動としての自由 Brown 運動は，外から力を加えることなく粒子を放置したときに見られる運動という意味では，真空中での等速直線運動(Newton の第 1 法則)に比べられるかもしれない：Newton 力学でのさまざまな運動が，等速直線運動を外力によって随時修正した結果として得られる(第 2 法則)ように，熱ゆらぎ環境の中でのさまざまな運動は，自由 Brown 運動を外力によって随時修正した結果として得られることを後(1.7.1 参照)に見るだろう．

しかしながら自由 Brown 運動も，微粒子の動く原因をミクロにさかのぼれば Newton 力学である．そこで Brown 運動をニュートン運動方程式の立場で，しかもゆらぎの相関時間よりも粗い時間分解能で書けばどうなるかを考える．粒子が環境からうける力を書き上げねばならない．まず上で述べた熱揺動力 $\hat{\xi}(t)$ をうける[*5]．この力は平均ゼロで(1.4.1)の性質をもつものとする．しかしこの力だけではない．微粒子は環境に相対的に静止するよう，制動力(粘性摩擦力)を受ける．これは，四方八方に飛び交う水分子の中を粒子が移動すると，粒子の進行方向に関して前面は後面よりも多くの衝突を受け，その頻度の差は移動速度に比例して大きい，と定性的に説明される．この粘性摩擦力を，微粒子と環境の間の粘性摩擦係数[*6] $\gamma\,(>0)$ を用いて $-\gamma dx/dt$ あるいは $-\gamma p/m$ と書こう．ここで m は微粒子の(有効)質量，p と x はそれぞれ微粒子の運動量と位置．そこで運動方程式は，

$$\frac{dp}{dt} = -\gamma\frac{p}{m} + \xi(t), \qquad \frac{dx}{dt} = \frac{p}{m} \tag{1.5.1}$$

---

*5　以下，混同のおそれがないときは「＾」を省く．

*6　以下では粘性摩擦を摩擦と略記する．

と書ける．これが自由 Brown 運動の運動方程式である．（注：Gallilei の相対性原理が成り立つのは，微粒子と環境の全構成分子を一斉に等速並進させる場合であって，Brown 粒子だけ動かす場合ではない．）

上の運動方程式から直接計算によって，2 つの性質を確認しておく．

(a) 微粒子の重心の運動エネルギー $p^2/2m$ の長時間の平均 $t^{-1}\int_0^t (p(t')^2/2m)\,dt'$ がいわゆる**等分配則**にしたがう（1 次元では $k_{\mathrm{B}}T/2$ に等しい，T は絶対温度）という要請から(1.4.1)におけるパラメータが $b = \gamma k_{\mathrm{B}}T$ でなければならないことがわかる．したがって

$$\langle \xi(t) \rangle = 0, \quad \langle \xi(t)\xi(t') \rangle = 2\gamma k_{\mathrm{B}} T \delta(t-t') \tag{1.5.2}$$

(b) 時間精度(Δt)が慣性と摩擦で決まる時間 m/γ より粗ければ，慣性項のない次の方程式で上の 2 つの式を近似することができる．

$$0 = -\gamma \frac{dx}{dt} + \xi(t) \tag{1.5.3}$$

(a)については(1.5.1)の第 1 式を $t = -\infty$ から t まで積分した形 $p(t') = \int_{-\infty}^{t'} ds\, e^{-\frac{\gamma}{m}(t'-s)}\xi(s)$ を $t^{-1}\int_0^t (p(t')^2/2m)dt'$ に代入すると，すこし長たらしいが

$$(2m)^{-1}\int_{-\infty}^{t} ds_1 \int_{-\infty}^{t} ds_2\; e^{-\frac{\gamma}{m}(s_1+s_2)} \times \left(t^{-1}\int_0^t \xi(t-s_1)\xi(t-s_2)dt \right)$$

となる．最後のかっこの中は，熱揺動力 $\xi(t)$ に時間相関がないため多くの独立な寄与を含む時間平均とみなせ，したがって統計平均 $2b\delta(s_1-s_2)$ に置き換えることができる．そこでのこりの積分も実行して $b = \gamma k_{\mathrm{B}}T$ を得る．

(b)については(a)で用いた $p(t)$ の表式の右辺を $(m/\gamma)\bar{\xi}(t)$ とおくと，$\langle \bar{\xi}(t)\bar{\xi}(t') \rangle = 2b\left[(\gamma/2m)e^{-\frac{\gamma}{m}|t-t'|}\right]$ となることがわかり，[　] は(m/γ より長い時間尺度に関するかぎり）$\delta(t-t')$ と同一視できるので，$\bar{\xi}(t)$ をあらためて $\xi(t)$ と書いて(1.5.3)が得られる．以下しばらくこの状況($\Delta t \gg m/\gamma$)を仮定する（あとで一般の場合にもどる）．(1.5.3)を時間幅 Δt で平均しても形は変わらない（時間精度についてのスケーリング）．実際この式を時間幅 Δt にわたって積分すると，次式を得る．

$$0 = -\gamma \frac{x(t+\Delta t) - x(t)}{\Delta t} + \tilde{\xi}(t)$$

ただし，$\tilde{\xi}(t) \equiv (\Delta t)^{-1} \int_t^{t+\Delta t} ds \xi(s)$ は Δt より長い時間尺度で見るかぎり $\xi(t)$ と同じ性質をもつ．これはふたたび(1.5.3)の形をしている．

1.6　自由 Brown 運動による拡散

式(1.5.3)が現実に意味するところは，微粒子は慣性で決まる相関時間(m/γ)のあいだ一方向の速度をもち，その後まったく無関係の方向(たまたま同じ方向だってありうる)に別の速度をもつ，ということだ．この式から，$t \gg m/\gamma$ なる時間にわたる自由 Brown 運動においては，微粒子の位置の変位 $x(t)-x(0)$ の目安が平均

$$\langle [x(t)-x(0)]^2 \rangle = 2D|t|, \quad D = \frac{k_B T}{\gamma} \tag{1.6.1}$$

で与えられることがわかる．$\langle [x(t)-x(0)]^2 \rangle$ を(1.5.1)から求めても，初期 $|t| \sim m/\gamma$ までの振舞いおよび m/γ 程度のずれを除けば結果は同じである．D を**拡散係数**(diffusion coefficient)とよぶ．D は t を十分大きくとれば実験で測定できる量である．D を温度 T と粘性摩擦係数 γ で表わした(1.6.1)の第 2 式は **Einstein の関係**とよばれる[*7]．

Einstein の関係をみれば，微粒子の Brown 運動に，環境のゆらぎの強さと，微粒子の熱揺動力への感受性が，それぞれ $k_B T$ と γ をとおして反映されていることがわかる．γ も温度に依存するが，通常は高温ほど γ が小さいので D は温度とともに増加するのが普通である．また微粒子の直径が大きいほど摩擦係数 γ が大きく，同じ時間での拡散は大きな微粒子ほど目立たない．大きな微粒子に加わる熱揺動力 $\xi(t)$ 自体は $\sqrt{\gamma}$ に比例して大きいのだが，γ に比例する摩擦力の効果が上回り，速度 $\sim \sqrt{k_B T/\gamma}$ で一方向に動いている時間($\sim m/\gamma$)が短くなるのである．後の小節(3.4.11)で，Einstein の関係と「詳細釣合い」という概念とのつながりについて述べる．

次に，式(1.5.3)に従う $\hat{x}(t)$ の変位 $\hat{X} = \hat{x}(t) - \hat{x}(0)$ の確率分布関数 $\mathcal{P}(X,t) \equiv$

*7　Einstein 自身は，外力(重力など)のもとで懸濁微粒子の密度が平衡にある状態について，「外力が(拡散運動に由来する)浸透圧と釣合う」という表現と，「外力と摩擦できまる力学的沈降が拡散と釣合う」という表現を見比べ，外力によらない関係として(1.6.1)を導いた[13]．

$\left\langle \delta \left(X - \int_0^t ds \hat{\xi}(s) \right) \right\rangle$ が，

$$\mathcal{P}(X,t) = \frac{e^{-\frac{X^2}{4Dt}}}{\sqrt{4\pi Dt}} \tag{1.6.2}$$

と書けることを初等的に示す．$\mathcal{P}(X,t)$ の定義に X にかんする Fourier 変換をほどこすと，

$$\int_{-\infty}^{\infty} dX\ e^{iqX} \left\langle \delta \left(X - \int_0^t ds \hat{\xi}(s) \right) \right\rangle = \left\langle e^{iq \int_0^t ds \hat{\xi}(s)} \right\rangle$$

となるが，これは式(1.4.1)と Einstein の関係により $e^{-Dq^2 t}$ に等しい．そこで Fourier 逆変換をおこなうと上の結果(1.6.2)がえられる($\int_{\infty}^{\infty} e^{-ax^2} dx = \sqrt{\pi/a}$ を用いる)．またこの結果から，$\mathcal{P}(X,t)$ は次の**拡散方程式**(diffusion equation)とよばれる式に従うこともわかる．

$$\frac{\partial P}{\partial t} = D \frac{\partial^2 P}{\partial X^2} \tag{1.6.3}$$

1.7 Langevin 方程式

本節では，(1)自由 Brown 運動の自然な発展として Langevin 方程式を導入し，その後で(2) Langevin 方程式がニュートン力学系から導かれる簡単な例(Zwanzig による)を示す．さらに(3)射影演算子の方法の概要にふれる．まえがきで述べたように，1970 年代の半ばまでに，Zwanzig，森，川崎らは「射影演算子」という方法を介してミクロなハミルトニアン力学系から「遅い変数」——設定した時間分解能よりもゆっくりと変化する変数——の運動を抽出し，Langevin 方程式を得た．この詳細については，原論文の著者による成書も出版されたので，関心のある読者はそちらを参照されたい[14]．

1.7.1 自由 Brown 運動から Langevin 方程式へ

真空中で一般の外力のもとにある質点のニュートン方程式が，自由運動の方程式 $dp/dt = 0$ に外力を考慮することで得られるように，熱環境の中で一般の外力のもとにある微粒子の運動方程式は，自由 Brown 運動の方程式(1.5.1)に外力を考慮することで得られる．外力がポテンシャルエネルギー $U(x,a)$ に起

因する場合，次のようになる．

$$\frac{dp}{dt} = -\frac{\partial U(x,a)}{\partial x} - \gamma\frac{p}{m} + \xi(t), \quad \frac{dx}{dt} = \frac{p}{m} \tag{1.7.1}$$

ここで a はポテンシャルエネルギーを外からの制御で変えるためのパラメータで，とりあえずここでは時間変化しないとする．時間分解能の限界 Δt が m/γ より大きく，かつ γ および T が定数の場合，自由 Brown 運動で行ったのと同様の議論によって(1.7.1)は次のように慣性項を落とした形で近似できる(1.10 参照)．

$$0 = -\frac{\partial U(x,a)}{\partial x} - \gamma\frac{dx}{dt} + \xi(t) \tag{1.7.2}$$

いずれの場合も熱揺動力 $\xi(t)$ は時間相関を無視できる白色 Gauss 過程で，$b = \gamma k_{\mathrm{B}}T$ とおいた(1.4.1)式を満たす．(1.7.1)や(1.7.2)を **Langevin 方程式**と呼ぶ．

1.7.2　力学運動から Langevin 方程式が導かれる例

上の導入では，微粒子という水分子の運動にくらべてゆっくりと位置および運動量の変わる実体を想定した．この場合の Langevin 方程式をミクロ力学から導くには，小刻みに素早く動く多くの水分子の自由度 $(\boldsymbol{x},\boldsymbol{p}) \equiv \{x_j, p_j\}$ $(j = 1,\cdots,N)$ を消去しなければならない．この消去によって，水と微粒子からなる孤立した力学系は，水の自由度からなる「熱環境」と，その影響下にある微粒子の力学系として描きなおされる．

初等的に解のえられる消去の例として，(歴史的順序とは前後するが) Zwanzig が示した問題をすこし単純化して説明する[15]．微粒子の位置・運動量を $\{X, P\}$ とし唯一の遅い変数だとする．次のハミルトニアンを仮定する．

$$H = \frac{P^2}{2} + \sum_{j=1}^{N}\frac{{p_j}^2}{2m} + U(X,\{x_k\})$$

$$U(X,\{x_k\}) = U_0(X) + \sum_{j=1}^{N}\frac{m{\omega_j}^2}{2}\left\{x_j - \frac{\gamma_j}{m{\omega_j}^2}X\right\}^2$$

外場ポテンシャル $U_0(x)$ による微粒子の固有の運動に，水の自由度が線型に結合して‘まとわりつく’というイメージだ(図 1.1)．

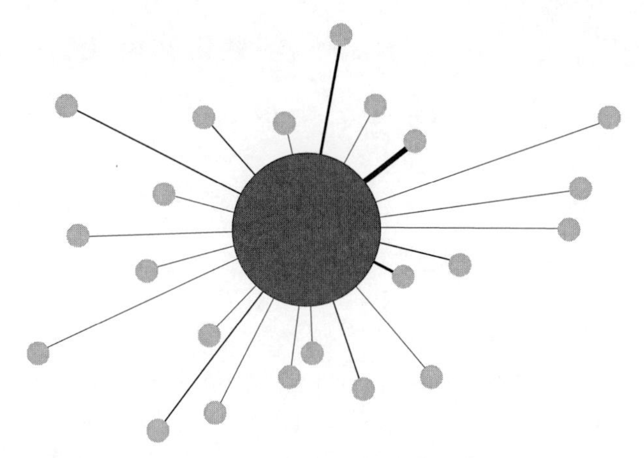

図 1.1 Zwanzig(1973)[15]の解けるモデル：大きい円は Brown 粒子，小さい円たちは速い自由度．両者をつなぐ線は調和ポテンシャルを表わす．

水分子 'j' は平衡位置 $(\gamma_j/m{\omega_j}^2)X$ をもつ．Hamilton 運動方程式

$$\frac{dX}{dt}=P, \qquad \frac{dP}{dt}=-\frac{\partial U_0(X)}{\partial X}+\gamma_j\sum_{j=0}^{N}\left\{x_j-\frac{\gamma_j}{m{\omega_j}^2}X\right\}$$

$$\frac{dx_j}{dt}=p_j, \qquad \frac{dp_j}{dt}=-m{\omega_j}^2x_j+\gamma_jX$$

のうち，微粒子の運動を与えられたものとみなして，水分子についてだけ積分すると(今は線形方程式なので可能である)，次の表式がえられる．

$$\begin{aligned}
&x_j(t)-\frac{\gamma_j}{m{\omega_j}^2}X(t)\\
&\quad=-\int_0^t dt'\,\frac{\gamma_j\cos\left[\omega_j(t-t')\right]}{m{\omega_j}^2}\,\frac{dX(t')}{dt'}\\
&\qquad+\left\{x_j(0)-\frac{\gamma_j}{m{\omega_j}^2}X(0)\right\}\cos\left(\omega_jt\right)+\dot{x}_j(0)\,\frac{\sin\left(\omega_jt\right)}{\omega_j}
\end{aligned} \tag{1.7.3}$$

これを微粒子の運動方程式に代入する(解く必要はない)．結果は次のようになる．

$$\begin{aligned}
&\frac{dX}{dt}=P\\
&\frac{dP}{dt}=-\frac{\partial U_0(X)}{\partial X}-\int_0^t dt'\zeta(t-t')\frac{dX(t')}{dt'}+\xi(t)
\end{aligned} \tag{1.7.4}$$

ここで，(記憶効果のある)「まさつ係数」$\zeta(t)$ と「熱揺動力」$\xi(t)$ は次式で定義

される．

$$\zeta(t) \equiv \sum_{j=0}^{N} \frac{{\gamma_j}^2}{m{\omega_j}^2} \cos(\omega_j t)$$

$$\xi(t) \equiv \sum_{j=0}^{N} \gamma_j \left[\left\{ x_j(0) - \frac{\gamma_j}{m{\omega_j}^2} X(0) \right\} \cos(\omega_j t) + \dot{x}(0) \frac{\sin(\omega_j t)}{\omega_j} \right]$$

記憶効果は，微粒子の過去の運動が水分子に影響し，これが現在の微粒子の運動にはね返ってきたものである．式(1.7.4)を上の(1.7.1)と比べると，Langevin 方程式らしい姿がみてとれるが，(i)「水」の温度はどこにも現われていないし，また(ii)水の運動が初期条件 $(\boldsymbol{x}(0), \boldsymbol{p}(0))$ を残して消去されただけで，ニュートン力学の時間反転にかんする対称性――ある運動が可能ならその映像を巻戻した運動も可能――は依然保持されている．

ここではじめて，力学に手をくわえ，(i)と(ii)を修正する：まず(i)については，与えられた微粒子の初期位置 $X(0)$ に応じて，水の初期値 $(\boldsymbol{x}(0), \boldsymbol{p}(0))$ が温度 T のカノニカル分布に従うと仮定する($\beta \equiv (k_{\mathrm{B}}T)^{-1}$)．

$$\mathrm{Prob}\left[\{x_j(0), \dot{x}_j(0)\}\right] \propto e^{-\beta \sum_{j=0}^{N} \left[\frac{m\dot{x}_j(0)^2}{2} + \frac{m{\omega_j}^2}{2} \left\{ x_j(0) - \frac{\gamma_j}{m{\omega_j}^2} X(0) \right\}^2 \right]}$$

これにより，ξ と ζ の間に次の関係が成り立つ．

$$\langle \xi(t) \rangle = 0, \qquad \langle \xi(t)\xi(t') \rangle = k_{\mathrm{B}}T\zeta(t-t') \tag{1.7.5}$$

さらに $\zeta(t-t')$ の記憶効果のもたらす相関時間は微粒子の観測の時間精度に比べて無視できるくらい小さいと考え，これをデルタ関数を含む $2\gamma k_{\mathrm{B}}T\delta(t-t')$ に置き換える((1.7.4)の積分核は $\int_0^t dt'\delta(t-t') = 1/2$ により定数 γ になる)．$\xi(t)$ はその構成から Gauss 分布に従うことが示せる．

次に(ii)に関して，もはや水の運動を考慮することをやめ，$\hat{\xi}(t)$ として(1.7.5)を満たすような「人造の」Gauss 確率過程を導入する．そうすると最終的に(1.7.4)は Langevin 方程式(1.5.1)になる．

1.7.3　Markov 近似，Markov 過程およびミクロな不可逆性

上記(i)の「時間相関を遮断する近似」を **Markov 近似**という．Markov 近似の結果，一瞬先の状態(ここでは $X(t+dt)$ および $P(t+dt)$)についての確率が現在の状態($X(t), P(t)$)だけで決定されるようになった．このような過程を

Markov 過程という．Markov 過程は自由 Brown 運動の方程式や Langevin 方程式に限らない．表現は違うが，第 3 章で導入するマスター方程式も Markov 過程を記述する．ちなみに，ニュートン力学でも将来の状態——位置と運動量——は現在の状態で決まる．ただし確率的要素はない．(問い：量子力学ではどうか？)

いっぽう上記(ii)で行った，微視的由来をもつ $x_i(t)$ から人造の $\hat{x}_i(t)$ へのすりかえは，時間反転の可逆性を保証していた微粒子の運動と水分子の運動の相互の相関を切ってしまう．その結果(1.5.1)の時間を反転($t \to -t$)すると $p \to -p$ によって「負の摩擦係数」$(-\gamma)$ が生じてしまい，運動方程式の可逆性は失われる．いいかえると**時間の矢**を持ち込むことになる．Langevin 方程式を力学の縮約として見る立場では，この不可逆性の側面が強調される．

しかしながらここで 2 点注意したい：第 1 に，微視的な力学と比べた時間反転対称性の破れがあるからといって，より長い時間尺度での熱力学的な平衡や熱力学的過程の可逆性を論理的に否定するのではない．たとえば Langevin 方程式が平衡状態(分布)を記述できるためには(1.4.2)すなわち $\langle \xi(t)\xi(t') \rangle = 2b\delta(t-t')$ で $b = \gamma k_{\mathrm{B}} T$ を満たせばよい(いわゆる詳細釣り合いとの関係については 3.4.11 で述べる)．

第 2 に，熱揺動力 $\xi(t)$ が時間相関のない Gauss 確率過程として「外から与えられる」ために，Langevin 方程式に従う運動は環境に何らかの作用をすることはないかの如くに思われるかもしれない．たしかに，Langevin 方程式で記述される運動では，環境の自由度を介してフィードバックを受けることはない．でもそれは運動が環境に作用しないことを意味しない．じっさい，環境への作用を想定すると，第 4 章以下で展開する Langevin 方程式にもとづくエネルギー論はごく自然に発想される．

1.7.4 力学から Langevin 方程式への方法論——射影演算子法——について

Langevin 方程式が射影演算子の方法で微視的なニュートン方程式から導かれた，と上に書いた．一般に射影は内積の定義できる空間での線形の操作だから，運動方程式が一般に非線形である以上，座標・運動量空間(相空間 Γ 上)で内積を使っても無意味である．射影演算子の方法では状態点 $(\boldsymbol{x}, \boldsymbol{p})$ の運動を追跡するのではなくて，状態点の関数である物理量 $\boldsymbol{A}(\boldsymbol{x}, \boldsymbol{p})$ を（Γ 上の関数からなる）関数空間 $\mathcal{H}$ 上で追跡する．そうして後者の運動は線形方程式で書けることに注目する．少し説明を加えよう．微粒子の運動の場合はその位置自体が「遅い変数」，すなわち遅い時間尺度で変化する物理量なので紛らわしいが，一般には分子密度の緩和や磁性体の磁化のように，「遅い変数」$\boldsymbol{A}$ は多くのミクロ自由度 $\{\boldsymbol{x}, \boldsymbol{p}\}$ の関数 $\boldsymbol{A}(\boldsymbol{x}, \boldsymbol{p})$ である．状態点を追跡する視点では，初期点 $(\boldsymbol{x}(0), \boldsymbol{p}(0))$ からの発展 $(\boldsymbol{x}(t), \boldsymbol{p}(t))$ にともなって $\boldsymbol{A}(\boldsymbol{x}, \boldsymbol{p})$ の値が変わるというふうに考えるが（量子力学における Schrödinger 描像），関数空間の視点では，（あらゆる）初期点 $(\boldsymbol{x}, \boldsymbol{p})$ を固定したまま，関数 $\boldsymbol{A}(\boldsymbol{x}, \boldsymbol{p})$ が時間変化するような形で運動を表現する（量子力学における Heisenberg 描像）．その変化をあらわすのが線形の **Liouville 方程式**である．これは次のように書け，

$$\dot{\boldsymbol{A}}(t) = i\mathcal{L}\boldsymbol{A}(t) \tag{1.7.6}$$

そこに現われる Liouville 演算子 $\mathcal{L}$ は（古典力学の）Poisson 括弧 $\{\quad\}$ と運動を生成するハミルトニアン H により $\mathcal{L}\boldsymbol{A} \equiv \{\boldsymbol{A}, H\}$ と定義される．

射影演算子の方法を一言でいうと，この Liouville 方程式に従う物理量の運動を，（初期時刻の）「遅い変数」の組で定義される部分空間 $\mathcal{H}^{\parallel}$ に投影して表現するものだ．射影演算子 $\mathcal{P}$ は関数空間 $\mathcal{H}$ で定義した内積 $(\boldsymbol{X}, \boldsymbol{Y})$ と，$\mathcal{H}$ および $\mathcal{H}^{\parallel}$ のベクトル $\boldsymbol{e}_j$, $\boldsymbol{e}_j^{\parallel}$ により $\mathcal{P}\boldsymbol{X} = \sum_j \boldsymbol{e}_j^{\parallel}(\boldsymbol{e}_j, \boldsymbol{X})$ という形をとる．‘遅くない変数’ の構成する**環境の温度**はこの射影を定義する際の内積の「重み関数」に反映される．形式的には，Liouville 方程式 $\dot{\boldsymbol{A}}(t) = i\mathcal{L}\boldsymbol{A}(t)$ を 2 組の変（関）数 $\mathcal{P}\boldsymbol{A}$, $(1-\mathcal{P})\boldsymbol{A}$ についての次の運動方程式に分解する．

$$\frac{\partial}{\partial t}\mathcal{P}\boldsymbol{A} = i\mathcal{P}\mathcal{L}[\mathcal{P}\boldsymbol{A} + (1-\mathcal{P})\boldsymbol{A}]$$

$$\frac{\partial}{\partial t}(1-\mathcal{P})\boldsymbol{A} = i(1-\mathcal{P})\mathcal{L}[\mathcal{P}\boldsymbol{A} + (1-\mathcal{P})\boldsymbol{A}]$$

そうして，$\mathcal{P}\boldsymbol{A}$ が与えられたものとして，2 番目の方程式を形式的に解く（1.7.2 との類推で納得されよう）．$\dot{\boldsymbol{A}}(t) = i\mathcal{L}\boldsymbol{A}(t)$ の形式的な解が $\boldsymbol{A}(t) = e^{i\mathcal{L}t}\boldsymbol{A}(0)$ と書けることから，これは演算子についての次の恒等式に集約される．

$$\frac{d}{dt}e^{it\mathcal{L}} = e^{it\mathcal{L}} i\mathcal{P}\mathcal{L} + \int_0^t ds e^{i(t-s)\mathcal{L}} i\mathcal{P}\mathcal{L} e^{is(1-\mathcal{P})\mathcal{L}} i(1-\mathcal{P})\mathcal{L} + e^{it(1-\mathcal{P})\mathcal{L}} i(1-\mathcal{P})\mathcal{L} \tag{1.7.7}$$

左右それぞれを $\boldsymbol{A}(0)$ に作用させると，いわゆる Mori 公式[16]が導かれる．射影の枠組みの詳細は文献[14]などを参照していただきたい．

一般論の展開に際してネックとなったのは，Liouville 方程式による発展と射影演算のいずれも線形の操作なので，その結果得られた運動方程式も線形でしかないことだ．実際，森が最初に得た形[16]は線形の Langevin 方程式を彷彿させるものだった．これはポテンシャル U が調和型の場合に相当する．遅い変数 A にかんして非調和型のポテンシャルをもつ Langevin 方程式を導くには，「A が遅い変数なら A の関数も遅い変数だ」ということの意味を吟味する必要があった．たとえば A と A^3 は，物理量 A の関数としてはまったく従属で，一方が知れれば十分である．しかし関数空間のベクトルとしての関数 $A(\boldsymbol{x},\boldsymbol{p})$ と $[A(\boldsymbol{x},\boldsymbol{p})]^3$ とは独立で，遅い変数に対応する部分空間を構成する際には「A のすべての関数」を遅い変数に含めておく必要がある．これは $\{\delta(A-a)\}$ という，パラメータ a をもつ関数の組をとれば十分で，これさえあれば A の任意の関数 $f(A)$ は $\int f(a)\delta(A-a)da$ という 1 次結合で合成できる．

川崎は 1973 年，一般の Langevin 方程式の形を微視的なニュートン力学から最終的に導いた[17]．本質的には恒等式(1.7.7)を $\delta(A-a)$ に作用させれば得られるもので，結果は

$$\frac{d}{dt}A_i(t) = v_i(\boldsymbol{A}(t)) - \sum_j \frac{L_{ij}^0}{T} \frac{\partial U_{\mathrm{eq}}(\boldsymbol{A}(t))}{\partial A_j^*(t)} + f_i(t) \tag{1.7.8}$$

と書ける．v_i は**移流項**(convective term)と呼ばれ，たとえば微粒子の位置量 $A_i = X$ にたいして $v_i(A) = P/m$ のように，射影の操作によらずに決まる項である．係数 L_{ij}^0 は(Markov 近似のもとで)揺動力に対応する項 $f_i(t)$ と $\langle f_i(t)f_j^*(0)\rangle = 2L_{ij}^0\delta(t)$ の関係にあり，$\boldsymbol{A}$ についての平衡分布が

$$\mathcal{P}^{\mathrm{eq}}(\boldsymbol{A}) \propto e^{-\frac{U_{\mathrm{eq}}(\boldsymbol{A})}{T}} \tag{1.7.9}$$

となることを保証する．遅い変数 A に関する「ポテンシャル」$U_{\mathrm{eq}}(\boldsymbol{a})$ は，環境の温度 T のもとでかつ A の値を拘束したときの，Helmholtz の自由エネルギーである．

$$e^{-U_{\mathrm{eq}}(\boldsymbol{a})/T} = \mathrm{Tr}\,\{e^{-H(\boldsymbol{x},\boldsymbol{p})/T}\delta(\boldsymbol{A}(\boldsymbol{x},\boldsymbol{p})-\boldsymbol{a})\} \tag{1.7.10}$$

U_{eq} が自由エネルギーであるということは，微視的な自由度を「環境」とみなして消去した以上自然であるが，他方こうして得られた Langevin 方程式から熱力学を構成できるとなると，ミクロのハミルトニアン H から古典統計力学の手順で再構成される熱力学とは異なる尺度の記述になっている場合があるはずだ．これについては後の章(4.5)で再び論じる．

同時に 2 つの異なる温度の熱環境と接する物理系を考え，その状態量の変動のモデルとしての Langevin 方程式を考えることができる．しかしこのような場合の Langevin 方程式を，力学から射影演算子の方法で基礎づけることはできるのか？　不勉強にして著者は知らない．たとえば水の中で自由 Brown 運動する微粒子が同時に水とは異なる温度の輻射場の影響をうけ，水と輻射場の直接相互作用は無視できるくらい小さいという状況を考えることができる．このような場合，微粒子の運動を介して 2 つの環境は相互作用し，それが**熱伝導**にほかならないことを後の章(4.8)で論じる．

1.8　確率解析

Langevin 方程式(1.7.1)および(1.7.2)の揺動力 $\xi(t)$ は，射影によって消去された自由度に起因するから，本来ミクロだが有限の相関時間をもっていた．しかしわれわれが関心をもつ時間分解能にとって，それが無視できるくらい短い場合，これを(1.4.2)すなわち $\langle\xi(t)\xi(t')\rangle = 2b\delta(t-t')$ のように理想化した．

これは例えば孤立イオン分子の電荷密度分布を理想化して点電荷とみなし，デルタ関数で表わすのに似ている．このデルタ関数を含む単純化は，表現や計算が簡潔になる反面，使い方を間違えると理想化前の結果と違った答えを出してしまうので注意を要する．そこで，(i) $\delta(x)$ や $\xi(t)$ を含む計算が通常の解析学では扱えないことを認識し，(ii)これらが曖昧さのない結果をもたらすように必要な計算規則を与え，(iii)計算規則と，理想化前の状況をふまえたわれわれの欲する答との関係を知る，ということが必要だ．

伊藤清は(1.4.2)のような性質をもつ量を数学的に定式化した．これは Itô 公式(後述，1.8.3)に集約される．Dirac の導入したデルタ関数 $\delta(x)$ をふくむ演算が，物理を記述する上できわめて便利な道具であると同時に，(Schwarz の)超関数という数学の拡大を意味したように，Itô 公式も便利な道具であると同時に確率微分方程式・確率解析という関数解析学の分野をうんだ．以下に，本書で必要な範囲の確率解析の概念と道具を概説する[*8]．

1.8.1 Wiener 過程

Wiener (確率)過程 B_t を，(1.5.2)で規定した Gauss 確率過程である熱揺動力 $\xi(t)$ に関して

$$\int_0^t \xi(s)ds = \sqrt{2\gamma k_{\mathrm{B}}T}[B_t - B_0] \tag{1.8.1}$$

となるよう導入する[*9]．これは dB_t/dt が $\langle(dB_t/dt)(dB_{t'}/dt')\rangle = \delta(t-t')$ をみたし温度 $k_{\mathrm{B}}T$ や摩擦係数 γ によらないゆらぎ力 $\xi(t)$ の標準形となるので都合がよい．あるいは，1.5 とくに式(1.5.3)を見ればわかるように，B_t は $\gamma=1$ かつ $k_{\mathrm{B}}T = 1/2$ とおいたときの(慣性を無視できる)自由 Brown 運動の座標 $x(t)$ に他ならない[*10]．$\langle\xi(t)\rangle = 0$ なので $\langle B_t - B_{t'}\rangle = 0$ がいつも成り立ち，

$$\langle dB_t\rangle = 0 \tag{1.8.2}$$

と表現する．$\xi(t)$ が Gauss 分布にしたがうので，その積分である B_t も Gauss 分布の性質を満たす．同じ微粒子を時間幅 $0 \leqq s \leqq t$ にわたって観察することをくりかえすと，そのつど関数 B_s $(0 \leqq s \leqq t)$は異なる．そこでこれは**確率過程**とみなせる．$\langle\ \rangle$ はこの確率過程についての平均である．

Wiener 過程は確率過程のもっとも基礎的なもので，次の性質をもつ．

(1) $\sum_{k=1}^{n} |B_{\frac{k}{n}t} - B_{\frac{k-1}{n}t}|$ の $n \to \infty$ 極限で定義される B_s の $0 \leqq s \leqq t$ までの変動量は発散する(有界変動でないという)．

---

*8 本節の記述は大野克嗣氏のイリノイ大学(UIUC)での講義ノートを一部参考にした．

*9 確率解析では時間変数を下付きの添字で表わすことがしばしばあるようなので，ここでもそれに従い，x_t と $x(t)$ などを併用する．

*10 数学的には，$\xi(t)$ や dB_t/dt は直接扱えない「関数」なので，その積分に相当する B_t を導入して数学の俎上にのせた．

（2）次の極限が確率1で（平均なしに）成り立つ．

$$\sum_{k=1}^{n} |B_{\frac{k}{n}t} - B_{\frac{k-1}{n}t}|^2 \to t \qquad (n \to \infty) \tag{1.8.3}$$

これらの性質の半定性的な説明はつぎのようになされる．厳密な証明は確率過程の専門書（たとえば[8]の§4.2.5）を参照されたい．

（1）式（1.8.1）により $\langle |B_{\frac{k}{n}t} - B_{\frac{k-1}{n}t}|^2 \rangle = t/n$ なので，$|B_{\frac{k}{n}t} - B_{\frac{k-1}{n}t}| \sim \sqrt{t/n}$ と見積もることができる．これらを n 区間あつめると $\sqrt{nt}$ となり，細分をすればするほど大きくなる．

（2）おなじく式（1.8.1）により $\langle \sum_{k=1}^{n} |B_{\frac{k}{n}t} - B_{\frac{k-1}{n}t}|^2 \rangle = t$ だから，t と $\sum_{k=1}^{n} |B_{\frac{k}{n}t} - B_{\frac{k-1}{n}t}|^2$ との平均二乗偏差を計算する．すると

$$\left\langle \left[\sum_{k=1}^{n} |B_{\frac{k}{n}t} - B_{\frac{k-1}{n}t}|^2 - t \right]^2 \right\rangle = 2t^2/n$$

がえられ*11，$n \to \infty$ で分散がゼロ，すなわち[　]の中味は実質ゼロとみなせることがわかる．

1.8.2　Itô 積分と Stratonovich 積分

$\int f(s)dg(s)$ という形の積分を Stieltjes 積分とよぶが，$g(s)$ が有界変動でないときに Stieltjes 積分を通常の微分積分学で曖昧さなしに定義することはできない．たとえば $\int_0^t [B_s - B_0]dB_s$ を区分求積で計算しようとすると，次のいずれで解釈するかで答えが異なる（他の解釈も可能だ）．

$$\alpha_1 \equiv \sum_{l=1}^{n} \left[\sum_{k=1}^{l} (B_{\frac{k}{n}t} - B_{\frac{k-1}{n}t}) \right] (B_{\frac{l}{n}t} - B_{\frac{l-1}{n}t})$$

$$\alpha_2 \equiv \sum_{l=1}^{n} \left[\sum_{k=1}^{l} (B_{\frac{k}{n}t} - B_{\frac{k-1}{n}t}) \right] (B_{\frac{l+1}{n}t} - B_{\frac{l}{n}t})$$

じっさい差 $\alpha_2 - \alpha_1$ は $\sum_{k=1}^{n} |B_{\frac{k}{n}t} - B_{\frac{k-1}{n}t}|^2 + \mathcal{O}(t/n)$ で，上記（2）の結果によれば $n \to \infty$ の極限で $\alpha_2 - \alpha_1 = t$ となる．

そこで B_s を含む場合の $f(s)dB_s$ を詳しく定義し，記号も導入する．極限を

*11　平均ゼロで Gauss 分布する変数 y について $\langle y^{2p} \rangle/(2p)! = \langle y^2 \rangle^p/(2^p p!)$ の性質があることを使う．この性質は（1.4.1）を必要な次数まで Taylor 展開すれば示せる．

とるまえの細分幅を $\varDelta s$ とするとき：

［伊藤の定義］

$$f(s)[B_{s+\varDelta s} - B_s] \to f(s) \cdot dB_s$$

［Stratonovich の定義］

$$\frac{f(s+\varDelta s)+f(s)}{2}[B_{s+\varDelta s} - B_s] \to f(s) \circ dB_s$$

$\varDelta s$ の 1 次の違いだけが問題なので，後者は $f(s+(\varDelta s/2))[B_{s+\varDelta s} - B_s]$ の極限とみなしてもよい．これらの定義にもとづく Stieltjes 積分の拡張をそれぞれ **Itô タイプの積分**，**Stratonovich タイプの積分**とよぶ．たとえば次のような公式を得る．

$$\int_{s=0}^{s=t} (B_s - B_0) \cdot dB_s = \frac{(B_t - B_0)^2}{2} - \frac{t}{2}$$

$$\int_{s=0}^{s=t} (B_s - B_0) \circ dB_s = \frac{(B_t - B_0)^2}{2}$$

道具としての Itô タイプの積分の利点は，いつも $\langle f(t) \cdot dB_t \rangle = 0$ が成り立つことである．$f(t) \cdot dB_t$ における $f(t)$ は t より未来のことに一切かかわらない(‘non-anticipating’ という)から，dB_t の性質(1.8.2)だけから $\langle f(t) \cdot dB_t \rangle = \langle f(t) \rangle \langle dB_t \rangle = 0$ となるのである．

1.8.3　Itô 公式

f および g が Wiener 過程 W_s を含む場合，その都度区分求積にもどって(1.8.3)を適用するのは不効率でもある．これらの結果を簡単に与える処方箋を伊藤は次のようにまとめた：

確率過程 x_t が Wiener 過程 B_t から次式によって生成されるとする．

$$dx_t = a(x_t, t)dt + b(x_t, t) \cdot dB_t \tag{1.8.4}$$

これを確率微分方程式(stochastic differential equation, SDE)とよぶ．このような x_t を含む関数 $f(x_t)$ の変化 $df(x_t) \equiv f(x_t + dx_t) - f(x_t)$ については，いわゆる **Itô 公式**が成り立つ．

$$df(x_t)=\left[a(x_t,t)f'(x_t)+\frac{b(x_t,t)^2}{2}f''(x_t)\right]dt+b(x_t,t)f'(x_t)\cdot dB_t \tag{1.8.5}$$

このような演算を繰り返すときに現われる‘微分量’については次の処置を行う.

$$dt^2\equiv 0,\quad dB_t dt\equiv 0,\quad (dB_t)^2\equiv dt \tag{1.8.6}$$

［説明］ 直観的には(1.8.6)の最後の式は dB_t を $\sqrt{dt}$ の大きさをもつランダムな量とみなせということだ. (1.8.5)を納得(証明ではない)するには, まず $df(x_t)=f(x_{t+dt})-f(x_t)$ と差分的に考え, 関数値 $f(x_{t+dt})$ を $f(x_t)$ から差 $dx_t\equiv x_{t+dt}-x_t$ に関して Taylor 展開する.

$$f(x_{t+dt})=f(x_t)+f'(x_t)dx_t+\frac{f''(x_t)}{2!}(dx_t)^2+\cdots \tag{1.8.7}$$

これに $dx_t=a(x_t,t)dt+b(x_t,t)\cdot dB_t$ を代入し, (1.8.6)を使いながら dt より高次の量を無視すればよい.

式(1.8.5)に対応する Stratonovich タイプの関係を(1.8.7)から構成しよう(証明ではない)：式(1.8.7)の右辺の第2, 第3項をまとめると $(f'(x_t)+(dx_t/2)f''(x_t))$ dx_t と書け, 括弧のなかは dx_t の1次まで $f'(x_t+(dx_t/2))=f'((x_{t+dt}+x_t)/2)$ あるいは $((f'(x_{t+dt})+f'(x_t)))/2$ に等しいから, (1.8.5)のかわりに次の公式が得られる.

$$df(x_t)=f'(x_t)\circ dx_t \tag{1.8.8}$$

これに限らず Stratonovich タイプの積分については, 見かけ上, 古典解析学の公式(部分積分, 置換積分など)がそのまま成り立つ.

Stratonovich タイプの積 $f(x_t)\circ dB_t$ から Itô タイプの式への換算は,

$$f(x_t)\circ dB_t=f(x_t)\cdot dB_t+\frac{b(x_t,t)}{2}f'(x_t)dt \tag{1.8.9}$$

であたえられる. これも証明ではないが,

$$\begin{aligned}f(x_t)\circ dB_t&=(1/2)(f(x_{t+dt})+f(x_t))dB_t\\&=\left[f(x_t)+\frac{1}{2}(f(x_{t+dt})-f(x_t))\right]dB_t\end{aligned} \tag{1.8.10}$$

と考え, $f(x_{t+dt})-f(x_t)=df(x_t)$ に Itô 公式を代入して整理すれば納得されよう.

1.9 Stratonovich タイプの確率微分方程式としての Langevin 方程式

式(1.8.5)の確率微分方程式すなわち $dx_t = a(x_t,t)dt + b(x_t,t)\cdot dB_t$ を形式的に dt で割り，dB_t と $\xi(t)$ の関係(1.8.1)を考慮すればこれが Langevin 方程式と類似の形をしていることがわかる．じっさいは順序が逆で，Langevin 方程式という，異常な「関数」$\xi(t)$ を含んでいる代物を，積 $b(x_t,t)dB_t$ に詳しい定義を付与して数学的に確立したのが確率微分方程式である．

Langevin 方程式でモデルを構築し解析するには，くだんの Langevin 方程式をどのタイプの確率微分方程式に対応づけるのか，常に意識しておく必要がある．結論をいうと「dt を乗じた Langevin 方程式はそのまま Stratonovich タイプの確率微分方程式と解釈されるべき」である．すなわち，摩擦係数 γ が状態 x に依存する場合も含めて(1.7.1)が対応する SDE は次のものとする[*12]．

$$dp = -\frac{\partial U(x,a)}{\partial x}dt - \gamma\frac{p}{m}dt + \sqrt{2\gamma k_{\mathrm{B}}T}\circ dB_t, \quad dx = \frac{p}{m}dt \tag{1.9.1}$$

これは一般に受け入れられている立場であり，正当化するいろいろな理由がある．

熱揺動力の相関：積分素片 $f(x(t))\xi(t)dt$ は有限の時間分解能での積を理想化したものとみたい：それには Itô タイプの扱い $\propto f(x(t))[B_{t+dt}-B_t]$ は不自然である．

解析の自然さ：古典解析の公式がそのまま成り立つことは，従来の物理の直観に合致する．

エネルギー論：第 4 章以下で展開するエネルギー論の枠組みは，Stratonovich タイプの解釈ですべてを解析するときに，力学や熱力学のエネルギー論の形式と整合性を示す．

慣性を無視する場合については次節で述べる(結果は(1.10.7))．

Langevin 方程式から SDE を得る別の例として，ノイズをうける回転子の運

---

*12 慣性項がある場合の運動量 p は，たとえその変化が(1.9.1)の第 1 式から $dp \sim dB_t \sim \sqrt{dt}$ であっても p 自体は有限なので，第 2 式から $dx \sim dt$ となる．だから γ および T が x に依存しても，第 1 式の $\sqrt{2\gamma k_{\mathrm{B}}T}\circ dB_t$ 項の解釈に神経質になる必要はない．

動を複素表示したものを見てみよう：$dz/dt = i(\omega + \theta(t))z$，ただし $\langle\theta(t)\rangle = 0$, $\langle\theta(t)\theta(t')\rangle = 2\alpha k_{\mathrm{B}}T\delta(t-t')$．上の議論により，これは $dz_t = iz_t \circ (\omega dt + \sqrt{2\alpha k_{\mathrm{B}}T}dB_t)$ を意味するものとする．Stratonovich タイプの解析により $d(z_t z_t^*) = z_t \circ dz_t^* + z_t^* \circ dz_t = 0$ がただちに得られる．これを Itô タイプに翻訳すると，$dz_t = iz_t \cdot (\omega dt + \sqrt{2\alpha k_{\mathrm{B}}T}dB_t) - \alpha k_{\mathrm{B}}Tz_t dt$ という見かけの減衰項があらわれる．しかし $d(z_t z_t^*)$ を計算してみれば（同じ量の別の表現なのだから）当然ゼロになることがわかる．このように途中の計算にはどちらのタイプの表現をつかっても同じことで，Itô 公式の便利さから Itô タイプで計算することも多い．肝心なのは，当初の Langevin 方程式をどの SDE に解釈するかだけだ．

1.10　Langevin 方程式の階層

Langevin 方程式は現象をある有限の時間・空間分解能で記述あるいはモデル化したものだ．しかしながら Langevin 方程式自体は，（確率解析の道具のおかげで）限りなく短い時間変化にいたるまで「運動」を描きだす．この分解能をこえたところの運動の微細は，現実を反映する保証も必要もない（印象派の絵の「タッチ」の詳細が風景でないのと同じだ）．ある 1 つのゆらぎ現象を，2 つの異なる分解能をもつ立場から Langevin 方程式/SDE にモデル化したら，それらは見かけ上異なった形式をとっても不思議はない．なぜなら一方の SDE の分解能より粗く，他方の SDE のそれより細かい時空の尺度では，前者の SDE は現実を記述するが，後者の SDE はその保証がないからだ．

次にその簡単な例を示す．温度 T が x に依存する場合の Langevin 方程式（1.7.1）あるいはそれに対応する SDE（1.9.1）から運動量 p を速い変数とみなして消去しよう．やることは，p を含み精度の良い方の Langevin 方程式から出発し，時間に関する分解能を粗くする操作で，p を含まない粗い精度の方程式を導く．導出はあくまで 1 回きりのゆらぎの過程にもとづき，集団平均はつかわない．新しい時間分解能 Δt は m/γ より十分大きく，p の微細な変化を追えないという場合に有効な Langevin 方程式である．運動量消去の問題は 1940 年の Kramers [18] 論文以来，さまざまな方法で議論され，ほぼ一致した結果をみている．しかし，それらは Langevin 方程式に随伴する確率分布関数の発展方程式（Fokker-Planck

方程式：後述，1.12.1 参照)を扱っている．本書では 1 回きりの過程に着目するのが主旨なので，自由 Brown 運動の項で行ったように，Langevin 方程式を直接扱って導出したい[19, 20, 21]．方針は(1.7.1)を Δt にわたって積分し，Δt の精度まで正しく評価することである．dx/dt の式を $t \sim t+\Delta t$ の幅だけ積分し γ を掛け($\gamma[x(t+\Delta t)-x(t)] = (\gamma/m)\int_t^{t+\Delta t} p(t')dt'$)，この右辺の $p(t')$ に dp/dt の式の積分で得られる表現

$$p(t') = \int_0^{t'} e^{-\frac{t'-s}{\tau_p}} \left[\sqrt{2\gamma k_{\mathrm{B}} T(x(s))}\xi(s) - \frac{\partial U(x(s), a(s))}{\partial x}\right] ds + e^{-\frac{t'}{\tau_p}} p(0)$$

を代入する．その際，恒等的関係

$$\int_t^{t+\Delta t} dt' \int_0^{t'} ds = \int_0^t ds \int_t^{t+\Delta t} dt' + \int_t^{t+\Delta t} ds \int_s^{t+\Delta t} dt' \tag{1.10.1}$$

と，t や Δt が m/γ より十分大きいことを用いる．$\sqrt{T(x(s))}$ は

$$\sqrt{T(x(s))} = \sqrt{T(x(t))} + d\sqrt{T(x)}/dx|_{x=x(t)}[x(s)-x(t)] + \cdots \tag{1.10.2}$$

と展開し，$x(s)-x(t)$ にも結果を再帰的に代入して $\mathcal{O}(\Delta t)$ まで正しい評価をおこなう．1.8 で述べた結果 $\int_{s=0}^{s=t} (B_s - B_0) \cdot dB_s = [(B_t - B_0)^2 - t]/2$ を用いると，結果は次の形に書ける．

$$\begin{aligned}
&\gamma[x(t+\Delta t) - x(t)] \\
&\quad = \sqrt{2\gamma k_{\mathrm{B}} T(x(t))}[B_{t+\Delta t} - B_t] \\
&\qquad + k_{\mathrm{B}} T'(x(t))\{[B_{t+\Delta t} - B_t]^2 - \Delta t\} - \frac{\partial U(x(t), a(t))}{\partial x}\Delta t \\
&\qquad + o(\Delta t)
\end{aligned} \tag{1.10.3}$$

右辺第 1, 2 行はそれぞれ $\sqrt{\Delta t}$ および Δt のオーダーである．これは時間メッシュ Δt ($\gg m/\gamma$) の積分スキームにもなっているが，Δt を無限小にすると，第 2 行の $\{[B_{t+\Delta t} - B_t]^2 - \Delta t\}$ は $dt - dt$ となって消える．そこでこの極限で得られる Langevin 方程式は，Itô タイプ，Stratonovich タイプそれぞれ，次のようになる．

$$\gamma dx = \sqrt{2\gamma k_{\mathrm{B}} T(x)} \cdot dB_t - \frac{\partial U(x, a)}{\partial x} dt \tag{1.10.4}$$

$$\gamma dx = \sqrt{2\gamma k_B T(x)} \circ dB_t - \frac{\partial}{\partial x}\left[U(x,a) + \frac{k_B T(x)}{2}\right] dt \qquad (1.10.5)$$

温度が一定で摩擦係数 γ が x に依存する場合の考察も[19]などで扱われており([20]の解説も参照)，その両者を包括する形の Langevin 方程式は(Stratonovich タイプの表示で)次のようになる．

$$\gamma \circ dx = \sqrt{2\gamma(x) k_B T(x)} \circ dB_t - \left[\frac{\partial U(x,a)}{\partial x} + \frac{1}{2\gamma(x)} \frac{d(\gamma(x) k_B T(x))}{dx}\right] dt \qquad (1.10.6)$$

これを運動方程式らしく書くならば(Stratonovich タイプに解釈するという約束のもとで)下のように書ける．

$$0 = -\gamma \frac{dx}{dt} + \xi(t) - \frac{1}{2\gamma(x)} \frac{d(\gamma(x) k_B T(x))}{dx} - \frac{\partial U(x,a)}{\partial x} \qquad (1.10.7)$$

右辺の最初の 3 項は熱環境由来の力，最後の項はポテンシャル(自由)エネルギーによる力と解釈すれば，この式は両者のバランスとみることができる．

Itô タイプの表現の便利さを見る例を 1 つ挙げる．T や γ が定数のときの Langevin 方程式(1.7.2)と変換公式(1.8.9)を組み合わせれば，

$$\begin{aligned}
&\int \frac{\partial U(x,a)}{\partial x} \xi(t) dt \\
&= \int \frac{\partial U(x,a)}{\partial x} \circ \sqrt{2\gamma k_B T} dB_t \\
&= \int \frac{\partial U(x,a)}{\partial x} \cdot \sqrt{2\gamma k_B T} dB_t + k_B T \int \frac{\partial^2 U(x,a)}{\partial x^2} dt \qquad (1.10.8)
\end{aligned}$$

という公式がえられる．Wiener 過程についての平均をとると，最後の行の dB_t を含む積分はゼロとなる．

1.11　長時間平均と平衡統計力学の対応

Langevin 方程式のポテンシャル U のパラメータ a を固定し，確率過程 $\hat{x}(t)$ の 1 回の実現を長時間追った場合の時間分布とその帰結について考えよう．

どのくらい長時間かが問題だが，さしあたり「状態量 $\hat{x}(t)$ が熱ゆらぎをうけてポテンシャル $U(X,a)$ のあらゆる場所を十分に動き回れるくらい長い」と

想定する(エルゴード性). その場合には場所 X ごとの $\hat{x}(t)$ の滞在時間分布 $t^{-1}\int_0^t \delta(X-\hat{x}(t'))dt'$ は, 平均する時間幅に依存しないある関数に漸近するだろう(漸近の仕方は X ごとに一様ではない:後述). これはいわゆる平衡状態にほかならないから, この関数はカノニカル平衡分布関数であろうと考えられる.

$$\frac{1}{t}\int_0^t \delta(X-x(t'))dt' \longrightarrow \mathcal{P}^{\mathrm{eq}}(X,a;T) \qquad (t\to\infty) \tag{1.11.1}$$

ここでカノニカル平衡分布関数 $\mathcal{P}^{\mathrm{eq}}(X,a;T)$ は次式で定義される.

$$\mathcal{P}^{\mathrm{eq}}(X,a;T) = \frac{e^{-\frac{U(X,a)}{k_{\mathrm{B}}T}}}{\int e^{-\frac{U(X',a)}{k_{\mathrm{B}}T}}dX'} \tag{1.11.2}$$

上の極限が現実的な時間で達成されるかどうかは場合による. たとえば $U(X,a)$ が W 字型で 2 つの極小と間の極大をもち, 極大と極小のエネルギー差が温度 $k_{\mathrm{B}}T$ に比べて 100 倍大きければ, この極大点近くの確率は極小点近くの確率より $e^{-100}\simeq 10^{-43}$ 倍も小さくなってしまい, このよう極大を $x(t)$ が通過するのは現実的には不可能になってしまう. そんな場合, $x(t)$ を「現実的な十分長い」時間観測した結果は初期状態 $x(0)$ が W 字のどちらに置かれたかに依存し, 平衡統計力学のカノニカル分布とは合致しない.

無限の長時間を考えるからそのような場合は気にしない, という「理論的」な立場もあろうが, その立場ですら 3.1.1 の最後に述べるように, ポテンシャル $U(X,a)$ を構成する物質が「無限の」長時間の風雪に耐えるという非平衡を容認しており, あくまで限定的な正当性しかない. とくに, W 字型の $U(X,a)$ が磁気メモリービットの 2 つの安定状態を表わす場合には, むしろ $x(t)$ が一方の谷に束縛されることを記述したい(これについては第 6 章で論じる). だから一般には, 上で定義する $\mathcal{P}^{\mathrm{eq}}(X,a;T)$ が「現実的な長時間平均」の特徴を捉えるとは限らず, (1.11.1)の収束には注意が要る.

次に, Langevin 方程式の解 $\hat{x}(t)$ を使った積分の収束について論じる. Langevin 方程式のパラメータ a を「ゆっくり」と時間変化させながら $\hat{x}(t)$ を解き続け, 次の積分を計算したい. この例は以下の章で重要な役割を演じる.

$$\mathcal{I} \equiv \int_{t_i}^{t_f} \left.\frac{\partial U(x,a)}{\partial a}\right|_{(x,a)=(\hat{x}(t),a(t))} \frac{da(t)}{dt}dt \tag{1.11.3}$$

a の初期値 $a(t_i) = a_i$ と終期値 $a(t_f) = a_f$ は指定されているとする．a を一定に保ったときに Langevin 方程式の解 $x(t)$ が(1.11.1)の極限をほぼ達成する時間を Δt^* としよう．Δa^* として，ポテンシャル $U(X,a)$ の形や a についての偏微分 $\partial U(X,a)/\partial a$ の形がその程度のパラメータ a の変化ではほとんど変わらないような目安としよう．そうして a の時間変化を

$$\left| \frac{da(t)}{dt} \right| < \frac{\Delta a^*}{\Delta t^*} \tag{1.11.4}$$

を満たすように選ぼう．すると(1.11.3)のなかで，時間幅 Δt^* にわたる積分は $|da(t)| \leqq \Delta a^*$ なる $a(t)$ の変化に相当するので，積分の中の関数 $\partial U(X,a)/\partial a$ はほとんど変わらず，かつ $\hat{x}(t)$ は平衡確率分布と変わらないような重みでさまざまな x の値を経由する．だから，実際は単一の過程を追っているにもかかわらず積分の中の $\partial U(x,a)/\partial a$ をその平均値 $\displaystyle\int (\partial U(X,a)/\partial a)\mathcal{P}^{\mathrm{eq}}(X,a;T)dX$ で置き換えても積分の値はほとんどかわらない．すなわち次式が得られる[*13]．

$$\mathcal{I} \to \int_{a(t_i)}^{a(t_f)} \left[\int \frac{\partial U(X,a)}{\partial a} \mathcal{P}^{\mathrm{eq}}(X,a;T)dX \right] da \qquad (|da/dt| \to 0) \tag{1.11.5}$$

この極限への収束は，(1.11.1)で述べた滞在時間分布の収束よりも一般には条件が緩い，すなわち短い時間で達成される．後者では分布のあらゆる部分が平衡分布に近づくことを要求するため，X として $\hat{x}(t)$ が稀にしか取り得ない値を選ぶと収束にすこぶる長時間の平均を要する．ところが積分(1.11.3)では $\partial U(x,a)/\partial a$ が大きな値をとる x の値を $\hat{x}(t)$ が頻繁に訪れるならば，時間幅 $t_f - t_i$ をさほど大きくとらなくても満足な収束が得られる．上の結果は 5.2.3 で準静的過程を論じる際に用いる．

---

*13　これを形式的に導くには，(1.11.3)を形式的に $\displaystyle\int_{t_i}^{t_f} \left[\int_{t_i}^{t_f} \left. \frac{\partial U(x,a)}{\partial a} \right|_{(x,a)=(\hat{x}(t),a(t'))} \times \frac{da(t')}{dt'} \delta(t-t')dt' \right] dt$ と書き換え，$a(t')$ の変化が遅いことを使ってデルタ関数 $\delta(t-t')$ を $|t-t'| \leqq \Delta t^*$ ($|t-t'| > \Delta t^*$) でそれぞれ値 $(2\Delta t^*)^{-1}$ および 0 をとる関数 $\Delta_{\Delta t^*}(t-t')$ で置き換える．そうして t と t' の積分順序を入れ替えれば(1.11.5)が得られる．

1.12 Langevin 方程式と確率分布の発展則

1.12.1 Fokker-Planck 方程式

1.5 では(1.5.3)で記述される自由 Brown 運動についての確率分布関数 $\mathcal{P}(X,t) \equiv \langle\delta(X-x_t)\rangle$ が拡散方程式(1.6.3)に従って発展することを見た．では Langevin 方程式に対応する確率分布関数 $\mathcal{P}(X,t)$ の発展はどのような方程式にしたがうか，それが以下に示す Fokker-Planck 方程式(および Kramers 方程式)である．まずは慣性効果の無視できる場合の Langevin 方程式(1.10.6)あるいは(1.10.7)の場合を論じる．表記の簡単のため，(1.10.6)を Itô タイプの SDE の標準形(1.8.5)すなわち $dx_t = a(x_t,t)dt + b(x_t,t)\cdot dB_t$ に書き換えておくと，

$$a(x) = -\frac{1}{\gamma}\frac{\partial U}{\partial x} + k_{\mathrm{B}}T\frac{\partial}{\partial x}\left(\frac{1}{\gamma}\right), \quad b(x) = \sqrt{\frac{2k_{\mathrm{B}}T}{\gamma}} \qquad (1.12.1)$$

一方 Itô 公式(1.10.4)により，

$$\begin{aligned} &d\delta(X-x_t) \\ &= \left\{-a(x_t)\delta'(X-x_t) + \frac{b(x_t)^2}{2}\delta''(X-x_t)\right\}dt - b(x_t)\delta'(X-x_t)\cdot dB_t \\ &= \left\{[-a(X)\delta(X-x_t)]' + \frac{1}{2}[b(X)^2\delta(X-x_t)]''\right\}dt - b(x_t)\delta'(X-x_t)\cdot dB_t \end{aligned}$$

となる*14．ここで各項の平均 $\langle\ \rangle$ をとり，dB_t を含む項は平均すればゼロになることから，

$$d\mathcal{P}(X,t) = \left\{[-a(X)\mathcal{P}(X,t)]' + \frac{1}{2}[b(X)^2\mathcal{P}(X,t)]''\right\}dt$$

が得られ，$a(X)$ と $b(X)$ の中味を代入して整理すると最終的に次式が得られる．

$$\frac{\partial\mathcal{P}(X,t)}{\partial t} = \frac{\partial}{\partial X}\frac{1}{\gamma}\left[\frac{\partial U}{\partial X} + \frac{\partial}{\partial X}k_{\mathrm{B}}T\right]\mathcal{P}(X,t) \qquad (1.12.2)$$

---

*14 2 行目に移るには公式 $\phi(x)\delta^{(n)}(y-x) = [\phi(y)\delta(y-x)]^{(n)}$ ($^{(n)}$ は n-階微分)を使った．この公式は，遠方で速くゼロになる任意の関数 $g(x)$ に対し，次の恒等的変形をおこなって証明できる：$\phi(x)\int dy\delta^{(n)}(y-x)g(y) = (-)^n\phi(x)\int dy\delta(y-x)g^{(n)}(y) = (-)^n\int dy\phi(y)\delta(y-x)g^{(n)}(y) = \int dy[\phi(y)\delta(y-x)]^{(n)}g(y)$.

これは **Fokker-Planck 方程式**とよばれる．

同様に(1.9.1)あるいは(1.7.1)に対応する方程式も導ける．(1.9.1)の上の脚注で述べたように，慣性がある場合には γ や T が x_t に依存しても $\circ dB_t$ は $\cdot dB_t$ とみなしてよい．方法は上と同じなので途中を省くが，$\mathcal{P}(X,P,t) \equiv \langle\delta(X-x_t)\delta(P-p_t)\rangle$ の変化を知るために(1.9.1)と Itô 公式から

$$
\begin{aligned}
&d\delta(X-x_t)\delta(P-p_t)\\
&\quad=\delta'(X-x_t)\delta(P-p_t)\left(-\frac{p_t}{m}\right)dt\\
&\qquad+\delta(X-x_t)\delta'(P-p_t)\left[\left(\gamma\frac{p_t}{m}+\left.\frac{\partial U}{\partial x}\right|_{x=x_t}\right)dt+\sqrt{2\gamma k_{\mathrm{B}}T}\cdot dB_t\right]\\
&\qquad+\frac{1}{2}\delta(X-x_t)\delta''(P-p_t)(2\gamma k_{\mathrm{B}}T)dt
\end{aligned}
\tag{1.12.3}
$$

をまず導き，各項の平均 $\langle\quad\rangle$ をとると次式が得られる．

$$
\frac{\partial\mathcal{P}}{\partial t}=\left[-\frac{P}{m}\frac{\partial}{\partial X}+\frac{\partial}{\partial P}\left(\frac{\partial U}{\partial X}+\gamma\frac{P}{m}\right)+\frac{\partial^2}{\partial P^2}\gamma k_{\mathrm{B}}T\right]\mathcal{P}
\tag{1.12.4}
$$

これを **Kramers 方程式**と呼ぶ[18](1940 年頃に Kramers が導いた際は確率微分方程式を用いなかったが)．

1.12.2　Fokker-Planck 方程式の一般的な性質

具体的に(1.12.2)を解かなくても，いくつかの情報が得られる．

重ねあわせの原理　Fokker-Planck 方程式は線形なので解の重ねあわせの原理が適用できる：初期条件が $\delta(X-X_0)$ の場合の解を $\langle x|\mathsf{G}(t-t_0)|x_0\rangle$ と書くことにすると，任意の初期条件 $\mathcal{P}(X,t_0)$ から出発した解は，

$$
\mathcal{P}(X,t)=\int\langle x|\mathsf{G}(t-t_0)|x_0\rangle\mathcal{P}(x_0,t_0)dx_0
\tag{1.12.5}
$$

と書ける．運動量を含めた場合にも同様の性質が成立つ．

確率についての連続の式　(1.12.2)において x にかんする確率流 J_x——点 X をとおって $+X$ 方向に単位時間に正味うけ渡される確率(3.5.2 参照)——は次式で定義される．

$$
J_x\equiv-\frac{1}{\gamma}\left[\frac{\partial U}{\partial X}+\frac{\partial}{\partial X}k_{\mathrm{B}}T\right]\mathcal{P}(X,t)
\tag{1.12.6}
$$

そこで，(1.12.2)はいわゆる「**連続の式**」の形をとる．

$$\frac{\partial \mathcal{P}}{\partial t} = -\frac{\partial J_x}{\partial X}$$

連続の式の両辺を X について X_1 から X_2 まで積分すると，左辺はこの区間に x_t がある確率で，これが右辺では両端での J_x の差で与えられる．状態点 x_t はジャンプしないから当然である．(1.12.4)にたいしても 2 成分の確率流 (J_x, J_p) を次式で定義する：

$$\begin{aligned} J_x &\equiv \left(\frac{P}{m} + k_{\mathrm{B}}T\frac{\partial}{\partial P}\right)\mathcal{P}(X,P,t) \\ J_p &\equiv \left(-\frac{\partial U}{\partial X} - \gamma\frac{P}{m}\right)\mathcal{P}(X,P,t) \\ &\quad - \frac{\partial}{\partial P}[\gamma k_{\mathrm{B}}T\mathcal{P}(X,P,t)] - k_{\mathrm{B}}T\frac{\partial}{\partial X}\mathcal{P}(X,P,t) \end{aligned} \tag{1.12.7}$$

そこで(1.12.4)を連続の式の形にしたものは，次のようになる．

$$\frac{\partial \mathcal{P}}{\partial t} = -\frac{\partial J_x}{\partial X} - \frac{\partial J_p}{\partial P} \tag{1.12.8}$$

一様な温度のもとでの平衡状態　環境の温度 T が X に依存しないとき，$\mathcal{P}(X,t)$ は長時間後に，γ に依存しない平衡分布 $\mathcal{P}^{\mathrm{eq}}(X,a;T)$（定義は(1.11.2)）に近づく．これが $J_x = 0$ を満たす定常解であることは直接代入して確かめられる[*15]．運動量を含む場合は次式が平衡分布である．

$$\mathcal{P}^{\mathrm{eq}}(X,P,a;T) = \frac{e^{-(\frac{P^2}{2m}+U(X,a))/k_{\mathrm{B}}T}}{\sqrt{2\pi m k_{\mathrm{B}}T}\int e^{-U(X',a)/k_{\mathrm{B}}T}dX'} \tag{1.12.9}$$

***H* 定理**　一様な温度のもとで $\mathcal{P}(X,t)$ が平衡状態に漸近することは次に定義する（連続版の）**Kullback-Leibler** エントロピー $D(\mathcal{P}(t) \,\|\, \mathcal{P}^{\mathrm{eq}})$ をもちいて証明される[*16]．

---

*15　それでも γ が X に依存する場合，γ の大きな所に長く留まるから平衡分布に γ 依存性がありそうに思うかもしれない．実際には γ の大きな所に入りにくい効果と正確に相殺する（3.4.9 に具体例を挙げる）．

*16　$D(\mathcal{P}(t) \,\|\, \mathcal{P}^{\mathrm{eq}})$ は Kullback-Leibler 距離とも呼ばれるが，通常の距離の条件を満たすものではない．

$$D(\mathcal{P}(t) \parallel \mathcal{P}^{\mathrm{eq}}) \equiv \int dX \mathcal{P}(X,t) \ln \frac{\mathcal{P}(X,t)}{\mathcal{P}^{\mathrm{eq}}(X,a;T)}$$

これは非負で*17，$\mathcal{P} = \mathcal{P}^{\mathrm{eq}}$ でのみゼロになる．この時間変化を，Fokker-Planck 方程式をもちいて計算し([9]の p. 249)，次の不等式を示すことができる．

$$\frac{dD(\mathcal{P}(t) \parallel \mathcal{P}^{\mathrm{eq}})}{dt} < 0 \qquad (\mathcal{P} \not\equiv \mathcal{P}^{\mathrm{eq}})$$

そこで $D(\mathcal{P}(t) \parallel \mathcal{P}^{\mathrm{eq}})$ は，時間とともに最小値ゼロに収束し，これは $\mathcal{P}(t)$ の $\mathcal{P}^{\mathrm{eq}}$ への漸近を意味する．

温度が不均一な場合　このときの定常状態分布関数 $P_{\mathrm{st}}(X,a;T)$ は，$\propto e^{-\frac{U(X,a)}{k_{\mathrm{B}}T}}$ の形をもたず，T および U に非局所的に依存する．

最後に技術的なことだが，一様な温度のもとでの平衡状態を Fokker-Planck 方程式から数値的に得るには，全確率の保存を少し犠牲にしても確率流 $J = 0$ の条件を数値誤差なしに満たすべきだろう．そんな場合には $\mathcal{P}(X,t)$ を $e^{\psi(X,t)}$ とおいて $\psi(X,t)$ についての方程式にしてから離散化すればよい．

1.13　その他の基本的な概念

Langevin 方程式や付随する Fokker-Planck 方程式については，以上に述べた以外にもいくつかの基本的な性質があるが，Langevin 方程式そのものの詳しい解説をすることが本書の主目的ではないので，主要ないくつかのキーワードだけを述べる．

初期通過・初期脱出の問題　時刻 t_0 に領域 Ω の内部の点 x_0 を出発して Langevin 方程式にしたがう運動をする微粒子が，最初に Ω の境界に到達するまでの時間(**初期通過時刻**)を求める問題(初期通過問題：first passage problem)やこれとおなじ初期設定で，微粒子が境界上のどの点に最初に到達するかという初期通過場所の問題(初期脱出問題：exit problem)については Fokker-Planck 方程式(前進 Fokker-Plank 方程式ともいう)のかわりに後退方程式と呼ばれるも

*17　不等式 $\log(\mathcal{P}/\mathcal{P}^{\mathrm{eq}}) = -\log(\mathcal{P}^{\mathrm{eq}}/\mathcal{P}) \geqq -((\mathcal{P}^{\mathrm{eq}}/\mathcal{P})-1)$ に $\mathcal{P}$ をかけると $\mathcal{P}\log(\mathcal{P}/\mathcal{P}^{\mathrm{eq}}) \geqq -\mathcal{P}^{\mathrm{eq}} + \mathcal{P}$ となることを使う．

のが有用である．これらについてはレビュー[22]などを参照せよ．

曲がった空間上の確率過程 最後に，たとえば球状のリン脂質膜にそってのタンパク質分子の Brown 運動を調べるには，曲がった空間で Langevin 方程式がどのような表現と性質をもつかを知る必要がある．この問題は数学の 1 分野をなしており，著者の紹介できるところではない．物理の立場では，曲線や曲面を拘束ポテンシャルで限られた 3 次元空間中の場所とみなすことができ，その限りでは以下の章で展開するエネルギー論はそのまま適用できるだろう．

マクロ熱力学からの準備

熱力学では着目する対象(系)とその環境，および外部の装置(外系)とのあいだの「エネルギー」収支を扱う．マクロな系の熱力学の特徴は，系の平衡状態が少数の物理量だけで特徴づけられること，それらの変化の間にも制約があることだ．やりとりされるエネルギーの形態には系と外系の間のマクロなもの(仕事)と，系と熱的環境の間のミクロなもの(熱)の2種類があって，前者は後者に容易に転換できるが，逆の転換にはいろいろ制約がある．

以下ではまずマクロな熱力学(以下マクロ熱力学)での用語を説明し，次に熱力学の法則のいくつかを述べる．その後で熱力学で有用な概念をいくつか説明する．いくつかの節のおわりには**「ゆらぐ世界」**で，という書き出しでその節で述べたことがらのうち，「ゆらぐ世界」にもちこめない側面について述べる．

2.1 用語の導入

熱力学で用いる用語はかならずしも徹底的には定義されない：定義にはまた用語が必要できりがない．

系：一般に，世界の一部分を適切に切り出したものを系とよぶ．本章でいう系は，同じ種類の構成単位(粒子と総称する)をマクロな個数含むものとする．系が何らかの基準で2つ以上に分割されているとき，そのそれぞれを**部分系**という．

系のエネルギー：もし系のミクロな詳細まで見ることができたら(古典あるいは量子)力学的なエネルギーが求まり，それが熱力学でのエネルギーだと考えられているのが普通だろう．

示量変数：系とそのコピーを合わせて新たな系を作ったとき，もとの2倍になる量．1成分系ではエネルギー E，体積 V，粒子数 N，エントロピー S．

外系：系の外にあってマクロな制御能力のある主体．環境(以下参照)とちがって温度の概念はない．

環境：エネルギー，粒子(質量)および運動量を系とやりとりする環境をそれぞれ熱環境(熱溜め，熱浴などともいう，以下同様)，粒子環境および圧力環境と呼ぶ．その強度(温度や濃度，圧力など)は系と多少のやりとりでは微動だに変化しないと理想化されたもの*1．

仕事：外系と系との間でのエネルギー移動の形態．たとえば系の体積を変える，系に電場を及ぼしているマクロな電極を動かすなどの**操作**による．たとえば体積変化を介して2つの系がエネルギーをやり取りする場合など，系と外系の役割が相対的なこともあり，系1が系2に(これこれの量の)仕事をした，というふうに表現する．

熱：仕事の形態をとらない，系と熱環境の間，あるいは複数の系の間でおこなうエネルギーのやりとり．

符号の約束：本書では系が得るものは正(＋)と表現する．したがって，外系が系に仕事という形でエネルギーを与えるときに，正の仕事 $W > 0$ をしたと言う．また環境が系に熱という形でエネルギーを与えるとき，正の熱，$Q > 0$ と約束する*2．複数の系の間で仕事をやりとりする場合，複数の系の間での熱のやりとりをする場合は，そのつど定義する．

マクロな制御能力：半透膜とよばれるものは，ある種の粒子(たとえばコロイド)は透過しないが水分子は通すという，ミクロな分別操作を担える．しかし，膜を動かして種類ごとの粒子の濃度を変える操作における仕事も(マクロな)仕事とみなす．なぜなら，外系は膜に加わる浸透圧とよばれる力に対抗し，膜を(金魚すくいのように)「全体として一斉に」動かすだけだからである[23]．

---

*1　いわゆる環境問題はここにはない．

*2　逆の原則を採用している熱力学のテキストもあるので注意されたい．

2.2 マクロ系の熱力学法則

マクロ系の時間発展に関して下記のようないくつかの普遍的性質が知られている．普遍的というのは，たとえば系のエネルギーは粒子どうしの相互作用の詳細に依存するが，エネルギーの変化と熱・仕事との間にある関係自体は，そのような詳細によらないことを意味する．

第0法則 系はそれを他から孤立させて放置すると，いずれ**平衡状態**というマクロに変化のない状態におちこむ．マクロな系が勝手にいつまでもマクロにゆらいだり急に騒ぎ出したりすることはない．ある物質の平衡状態を特定するには，それを特徴づける少数個のパラメーター——**熱力学変数**(粒子数 N，系の体積 V，内部エネルギー E など)を指定すればよい．異なる2つの系の間にエネルギー，運動量あるいは質量のやりとりを許す場合，これらの系からなる合成系の平衡状態は部分系内部の平衡と，温度・圧力あるいは化学ポテンシャルの等しいことで指定できる．これはマクロであることの端的な現われである．

第1法則 環境から孤立し自立した系であって，いつまでもエネルギーを生み出しつづけ，しかも系の状態が周期的に元に戻る過程(サイクルという)を実現する，いわゆる第1種の永久機関は存在しない．別の表現では，系のエネルギー E の一部は仕事 W や熱 Q という形で出入りするが，**過程**(一連の操作による継時変化)の前後で系のエネルギー変化 ΔE は次の意味で収支がバランスしている．

$$\Delta E = W + Q \tag{2.2.1}$$

第2法則 系自身の状態はサイクルを経ながら，温度一定の環境からいつまでもエネルギーをくみ出しつづける(熱を仕事に変換しつづける)，いわゆる第2種の永久機関は存在しない．この逆，すなわち系のサイクルを使って仕事を熱に変換しつづけることはできる．別の表現では，環境から孤立した系の**過程**では決して減少しない物理量(エントロピー S)があり，それは E, V, N と同様，平衡状態を特徴づける示量変数である．

第3法則 絶対零度へ接近する際の，したがって量子力学的干渉が重要な状況の問題なので本書では触れない．

第4法則　熱力学変数には，系とそのコピーを合わせて新たな系を作ったとき，もとの2倍になるような，既述の示量変数と，1倍にとどまるような**示強変数**のみがあり，他の可能性はない(例：N, V, E は示量変数．温度 T, 圧力 p, 化学ポテンシャル μ は示強変数)．たとえば容器の表面積は，全体積に比べて表面の影響を受ける表面近くの体積が無視できる限り問題にならない*3．これもマクロであることの端的な現われである．

「**ゆらぐ世界**」で小さな系も扱おうとすると，環境の影響をもろにかぶることになり，長時間経過した後も系のエネルギーなどは絶えず変化する．だから平衡状態の定義はそのまま持ち込めない．

2.3　平衡状態を特徴づける変数の間の諸関係1：Fundamental relation

それ自体示量変数であるエネルギー E およびエントロピー S を示量変数の関数として $E(S,V,N)$ や $S(E,V,N)$ と表わしたものをまとめて $f(x_1,\cdots,x_n)$ と書こう．ここで関数 f は $E(S,V,N)$ または $S(E,V,N)$ であり，$\{x_1,\cdots,x_n\}$ はそれらのもつ(示量)変数である．

この式から偏微分(変数 x_j 以外を固定して x_j について微分する)$R_j \equiv \partial f/\partial x_j$ により「(f に関して) x_j **に共役な熱力学変数**」R_j をすべて導くことができる(例：$f = E(S,V,N)$ ならそれぞれ T, $-p$, および μ)．このように変数に共役な熱力学変数をすべて導くことができる関数は fundamental relation とよばれる*4．上の偏微分の関係はまとめて1次微分形式とよばれる形 $df = \sum_{j=1}^{n} R_j dx_j$ で簡明に表現できる．これらから出発して，**Legendre 変換**とよばれる変換(一般に非線形)により独立変数のうち一部の x_j ($j = 1,\cdots,k$ とする)をそれらに共役な変数 R_j ($j = 1,\cdots,k$) に取りなおして，他の可能な fundamental relation

---

*3　この仮定は表面の影響が遠くに及ぶ系――重力系や相転移の臨界点近傍の系――には適用できず，形状の影響があらわれる．

*4　「完全な熱力学関数」という和名が提案されている[24, 25]．

が導ける．

Legendre 変換の手順は以下のとおりである：まず $R_j \equiv \partial f/\partial x_j$ $(j = 1, \cdots, k)$ を(少なくとも形式的に)解き，x_j $(j = 1, \cdots, k)$ を $\{R_1, \cdots, R_k, x_{k+1}, \cdots, x_n\}$ の関数で表わしておく．他方，1 次微分形式を使えば，

$$d(f - \sum_{j=1}^{k} R_j x_j) = \sum_{j=1}^{k} (-x_j) dR_j + \sum_{j=k+1}^{n} R_j dx_j$$

となる．そこで $\tilde{f} \equiv f - \sum_{j=1}^{k} R_j x_j$ を $\{R_1, \cdots, R_k, x_{k+1}, \cdots, x_n\}$ の関数として定義すれば，これが新たな fundamental relation になっている(例：$T = \partial E(S, V, N)/\partial S$ を解いて $S(T, V, N)$ を求めておき，$E(S, V, N) - T(S, V, N)S$ に代入すると $F(T, V, N)$ が得られる)．これらに共役な変数 $\{x_1, \cdots, x_k, R_{k+1}, \cdots, R_n\}$ は偏微分によって求められるが，新しい変数で微分すると負号が現れることに注意しよう(例：$\partial F(T, V, N)/\partial T = -S$)．

「**ゆらぐ世界**」で示量性は意味をもつだろうか．示量性とはひとことでいって，同じ系のコピーをつくってくっつけたときに量的には 2 倍になるが質はかわらない，ということだ．ゆらぐ世界で扱う小さい系では，それらどうしをくっつける際の相互作用が無視できない．またくっつけるということに意味がないことだってありうる．マクロな系でも(重力のように)相互作用が系の端から端まで達するならば示量性という近似は妥当でない．しかしながら小さい系でもそれを何度も同じ条件で観測して，データを統計的に処理したい，という場合は話がちがう．この作業は，系のコピーをたくさんつくり，そのそれぞれを一斉に 1 回だけ観測するという作業とおなじことだが，ここでこのコピー集団をまとめてひとつの系とみなすならば，これは示量性をもつ．ただしその変数 x_i や関数 f はすべてコピー集団のそれぞれの対応する量の単純和として定義するものとする．このようにして，ゆらぐ系にもマクロ熱力学の形式は使えるが，それは統計平均についてのみあてはまる．

2.4　平衡状態を特徴づける変数の間の諸関係 2：Maxwell の関係式

偏微分の性質 $\partial^2 f/\partial x_j \partial x_k = \partial^2 f/\partial x_k \partial x_j$ により，次の **Maxwell の関係式**が成り立つ．

$$\partial R_i/\partial x_j = \partial R_j/\partial x_i \tag{2.4.1}$$

（例：$\partial\mu/\partial V = -\partial p/\partial N$, など）．Maxwell の関係式がすべて成り立てば，fundamental relation を求積により（付加定数を除いて）定められる．

［注意］ Legendre 変換により負号が現れると Maxwell の関係式にも負号があらわれる：$\tilde{f} \equiv f - \sum_{j=1}^{k} R_j x_j$ を $\{R_1, \cdots, R_k, x_{k+1}, \cdots, x_n\}$ の関数として定義すれば，新たに現れる Maxwell の関係式は次のようになる（$i, i' = 1, \cdots, k$ および $j = k+1, \cdots, n$ とする）．

$$\partial x_i/\partial R_{i'} = \partial x_{i'}/\partial R_i, \quad \partial R_j/\partial R_i = -\partial x_i/\partial x_j$$

2.5　平衡状態を特徴づける変数の間の諸関係 3：「示強性」に関する関係式

示量変数 $\{x_1, \cdots, x_n\}$ の関数 f が

$$f(\lambda x_1, \cdots, \lambda x_n) = \lambda f(x_1, \cdots, x_n) \tag{2.5.1}$$

という斉 1 次の性質を満たすとき，f は**示量性**をもつという．$E(0,0,0) = 0$ や $S(0,0,0) = 0$ で付加定数を固定した $E(S,V,N)$ や $S(E,V,N)$ は示量性をもつ（2.6 を参照のこと）．この性質を幾何学的に描くために，$\{x_1, \cdots, x_n\}$ の関数として $x_{n+1} = f(x_1, \cdots, x_n)$ をプロットしたグラフを想像しよう．このグラフは $n+1$ 次元空間の中で n 次元（超）曲面であるにもかかわらず，原点から放射状に伸びる直線だけで構成される．そのためグラフをある高さ $x_{n+1} = f_0$ で切った切り口と，その λf_0 倍の高さ $x_{n+1} = \lambda f_0$ で切った切り口を比べると，それらは相似比 λ の相似図形になっている．この示量性は f に強い制約を課す：式(2.5.1)を λ で微分することにより，次の式が導かれる．

$$\sum_{i=1}^{n} R_i x_i = f(x_1, \cdots, x_n) \tag{2.5.2}$$

(例：$TS - pV + \mu N = E$)．

また，式(2.5.1)を x_j で微分することにより，R_j が次の斉 0 次の性質を満たす．

$$R_j(\lambda x_1, \cdots, \lambda x_n) = R_j(x_1, \cdots, x_n) \tag{2.5.3}$$

斉 0 次の性質を満たすことを**示強性**とよぶ．上の式から **Gibbs-Duhem の関係式**(2.5.4)を導ける：まず(2.5.3)を λ で微分すれば，$\sum_{i=1}^{n} x_i(\partial R_j/\partial x_i) = 0$ がえられる．展開式

$$\sum_{i=1}^{n} x_i dR_i = \sum_{i=1}^{n} \sum_{j=1}^{n} x_i(\partial R_i/\partial x_j) dx_j$$

に Maxwell の関係式を代入し，すぐ上の結果とあわせて $\sum_{i=1}^{n} x_i dR_i = \sum_{i=1}^{n} \sum_{j=1}^{n} x_i(\partial R_j/\partial x_i) dx_j = 0$ となるので，次式がえられる．

$$\sum_{i=1}^{n} x_i dR_i = 0 \tag{2.5.4}$$

(例：$SdT - Vdp + Nd\mu = 0$)．

［注意］ 上で述べた Legendre 変換をすべての示量変数 $\{x_1, \cdots, x_n\}$ についておこなってしまうと，見かけ上 $d(f - \sum_{i=1}^{n} R_i x_i) = -\sum_{i=1}^{n} x_i dR_i$ というすっきりした形になる．しかしこれは実質的な関係ではなく，左辺も右辺もゼロであることが式(2.5.2)および(2.5.4)からわかる．物理的にいうと，すべての変数を示強変数にしてしまうと，系の大きさを決めることができなくなり，対応する「ポテンシャル」も大きさ不定になるのである．

2.6 熱力学の関係式とエネルギーやエントロピーの基準点

Newton の運動方程式の形が座標・運動の原点をとりかえてもそのまま成り立つ(Gallilei の相対性)のとおなじように，熱力学的な関係式はエネルギーやエントロピーの基準点を変えても依然として成り立つ，ということを確かめるのが本節の主旨である．一般的にいって不変性について知っておくことは，いろ

いろな解析をする際のチェックとして役にたつだろう(2.11 末尾の[注 1]参照).

のちほど(i)微分式 $dE = TdS - pdV + \mu dN$ ($dS = (dE + pdV - \mu dN)/T$ と書いてもおなじ)と，(ii)化学ポテンシャル μ の表現 $\mu/T = \partial S(E, V, N)/\partial N$ を例にとって具体的にこれを示すが，その前に，そもそも基準点は任意に選べる，ということについて説明を加えたい.

力学の世界では，仕事や運動エネルギー変化はポテンシャルエネルギーの増減として蓄えられ，全体としてエネルギーが保存すると考えた．そこでポテンシャルエネルギーは増減のみに意味があり，基準点の選択の任意性がある．この任意性はマクロ熱力学にもうけつがれる．またマクロ系として可能な過程に制約があること(第 2 法則)からエントロピー S の増減という概念がもちこまれたが，(熱力学)エントロピー自体には基準点の選択の任意性がある.

2.5 で考えた λ 倍にするという変換では，何もないとき($\lambda = 0$)の E および S をゼロ点と定めなければならないように思えるかもしれないし，じっさい 2.5 ではその要請を採用した．しかしながら，粒子やエネルギーは無から産みだせるわけではないから，λ 倍にする変換は熱力学的な意味での操作ではない．マクロに可能な操作は，もともと λ 個の系がばらばらにあったのをまとめて 1 つにする，あるいはその逆とか，大きな「溜め」があってそこから λ 個分を切り取って系とみなすとかいったことだ．だから，エントロピーやエネルギーといった「示量性」の関数自体が $\lambda = 0$ でゼロをとるのは物理的要請ではない．物理的に重要なのは λ 個あつめた系の示量変数はその**変化**が個々の系に比べて λ 倍拡大されるということだけである(粒子数 N と体積 V の原点については，自然な基準すなわち「無をゼロとする」があるから，$\lambda = 0$ でゼロとするという要請は妥当だ).

さて，1 粒子あたりのエネルギーとエントロピーの基準点をそれぞれ e^* と s^* だけ変えたときを考える[26]．基準をかえても物理的には何もしないのだから，基準の変更後のエネルギー $\tilde{E}$ とエントロピー $\tilde{S}$ は，単純に次のように書ける.

$$E \mapsto \tilde{E} = E + e^* N, \qquad S \mapsto \tilde{S} = S + s^* N \tag{2.6.1}$$

また，たとえば Helmholtz 自由エネルギー $F = E - TS$ や Gibbs 自由エネルギー $G = E - TS + pV$ は $F \mapsto \tilde{F} = F + e^* N - Ts^* N$ や $G \mapsto \tilde{G} = G + e^* N - Ts^* N$ と変換され，とくに $G = \mu N$ (式(2.5.2)の下を参照)の関係から，化学ポテン

シャルには次の変換がもたらされる．

$$\mu \mapsto \tilde{\mu} = \mu + e^* - Ts^* \tag{2.6.2}$$

さて，これらを納得すれば，最初に述べた(i)や(ii)が上の変換のもとで不変であることを確かめられる[26]．他の場合はこれらの例から推察されると思う．

(i)の $dE = TdS - pdV + \mu dN$ については簡単である．左辺と右辺をそれぞれ変換後の量で書き表わすと，

$$d\tilde{E} - e^* dN = Td\tilde{S} - Ts^* dN - pdV + (\tilde{\mu} - e^* + Ts^*)dN$$

となり，これを整理すれば $d\tilde{E} = Td\tilde{S} - pdV + \tilde{\mu} dN$ が得られて，もとと同じ形になることが確かめられる．

(ii)の $\mu/T = \partial S(E, V, N)/\partial N$ については次のように考える．まずエントロピーが $S \mapsto \tilde{S} = S + s^* N$ と変換される際に，その変数も変換をうけているので，くわしく

$$\tilde{S}(\tilde{E}, V, N) = S(E, V, N) + s^* N = S(\tilde{E} - e^* N, V, N) + s^* N$$

と書く．$\tilde{E}$ と V を固定して N について偏微分をこれらに行うと，

$$\begin{aligned}\frac{\partial \tilde{S}}{\partial N} &= \frac{\partial}{\partial N}\{S(\tilde{E} - e^* N, V, N) + s^* N\} = -e^* \frac{\partial S}{\partial E} + \frac{\mu}{T} + s^* \\ &= -\frac{e^*}{T} + \frac{\mu}{T} + s^* = \frac{\tilde{\mu}}{T}\end{aligned}$$

となって，式の両端を見れば，(ii)の式の形が不変に保たれていることがわかる．

2.7　実効ポテンシャルとしての自由エネルギー

温度 T が一定の環境の中におかれた系を扱う場合に，どうしてエネルギー E でなくて Helmholtz 自由エネルギー $F = E - TS$ を考え，自由「エネルギー」とよぶのか，思い出しておこう．系のモデルを作る場合などのように($F = E - TS$ と書く以上) E が既知ならば，もっともな問いでもある．しかし，未知の系(気体でも固体でもタンパク質でも)がポンと与えられ，まずは等温の環境の中でその系のパラメータを 1 つだけ変えて様子をみよう，といった状況では事情が違い，E も S もまったくわからない．図 2.1 に，熱環境と系(シリンダー)からなる「ブラックボックス」(点線)を，その中味を知らない「外系」がピストンにとりつけた棒で操作する状況を表わす．パラメータ(a とする)を外系の操作によっ

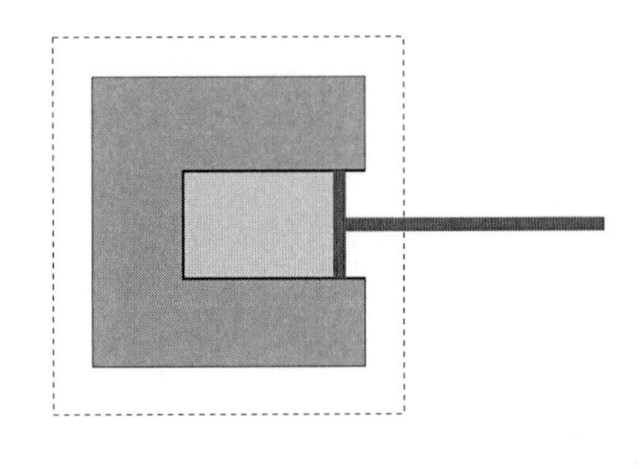

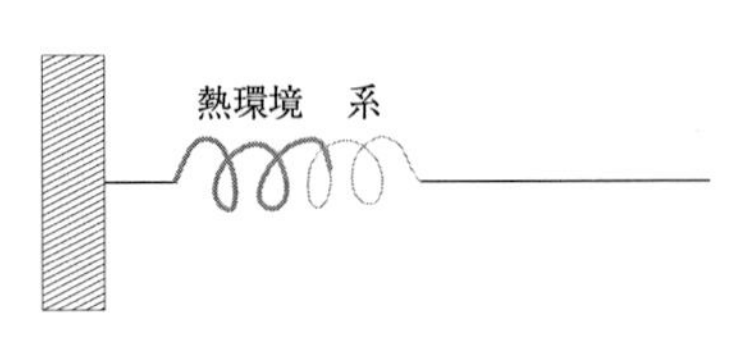

図 2.1　熱環境とシリンダーからなる「ブラックボックス」(上図) は，準静的な操作のもとで，バネのように振る舞う(下図).

て a_1 から a_2 まで変化させ，それに要した仕事 $W(a_1;a_2)$ を記録できたとする．もし $W(a_1;a_2)$ があるポテンシャル $\phi(a)$ によって $W(a_1;a_2)=\phi(a_2)-\phi(a_1)$ というふうに書けたなら，「このブラックボックスはあたかも弾性バネのように応答し，$\phi(a)$ がその弾性エネルギーに相当する」と考えても矛盾はない．

これについて，次の 2 点がマクロ熱力学で知られている．

(1)　a を変える操作が，各瞬間に系がほぼ平衡状態とみなせるくらいゆっくりと(「**準静的に**」という)行われる限り，ブラックボックスの中味の詳細によらず，上のようなポテンシャル的ふるまいはいつもおこる．

(2)　その際の「ポテンシャルエネルギー」$\phi(a)$ が系のエネルギー E，エントロピー S を使って $E-TS$ と書ける．ここで E と S は a の関数で，一般に温度にも依存する．

上の性質(2)が $F\equiv E-TS$ を自由「エネルギー」とよぶゆえんであろうか*5．系の体積でなく環境の圧力が一定に保たれる場合には，F にかわって Gibbs 自由エネルギー $G\equiv E-TS+pV$ が実効ポテンシャルになる．また開放系にもこれらに相当するものがある(2.8)．

図 2.1 について，なにも知らずに a を操作する主体である外系の立場 'Ext'

*5　意のままに仕事として取り出せるから「自由」と呼ぶ(大野克嗣氏の示唆)．

と，E も S も知っている立場 'Sys'，それに，環境と系をあわせた全体(外系は含まない)を熱的に孤立した系とみなす立場 'Tot' でそれぞれどう記述されるかをまとめておこう[*6].

Ext 外系のなした仕事は，弾性バネのようなブラックボックスの「ポテンシャルエネルギー」の増加 $\Delta F(a,T)$ として系に蓄えられた．

Sys 外系のなした仕事は，一部を系のエネルギーの増加 ΔE としてのこし，残る $\Delta F - \Delta E$ (正とは限らない)は環境に熱として移送した．

Tot 外系のなした仕事は全系のエネルギー増加 $\Delta F(a,T)$ として蓄えられた．その内訳は系に ΔE，環境に $T\Delta S_{\mathrm{env}}$．ただし S_{env} は環境のエントロピー．

準静的過程は逆行可能(可逆)，したがって全エントロピー $S+S_{\mathrm{env}}$ が増えないことから，環境のエネルギー増加 $T\Delta S_{\mathrm{env}}$ は $-T\Delta S$ に等しく，三者のつじつまはあっている．

$\Delta F = \Delta E$ であるような例として，系が実際マクロな鋼鉄のバネ(バネ定数も温度によらないと仮定する)でできていて，その伸び a を操作する場合，かたや $\Delta F = -T\Delta S$ であるような例として，系が理想気体(ideal gas; エネルギーが体積によらない)でできていて，その体積 a を操作する場合がある．

同じ操作(a_1 から a_2 へ)をさまざまな(一定の)温度 T において行ったさいの可逆仕事 $L(T) \equiv \phi(a_2,T) - \phi(a_1,T)$ (温度を明記した)のデータがあれば，この操作でのエネルギー変化 $\Delta E = E(a_2,T) - E(a_1,T)$ は $\Delta E = L - T(dL/dT)_a$ によって得られる($E = F + TS$ の変化分を $\partial F/\partial T = -S$ で書き直したもの)．この便利な関係は **van't Hoff の等積式**とよばれる([27] §17)．

エネルギーのバランス式 $\Delta E = W + Q$ で，環境じたいはつねに平衡状態にあると考えれば $\Delta E = W + (-T\Delta S_{\mathrm{env}})$ と書ける．他方，第2法則は系と環境を合わせた全系のエントロピーが減少しないこと，$\Delta S + \Delta S_{\mathrm{env}} \geqq 0$，を要求するから，等温環境で取り出せる仕事 $(-W)$ については，$(-W) \leqq -\Delta E + T\Delta S = -\Delta F$ となり，Helmholtz 自由エネルギー減少をこえられないことがわかる．同様にして等温等圧環境では Gibbs 自由エネルギー G を使って $(-W) \leqq -\Delta G$ という上限が与えられる．

---

*6 環境と系がエネルギーをやりとりしても環境の温度変化は，測定できないくらいわずかだとする．

［注意］　圧力は断熱的に体積を変える際にする仕事として測れる：$p = -(\partial U/\partial V)_S$．また，温度と体積と粒子数が同じならば，断熱された系でも熱環境に接触した系でも同じ圧力が得られる．しかし $p \overset{?}{=} -(\partial U/\partial V)_T$ ではない．なぜなら等温過程では仕事が U の変化以外にも分配されるのだから．じっさい，一般に成り立つ等式 $(\partial f/\partial x_i)_{R_j} = (\partial f/\partial x_i)_{x_j} - R_j(\partial R_i/\partial R_j)_{x_i}$ から，次式が p の表式である．$p = -(\partial U/\partial V)_T + T(\partial p/\partial T)_V$．

「ゆらぐ世界」では熱運動を見える形であつかい，そのエネルギー収支を手に取るように記述したい．たとえば，ゴムの弾性とその変形に際してのエネルギー収支はしばしば統計力学と熱力学の組み合わせによって説明される．まず弾性は高分子鎖のほぼ自由な熱運動として記述される．ゴムを徐々に引っ張っても（理想気体の圧縮に似て）ゴム自体のエネルギーはほとんど増えないので，引張る仕事は環境に熱として放出される．次にゴムを急に手放して弛めても，蓄えているエネルギーがないから（慣性による寄与を除けば）発熱はない．第4章で与える枠組みによれば，これらの現象を高分子鎖の運動に直接結び付けて記述・解析することが可能である．

また，準静的過程という極限に関する概念がでてきたが，何に比べてゆっくりならば準静的に近いのか，これについては第5章で考える．

2.8　開放系：熱と粒子を交換する系

本書においては，**開放系**を，環境とエネルギーのみならず粒子をもやりとりできる系のことと定義する（ちなみに量子物理では熱環境と接触する系を開放系と呼ぶことがある）．2.1において「粒子」はマクロ系を構成する同じ種類の構成単位の総称と約束した．そこで，マクロ開放系を記述するには，与えられた時点において個々の粒子が系に属するか環境に属するかを決める基準が必要である．通常は座標空間中にある領域を定め，その中にある粒子を系の構成要素とみなす（例：吸着の熱力学では基質表面上の吸着サイトに吸着された粒子）．

そこで，「系のエネルギーの変化」というときには，系の構成要素は変わらずにおこる仕事と熱の授受の他に，系の構成要素が増減することによるエネルギー変化をも考慮しなければならない．この内訳がマクロ熱力学にどう現われるか(現われないか)について述べたい．

仕事 W が体積変化 ΔV による $W=-p\Delta V$ のみである気体の場合に，エネルギーの保存則 $\Delta E=-p\Delta V+\Delta Q^{\mathrm{tot}}$ (ここで ΔQ^{tot} は系のエネルギー変化のうち仕事以外のすべてを表わす)と，エネルギー関数の微分式 $dE=TdS-pdV+\mu dN$ を一定の (T,p,μ) 下で積分した $\Delta E=T\Delta S-p\Delta V+\mu\Delta N$ とを見比べよう．辺々引き算することにより，次式を得る．

$$\Delta Q^{\mathrm{tot}}=T\Delta S+\mu\Delta N \tag{2.8.1}$$

この式を「粒子数は変わらずにおこる熱の授受」$T\Delta S$，「粒子数が増減することによるエネルギー変化」$\mu\Delta N$ と(無限定に)解釈したら誤解である．たとえば ΔN 個の粒子が系に入る際に仕事以外の形態で系に加えられるエネルギー ΔQ^{tot} は，$\mu\Delta N$ に加えて，粒子を持ち込む際の系のエントロピー変化由来のもの $T\Delta S$ もある，とこの式はいっているのである．

第 α 種の粒子を N_α 個ふくむ開放系の実効ポテンシャル J は，次の fundamental relation である．

$$J(T,a,\{\mu_\alpha\})\equiv E-TS-\sum_\alpha \mu_\alpha N_\alpha \tag{2.8.2}$$

ここで μ_α は第 α 種の粒子環境の化学ポテンシャルである．また仕事をする際に変化させる体積 V など示量変数を後章(第 8 章)との対応をつけるために a と書いた．J の微係数は次の関係を満たす．

$$dJ=-SdT+\frac{\partial J}{\partial a}da-\sum_\alpha N_\alpha d\mu_\alpha \tag{2.8.3}$$

環境の T と $\{\mu_\alpha\}$ が一定のもとで準静的過程によってシステムになされる仕事は可逆であり，J の増加に等しく，

$$W|_{T,\{\mu_\alpha\}}=\Delta J|_{T,\{\mu_\alpha\}} \tag{2.8.4}$$

となる．T と $\{\mu_\alpha\}$ が一定の条件と(2.8.3)から，上式の右辺は $\int(\partial J/\partial a)da$ に等しい．

「ゆらぐ世界」で開放系を論じる際には，粒子の出入りはつぶさに見える(すなわち，座標を使って記述される)と仮定する．一方で，系のエントロピーとい

うものは直接定義しないので，可逆過程で環境が与える熱は $T\Delta S$ だ，とはいえない．他方で，1 粒子が系(ある空間領域)に入る際のエネルギー変化に，粒子の濃度に依存する μ が登場する必然性はない．だから(2.8.1)を直接解釈することはできない．第 8 章では，「ゆらぐ世界」における開放系を改めて定義し，1 粒子の自発的な出入りに際してのエネルギーのバランスはどうなるか(8.2.2 参照)，またマクロ熱力学でいわれる「1 粒子を系に持ち込むのに μ だけのエネルギーが必要」に相当する状況はどんなものか(8.5 参照)を説明する．ひとことでいうと，その状況は Carnot 機関(2.11)に似た機関，ただし温度差のかわりに濃度差のある環境から仕事を取り出すものがあれば実現できる．モータータンパク質の動作も，少なくとも一部はこのメカニズムを使っている．

2.9 「化学–力学共役系」の反応熱と仕事の関係

本節では，一定の温度と圧力のもと，反応を制御することによって化学反応から仕事をとりだす機関(**化学–力学共役系**という)のマクロなエネルギー論を復習する．仕事を取り出すには，反応前物質が勝手に反応して反応後物質になってはこまる．そこで与えられた温度・圧力のもとで「反応前物質を隔離する系」と「反応後物質を隔離する系」およびそれら 2 つの系の間に介在して仕事をとりだす「モーター」からなる「複合系」が必要である(図 2.2 参照)．モーターは仕事を取り出すべく，反応前物質をどんどん取り込み，反応後物質になったものをどんどん捨てる．しかしモーターじたいの状態変化は「1 回限り」ではなく，周期的に始状態にもどる(サイクルをえがく)ように制御(自律制御も含めて)される．

この状況，とくに準静的過程については，「van't Hoff の反応箱」とよばれる思考実験などによってマクロ熱力学による解析を行うことができ，熱力学の教科書にしばしば登場する．しかしながら，化学反応に伴って放出・吸収される熱と，取り出せる仕事とのあいだには，可逆過程でなくてもたがいに関連がある．準静的過程の場合もふくめて以下にこの関連をまとめておく．1 回のサイクルによって「複合系」が環境に放出した熱を $(-Q)$，体積変化以外で外系になした仕事を $(-W)$ と書く(符号の約束に従い負号がつく)．また，このサイクルによ

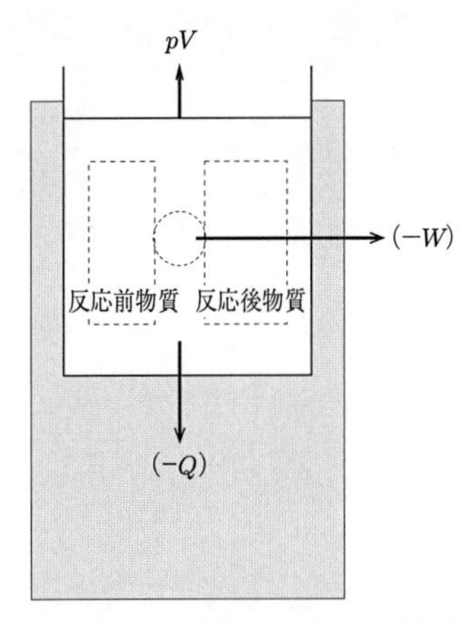

図 2.2　等温等圧下で外系に仕事$(-W)$をする複合系.

る「複合系」のエネルギー，エントロピー，および体積の増加をそれぞれ ΔE, ΔS, ΔV と書く．するとエネルギー収支は $\Delta E = -p\Delta V + W + Q$．圧力が一定 $\Delta p = 0$ だから，$\Delta E + p\Delta V = \Delta(E + pV)$ と書け，エンタルピー $H \equiv E + pV$ を使ってエネルギー収支を書き直すと，次のようになる．

$$\Delta H = W + Q \tag{2.9.1}$$

2 つの極端な場合をまず考えよう．

(i)　仕事 W をまったく取り出さない場合：この場合の発熱 $(-Q)$ は，式(2.9.1)で $W = 0$ とおくことにより $(-Q) = (-Q_{JT}) \equiv (-\Delta H)$ となり，「エンタルピーの減少分の発熱がある．」ただし，$(-\Delta H) < 0$ ——吸熱反応——の場合もある．

(ii)　サイクル過程の各部分を準静的過程($\Delta S + \Delta S_{\mathrm{env}}{=}0$)になるようにして仕事を最大限に取り出した場合：この場合，環境への発熱 $(-Q) = T\Delta S_{\mathrm{env}}$ は最小値 $(-Q_{\mathrm{rev}}) \equiv -T\Delta S$ をとる．そこで，式(2.9.1)より $(-W) = (-W_{\mathrm{rev}}) \equiv -\Delta H + T\Delta S = -\Delta G$ となり，「Gibbs 自由エネルギー $G \equiv E - TS + pV$ の減少分の仕事がとりだせる」(注：複合系は全体として閉じているので J ではなく G が登場した)．

一般の場合の関係は，式(2.9.1)と(i),(ii)の結果をつかって図 2.3 のようにまとめることができる．標語的には

(a)　最大発熱より少なく発熱した分だけが外系への仕事になる．

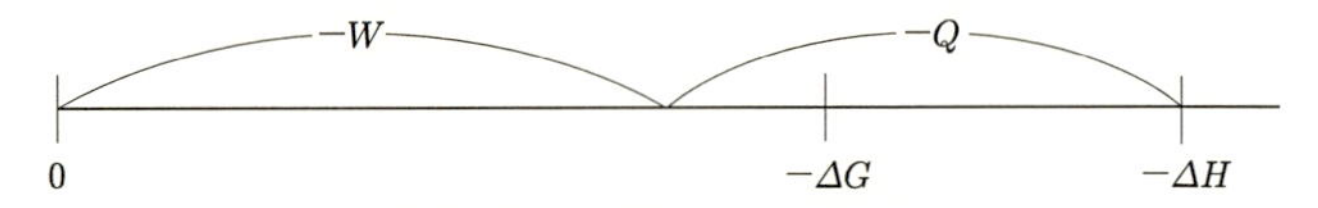

図 2.3　等温等圧下での発熱と仕事の分配の図．外にする仕事 $(-W)$ が 0 なら外への発熱 $(-Q)$ は $(-\Delta H)$ だが，外にする仕事 $(-W)$ が 0 でなければ $(-\Delta G)$ より少ない分だけの不可逆発熱 $(-Q+T\Delta S)$ がある．

$$(-Q_{JT})-(-Q)=(-W)$$

(b)　最大仕事より少なく仕事をとりだした分だけが「余剰の発熱」(以下，余剰発熱と呼ぶ)になる．

$$(-Q)-(-Q_{\rm rev})=(-W_{\rm rev})-(-W)$$

これらはエネルギー保存から考えて当たり前なのだが，往々にして「仕事を可能な最大値 $(-\Delta G)$ より少なく取り出すと，残り $(-\Delta G)-(-W)$ は熱になる」と思ってしまう．それは(b)をみれば明らかに間違いで，少なく仕事を取りだした残りは余剰発熱にのみ等しい．

例　ガスを部屋の半分に閉じ込めておいた状態から，仕切り壁に小穴を開けて部屋全体にガスを自由膨張させたとする(あまりに単純な「反応」ではあるが)．ガスが理想気体で近似できるなら，等温下でエネルギーが変わらないから発熱も吸熱もなく $(-Q)=0$ となり，取り出さなかった仕事が熱になっていないのは明らかだ．これをあえて(b)の文脈でみるなら，次のようにも言えるだろう．もしも準静的等温膨張をさせていたら $(-Q_{\rm rev})<0$ だけの吸熱があったはずのところを，実際にはまったく仕事を外にとりださなかった $(W=0)$ ため，この吸熱分 $(-Q_{\rm rev})$ に余剰発熱 $(-Q)-(-Q_{\rm rev})>0$ が加わって，結果は $(-Q)=0$ になってしまった．

2.10　化学-化学共役系

膜を通しての分子の輸送も，分子の存在状態を変えるという意味で，化学反応に含めてよいだろう．すると細胞器官の膜にあるイオンポンプなども，化学反応を別の化学反応に結合(**共役**という)させる装置である．燃料はたとえば ATP 分子で，これが加水分解して ADP 分子と無機リン酸分子となる．これらの分子は同じ空間(細胞質など)に分散しているが，ポンプ分子はその構造変化により，

ATP と ADP の一方だけを結合・解離できるので，実質的にそれぞれの粒子環境が別々に存在することになる．以下ではこれを抽象・単純化して，$L_l \to L_h$ という「荷重(Load)」粒子の能動輸送(低い化学ポテンシャル $\mu_{L,l}$ の側から高い化学ポテンシャル $\mu_{L,h}$ の側への汲み上げ)が，$F_h \to F_l$ という「燃料(Fuel)」粒子の受動輸送(高い化学ポテンシャル $\mu_{F,h}$ の側から低い化学ポテンシャル $\mu_{F,l}$ の側への拡散)と共役して起こる場合を考える(図 2.4 参照)．例えば $F_h \to F_l$ は ATP 側から ADP (と無機リン酸)への加水分解反応，$L_l \to L_h$ はカルシウムイオン Ca^{2+} のポンプによる汲み上げを抽象したと思ってほしい．

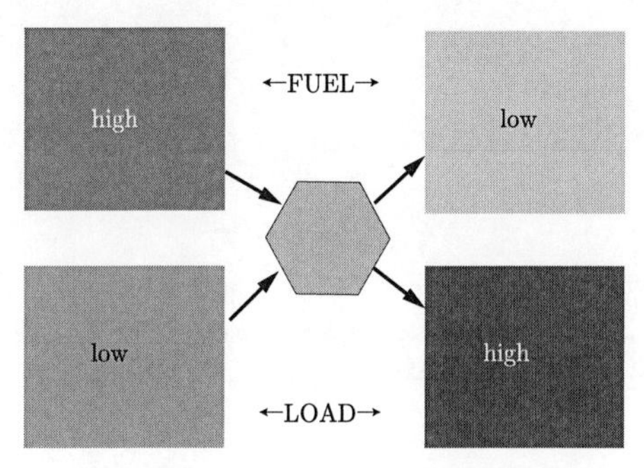

図 2.4 4 つの粒子溜めと変換装置の図．

定温定圧下の 4 つの粒子環境をあわせた全 Gibbs 自由エネルギー $G_{\rm tot}$ は，定数の付加自由度を残して次のように書ける(2.5.2 参照)．

$$G_{\rm tot} = (\mu_{\rm F,h} - \mu_{\rm F,l})N_{\rm F,h} + (\mu_{\rm L,h} - \mu_{\rm L,l})N_{\rm L,h} \qquad (2.10.1)$$

ここで $N_{\rm F,h}$ ($N_{\rm L,h}$)はそれぞれ燃料粒子と荷重粒子の粒子環境のうち高 μ 側にある粒子数である．ポンプが結合している粒子数はポンプの作動サイクルごとに一定の値にもどるから，$G_{\rm tot}$ の変化だけをみれば，それが熱力学的に可能な遷移かどうかが判断できる．反応 $L_l \to L_h$ と $F_h \to F_l$ が(平均として) $n_{\rm L}$:$n_{\rm F}$ の比率で起こる場合，ポンプは受動過程による $\Delta G_{\rm F} = (\mu_{\rm F,h} - \mu_{\rm F,l})(-n_{\rm F}) < 0$ の Gibbs 自由エネルギー低下を利用して，$\Delta G_{\rm L} = (\mu_{\rm L,h} - \mu_{\rm L,l})n_{\rm L} > 0$ だけの能動過程——汲み上げという化学「仕事」[*7]——をしたことになる．この共役反応が熱力学的に自発的に起こるためには，全 Gibbs 自由エネルギーの変化 $\Delta G_{\rm tot} \equiv \Delta G_{\rm F} + \Delta G_{\rm L}$ が負でなければならない．この条件 $\Delta G_{\rm tot} < 0$ のもと

*7 実際，2.9 の議論によれば，この化学仕事を $\Delta G_{\rm L}$ だけの仕事に変換できる．

で能動輸送 $\Delta G_{\mathrm{L}} > 0$ を実現するには，式(2.10.1)が $(N_{\mathrm{F,h}}, N_{\mathrm{L,h}}, G_{\mathrm{tot}})$ 空間に定める斜面を「斜滑降」で降りねばならないことがわかるだろう(図 2.5)．こうしてたとえば Ca^{2+} は ATP 加水分解によって濃度の濃い側へも運ばれる．

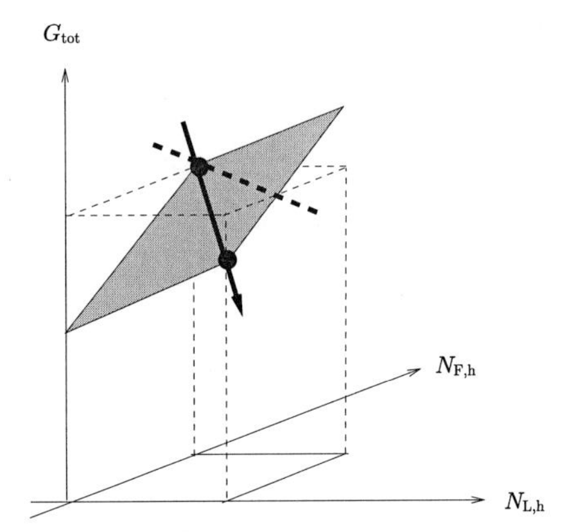

図 2.5　共役過程を実現する「斜滑降」．陰をつけた面は式(2.10.1)．点線は $G_{\mathrm{tot}} =$ 一定 の等高線．

2.11　熱機関とその効率

熱力学を学んだ人にとって熱機関の効率といえば Carnot サイクルで登場するいわゆる Carnot 効率を思い浮かべるのが常であろうが，この効率の定義には歴史的な経緯があって，熱が物質(熱素)だかエネルギーだか(ましてやエントロピーって？)という時代に，「エネルギー源として与えられた高温源から取り出したエネルギーのうち，どれだけが‘無駄’にならずに仕事に変換できたか」を問うたものである．現代の熱力学の知識をもってみれば，可逆なサイクルですら「無駄」がある(効率が 1 より小さい)というのは矛盾であり，以下ではこの定義は採用せず，「原理的に取り出しうる最大仕事に対する取り出した仕事の割合としての効率」を論じる(Carnot 効率が妥当でないからといって，熱力学への道を切り開いた実験モデルとしての Carnot 熱機関の意義が損われるわけではない)．

まず，単一の熱力学的な過程についての効率(エネルギー変換効率)は簡単に定義できる．たとえば等温環境の中におかれた系のパラメータ a を外系が a_1 から a_2 まで変化させた際の効率 Θ は，外系が受け取った仕事 $(-W)$ がその最大値 $-\Delta F \equiv F(a_1) - F(a_2)$（ただし F は Helmholtz 自由エネルギー）に比べてどのくらいの割合か，すなわち

$$\Theta = (-W)/(-\Delta F) \qquad \text{（等温過程）} \qquad (2.11.1)$$

で定義すればよかろう．これは $(0 \leqq)\ \Theta \leqq 1$ を満たす．

複合系の効率もできれば同様に考えたいが，複合系がエネルギーを変換するには単一の熱力学過程ではすまず，どうしても，Carnot サイクルのように 4 つの準静的過程を必要としてしまう：2.9 のはじめにも述べたように，マクロ世界においてあるエネルギー源から仕事を取り出す媒介装置(以下「機関」とよぶ)はサイクル的に働くことが要求される．そうして極限的に良い効率を実現するには機関がたどる過程が準静的過程であることが必要だが，その準静的過程には，機関がエネルギー源(高温の熱環境など)と準平衡をたもつ過程，および機関がエネルギーの捨て場(室温の熱環境など)と準平衡をたもつ過程が含まれる*8．これですでに 2 つの準静的過程が必要だが，さらにエネルギー源と(準)平衡にあった機関を捨て場との(準)平衡に移行させる準静的過程およびその逆も必要だから，都合 4 つが不可欠になる．2 つの粒子環境を使って仕事を取り出す機関についても同様の議論が成り立つ．この場合，粒子を捨てる環境が必要なのはいうまでもない．

Carnot 熱機関の場合について，この効率という概念を詳しく検討しよう．Carnot 熱機関は，承知のように温度の異なる 2 つの環境との接触をつうじて仕事を取り出すモデルである．この機関のサイクルは，それぞれの環境温度(高温 $T_{\rm h}$ と低温 $T_{\rm l}$ としよう)における等温過程と，環境から孤立して温度を調整する断熱過程($T_{\rm h}$ から $T_{\rm l}$ へと，$T_{\rm l}$ から $T_{\rm h}$ へ)，都合 4 つの過程からなる．これらのそれぞれの過程を制御するパラメータは，サイクルをおこなう系が気体の場合，その体積 V である．

効率を定義するため，理想のサイクルをまず考える．理想のサイクルでは 4 つの過程が準静的・可逆でなければならないのに加え，これらの過程の「継ぎ

*8 単一の熱浴から仕事を汲み出し続けることは不可能——第 2 法則——だから，捨て場は不可欠である．

目」でも不可逆な過程がないことを要請される．このことは，断熱過程の開始点での系の温度は，直前の等温過程を行った温度に等しいこと，断熱過程の終了点での系の温度が，これから行う等温過程の温度に等しいことを要請することになる．

理想の過程を定義したから，今度は現実に取り出した仕事と，取り出しうる最大の仕事とをを比べよう．高温と接触しながら取り出した仕事 $(-W_{\mathrm{h}})$ は，系の Helmholtz 自由エネルギー F とエントロピー S をもちいてつぎのように上限を与えられる：$(-W_{\mathrm{h}}) \leqq (-\Delta F) = (-\Delta E_{\mathrm{h}}) + T_{\mathrm{h}}\Delta S_{\mathrm{h}}$．低温と接触している過程も同様に $(-W_{\mathrm{l}}) \leqq (-\Delta F) = (-\Delta E_{\mathrm{l}}) + T_{\mathrm{l}}\Delta S_{\mathrm{l}}$ と書ける．添え字の意味は明らかであろう．一方断熱過程では系のエネルギーは仕事としてのみやりとりされるから，高温源から低温源へ，およびその逆の断熱過程について，$(-W_{\mathrm{ad:hl}}) = (-\Delta E_{\mathrm{ad:hl}})$，および $(-W_{\mathrm{ad:lh}}) = (-\Delta E_{\mathrm{ad:lh}})$ と書く．各辺の和をとり 1 サイクルで積算して取り出した仕事 $(-W_{\mathrm{tot}}) = (-W_{\mathrm{h}}) + (-W_{\mathrm{l}}) + (-W_{\mathrm{ad:hl}}) + (-W_{\mathrm{ad:lh}})$ を求めると，$(-W_{\mathrm{tot}}) \leqq (-\Delta E_{\mathrm{h}}) + (-\Delta E_{\mathrm{l}}) + (-\Delta E_{\mathrm{ad:hl}}) + (-\Delta E_{\mathrm{ad:lh}}) + T_{\mathrm{h}}\Delta S_{\mathrm{h}} + T_{\mathrm{l}}\Delta S_{\mathrm{l}}$ となる．ところが系のエネルギーの積算変化はサイクルを完了したあとゼロになるから，$(-W_{\mathrm{tot}}) \leqq T_{\mathrm{h}}\Delta S_{\mathrm{h}} + T_{\mathrm{l}}\Delta S_{\mathrm{l}}$，したがって効率として

$$\Theta = (-W_{\mathrm{tot}})/(T_{\mathrm{h}}\Delta S_{\mathrm{h}} + T_{\mathrm{l}}\Delta S_{\mathrm{l}}) = (-W_{\mathrm{tot}})/[(T_{\mathrm{h}} - T_{\mathrm{l}})\Delta S_{\mathrm{h}}] \qquad (2.11.2)$$

を採用するのは妥当だろう（2 番目の等式にゆくには，サイクルで系のエントロピー変化の総和はゼロであり，可逆な断熱過程ではそもそも変化がゼロであることを用いた）．Θ は分母が取り出しうる最大の仕事をあらわし，理想の機関で $\Theta = 1$ となる．

同じ効率の議論を，等温 T での 2 つの粒子源の間に介在する機関に置き換えて考えることができる．高濃度の粒子源の化学ポテンシャルを μ_{h}，低濃度のそれを μ_{l} とすると，等 μ 過程で $(-W_{\mathrm{h}}) \leqq (-\Delta E_{\mathrm{h}}) + T\Delta S_{\mathrm{h}} + \mu_{\mathrm{h}}\Delta N_{\mathrm{h}}$，断「粒子」過程（等温過程）で $(-W_{\mathrm{it:h}}) = (-\Delta E_{\mathrm{h}}) + T\Delta S_{\mathrm{h}}$ などと書け，サイクルのあとで系のエネルギーもエントロピーも総和がゼロになること，また粒子の出入りもゼロ（ここが Carnot 熱機関と違うところだ）$\Delta N_{\mathrm{h}} + \Delta N_{\mathrm{l}} = 0$ を用いると，効率は

$$\Theta = (-W_{\mathrm{tot}})/[(\mu_{\mathrm{h}} - \mu_{\mathrm{l}})\Delta N_{\mathrm{h}}] = (-W_{\mathrm{tot}})/(-\Delta G_{\mathrm{tot}}) \qquad (2.11.3)$$

となる（2 番目の等式は関係式 $G = \sum_{\alpha} \mu_{\alpha} N_{\alpha}$ が成り立つことを用いた）．

ちなみに本節の冒頭でのべた Carnot 効率(上述の Θ と区別して η と書く)は $\eta = (-W_{\mathrm{tot}})/(T_{\mathrm{h}}\Delta S_{\mathrm{h}})$ のことで，最大効率をあたえる可逆サイクル $\Theta = 1$ のときに，$\eta_{\mathrm{rev}} = (T_{\mathrm{h}} - T_{\mathrm{l}})/T_{\mathrm{h}}$ という値をもつ．

[注 1] 単一の過程にせよサイクルにせよ，効率は無次元量であるばかりでなく，エネルギーやエントロピーの基準点の選択にはよらない量のはずだ(2.6 参照)．上に登場した効率はいずれもこの条件を満たしている．

[注 2] 一般に効率を定義するとき，1 より小さいことは保証されても，どういう観点から論じるかがあいまいなら意味がない．ある機関のモデルから $A - B - C \leqq 0$ (A, B, C は正の数)というエネルギーの不等式が得られたら，$A/(B+C)$ も $(A-B)/C$ も $(A-C)/B$ も効率とよんで意味があるか，という問題である．

「ゆらぐ世界」で Langevin 方程式などをもとにエネルギー論が議論できれば，Carnot 熱機関をその立場から解析しても本末転倒ではない(マクロ熱力学でおこなえば自己参照になるが)．後の章では，マクロでは無視されている次のような点につき詳しく論じる．

(1) マクロ系では，熱源と系をつなげたり切り離したりする操作は誰がするのか，そのコストはどれほどか，ということを一切無視してきた．「ゆらぐ世界」ではこれらの操作もあからさまに考え，対応する仕事も考慮する必要がある．

(2) 系の温度というものが定義できないため，マクロでもちいた，断熱過程の終わりの系の温度が，引き続く等温過程の熱源の温度に一致すべし，という条件はそのままは実現できない．そもそも可逆に断熱過程と等温過程をつなげるのかどうかが問題である．

2.12 エンタルピー-エントロピー補償

与えられた環境(温度 T)のもとで系が 2 つの状態をとりうることがある．つまりそれらの状態 I と状態 II の自由エネルギー(とくに等温等圧条件のもとで Gibbs 自由エネルギー G_{I} と G_{II})がほぼ等しいことがある．そこで，$G_\alpha = H_\alpha - TS_\alpha$ ($\alpha = \mathrm{I}$ または II)と表わしたときに，条件 $G_{\mathrm{I}} \simeq G_{\mathrm{II}}$ は $H_{\mathrm{I}} - H_{\mathrm{II}} \simeq T(S_{\mathrm{I}} - S_{\mathrm{II}})$

と表わせるが，この各辺が小さくないとき，**エンタルピー-エントロピー補償**(enthalpy-entropy conpensation：**H–S 補償**と略記する)があるという．

H–S 補償は生物物理の分野でしばしば議論される．その説明の前に，まず物理においてはこのできごとは不思議ではないことを述べておきたい．等温等圧で系が 2 つの状態をとるとは，すなわち 2 相共存のことで，例えば水と水蒸気の共存を考えると，水は分子間凝集力によって密度の高い平衡相 I，水蒸気はエントロピーを稼ぐことで密度の低い平衡相 II をそれぞれつくり，たまたま温度と圧力がある関係(共存線)を満たすときに条件 $G_{\rm I} = G_{\rm II}$ が成り立つから，それらのエンタルピーやエントロピーはかけ離れているほうが自然だ．

生物物理ではタンパク質の(大きな)状態変化においてしばしばこの H–S 補償がみられる．そこでは水と水蒸気ほどの形態のちがいはないが，やはりタンパク質と水の相互作用の変化に着目した説明がなされている[28]．ひとことでいうと，エントロピーとエンタルピーを別々に測定するせいで水分子の出入りを反映した H–S 補償がみえる．少し詳しく説明しよう．タンパク質は小さいから(直径が 10 nm のオーダー)，表面積/体積 の比率が大きく，タンパク質表面にあってそれと強く相関する水分子の数は熱力学的性質に大きな影響をもつ．タンパク質の構造形態が変化するときに，これら強く相関する水分子の数(n とする)は構造(パラメータ a で代表する)ごとにかなり変化することが，例えばミオシンの誘電測定[30]で知られている*9．Gibbs 自由エネルギーを，上述の水分子の数 n もふくめてすこし詳しく表わし，$G(T,a,n)$ とする．温度 T と構造 a における n の平衡値 $n = n_0(T,a)$ は，$G(T,a,n)$ を最小にする条件

$$\left.\frac{\partial G(T,a,n)}{\partial n}\right|_{n=n_0(T,a)} = 0$$

できまる．そこで，2 つの構造($a_{\rm I}$ と $a_{\rm II}$ で表わす)の共存条件は $G(T,a_{\rm I},n_0(T,a_{\rm I})) - G(T,a_{\rm II},n_0(T,a_{\rm II})) = 0$ となる．これをあえて a についての積分で表わせば

*9　誘電率の変化から，約 120 分子が表面(疎水性水和状態とよばれる)から離脱すると見積もられている．他方，熱測定では，ATP がミオシン(M)上で水(W)とほぼ可逆な加水分解反応をおこして ADP と無機リン酸(Pi)になる過程，M.ATP.W→M.ADP.Pi で，Gibbs 自由エネルギーおよびエンタルピーの変化はそれぞれ $\Delta G = -5$ (kJ/mol)，$\Delta H = +51$ (kJ/mol) が得られており(室温の $k_{\rm B}T$ は 2.4 kJ/mol に相当)[30]，Gibbs 自由エネルギーとしてはほぼ共存しているが，大きな補償がおこっている．

$\int_{a_\mathrm{I}}^{a_\mathrm{II}} (\partial G(T,a,n_0(T,a))/\partial a)da = 0$ となるが，構造パラメータ a に直接依存する部分と水分子の出入りを介する部分にわけると，

$$\int_{a_\mathrm{I}}^{a_\mathrm{II}} \left[\left.\frac{\partial G(T,a,n)}{\partial a}\right|_{n=n_0(T,a)} + \underline{\left.\frac{\partial G(T,a,n)}{\partial n}\right|_{n=n_0(T,a)}} \frac{\partial n_0(T,a)}{\partial a} \right] da = 0$$

とも書ける．積分の中の下線部は(共存のいかんにかかわらず)，n に関する平衡条件によってつねにゼロなのだが，それをあえて残したままエンタルピー変化とエントロピー変化に分けて表わしてみると，

$$\begin{aligned} &\int_{a_\mathrm{I}}^{a_\mathrm{II}} \left[\left.\frac{\partial H(T,a,n)}{\partial a}\right|_{n=n_0(T,a)} + \underline{\left.\frac{\partial H(T,a,n)}{\partial n}\right|_{n=n_0(T,a)}} \frac{\partial n_0(T,a)}{\partial a} \right] da \\ &\quad - T \int_{a_\mathrm{I}}^{a_\mathrm{II}} \left[\left.\frac{\partial S(T,a,n)}{\partial a}\right|_{n=n_0(T,a)} + \underline{\left.\frac{\partial S(T,a,n)}{\partial n}\right|_{n=n_0(T,a)}} \frac{\partial n_0(T,a)}{\partial a} \right] da \\ &\quad = 0 \end{aligned} \qquad (2.12.1)$$

となる．しばしば水分子の出入りによる H や S の変化(下線部)は小さくなく，上式は (大きな量)−(大きな量)=0 となっている．ところがエンタルピー測定とエントロピー測定の手段が独立であるために，左辺 2 項の大きさが(ほぼ)打ち消しあうことが何か不思議なことと思われた．これがタンパク質の(平衡)構造変化にともなう H–S 補償の議論である．

タンパク質のような小さな分子では表面の水が重要なことはもっともだし，また表面からの水の出入りの平衡による H–S 補償も水–水蒸気の共存に似ており，以上の説明は説得力がある．それでも物理の視点からみて不思議なのは，どうしてタンパク質ではしばしば「生理的な」条件(37℃ 付近，1 気圧)で 2 状態の共存やそれに近い状況がしばしばみられるのか，ということだ．生物の視点からは，これは「選択」によって説明されるのではないだろうか．タンパク質を含めて生物の構成要素が常温常圧で機能するとは，常温常圧で状態変化ができるということだから．これを肯んじない人でも，高分子などソフトマテリアルの相転移温度がしばしば室温に近いことを不思議には思わないだろう．ソフトマテリアルという範疇を考える段階ですでに室温において強く安定な構造をとらない系のみを選択しているのだから．

「ゆらぐ世界」では，マクロな系における相共存にあたるものはなくとも，たとえばタンパク質1分子が複数の準安定状態の間を時たま往来するような「時間的共存」が考えられる．それに追随して表面の水の状態はどんどんかわる．

2.13　熱力学のさまざまな見直し

マクロ熱力学をより一般的な枠組みでみようとする試みは昔からいくつか提案されてきた．それらが提案された背景にはそれぞれの視点や動機があり，ここではその一端にふれるにすぎない．

まず，熱力学自体はそのままにして，これを形式的に計量幾何学の枠組みで記述する提案がある(metric geometry of equilibrium thermodynamics)[31]：系の平衡状態を特徴づける変数 $x_1,\cdots,x_n$ とそれに共役な量 $R_1,\cdots,R_n$ から内積 $\langle A_i|A_j\rangle \equiv dR_i/dx_j$ を定義し，そこから計量をつくって，さまざまな熱力学関係式を幾何学の言葉で翻訳する．

つぎに熱力学の適用範囲を拡大する試みがある：

• 線形非平衡熱力学(linear nonequilibrium thermodynamics)：弱く結合された2つの部分系の間の平衡がわずかに破れても，部分系それぞれの中は平衡とみなせる，という仮定(局所平衡仮定)にもとづいて，「応答＝部分系の間のエネルギーや粒子の流れ」を，「刺激＝部分系の間の平衡の破れの強さ」の最低次(線形)まで展開して，全体系の発展を議論する枠組み．部分系を連続体の局所領域だとみなすと，流体力学や相転移のモデルなど応用はたいへん広く，その解説書も多いが，線形非平衡熱力学の基礎となる局所平衡の仮定がどのくらいよいのか，平衡状態のゆらぎの性質を延長するだけでよいのか，もしよくなければどういう枠組みが可能なのか，については，現在内外で研究が進められている段階だ(大野・佐々・田崎・Jou・一柳 他)．

• 熱力学的要素の集団を回路網理論の枠組みで記述する(network thermodynamics)[32]：線形非平衡熱力学系についての「粒子系の力学における Hamilton 方程式系のようにあまねく有用な記述」と称して提案されたが，現在のところもっぱら一部の生物・医学工学で用いられている．

• 熱力学の有限系への拡張(small system's thermodynamics)[33]：マクロ熱

力学では示量的(粒子数 N に比例する)とされた量，たとえば Helmholtz の自由エネルギー F を，N が有限の場合にどう修正すれば，現象を再現できるかを考察した．F については $F = Nf(p,T) + a(p,T)N^{2/3} + b(T)\ln N + c(p,T)$ という表現が提案され，第 2 項以下は境界の効果を代表する．研究の関心は(i)コロイド粒子系，高分子，巨大分子への適用，(ii)有限系の統計力学との関係づけ，(iii)熱力学体系の可能性の探索，であったらしい．

• ガラス化の熱力学：ここでいう「ガラス状態になる＝ガラス化」は，環境の変化に応答できる自由度が(ほぼ)不連続に減少する現象を意味する．ガラス状態に凍結エントロピーがあるとかないとか，耳にされた人は，「エントロピー」を自由度に，また「凍結」をその自由度の減少と読み替えればよい．ガラス化は相転移に似ている．ただし，この転移を特徴づける「特異性」は，1 次相転移のような平衡状態を特徴づける物理量の跳びでも，2 次相転移のようにこれら物理量の環境変化への感受性の発散でもなく，感受性の値の跳びである．感受性は自由度の数を強く反映するから，これはうなずけるだろう．実験や経験で出会うガラス状態はほとんどの場合，平衡から本質的に遠い非平衡状態で，厳密な意味ではガラス化は熱力学の範囲の問題ではない．しかしながら実用的に現象をほぼ再現・予言できればよいというのであれば，感受性が跳ぶ相転移として，ある範囲の静的な性質は定量的にもよく記述できる．

「ゆらぐ世界」でのエネルギー論は，タンパク質やラチェットモデルのように，小さくかつ不均一な系への関心から生じた．不均一な系の性質は，粒子数 N についての展開には集約できない．また，コロイド溶液のように集団を議論するのではなく，1 回ごとの観測についてのエネルギー論に関心があるので，もっと動的な扱いが必要なのである．また，「ゆらぐ世界」において，マクロなガラス転移に対応するものは記憶素子の動作である．記憶を書き込んだり，コピー・消去したりする操作にかかわるエネルギー論にも 1 章を割いて論じる(第 6 章)．

化学反応系からの準備

本章では，あとで述べる「ゆらぐ世界」の記述にむけて，化学反応で論じられるいくつかの概念をさまざまな尺度・観点から検討する．まず，分子の概念が非平衡状態を扱っていることを指摘し，つづいて分子の反応で自由度が並進から分子内部へ，あるいはその逆へと移動することについて述べる．以上の概念を整理したあとで，マクロな反応論について復習する．このレベルでは反応はすべて反応成分の濃度と速度定数とよばれる定数で記述される．

その後，化学反応のマクロな記述の中にも1つあるいは複数の特徴的な尺度が登場しうることを，緩衝溶液，中和と滴定および Michaelis-Menten の式を例に論じる．とくに Michaelis-Menten の式で記述される反応が，全体の反応系のなかで占める役割について考える．

次に，よりミクロな尺度に目を転じる．そこでは分子を濃度だけでなく個数のレベルで識別できるものとする．そうして成分分子の個数についての確率分布の時間発展を離散状態間の遷移率(あるいは単位時間あたりの遷移確率)という量を用いて記述する．まず離散状態の確率過程と平衡統計力学の関係についての短いまとめを行い(3.4)，マスター方程式や詳細釣合いという概念を導入する．非平衡状態の記述についても少しふれる．そのあとでこれを希薄溶液の反応および開放系に適用する(3.5)．

3.1　概念の整理

分子の反応が起きる原因はさまざまなレベルで議論される：量子トンネル効果をともなう遷移，光励起など量子的なエネルギー注入の効果，分子の熱運動や強制的な入射によってひきおこされる分子どうしの衝突，触媒など介在物による補助的な影響，タンパク質のマクロな構造変化を促す熱ゆらぎ，と時間・空間そしてエネルギー的に数桁も異なる尺度で，それぞれの関心事がある．たとえば量子化学的な議論はフェムト秒の尺度でなされ，タンパク質の構造変化(isomerization)はミリ秒から分の尺度で論じられる．しかし「分子」とは一体何だろうか？

3.1.1　「分子」とその背後の非平衡

「ここに水分子が 1 個ある」といえば，水素 2 原子と酸素 1 原子が少なくともしばらくの時間，空間的にあつまっている状態を意味する．多数個の原子からなる分子，高分子鎖やタンパク質分子なども，ある集合状態が保たれることを前提にしている．だから，その分子という状態が未来永劫には安定でありえない以上，われわれはしばしのあいだ保たれる非平衡な状態を扱っていることになる．つまり分子という(非平衡)概念は，その状態が保たれるくらいの短い時間に議論を限定してはじめて可能である．ほんとうは非平衡であるガラス状態を，その短い時間の「平衡」的ふるまいだけに着目して熱力学的に取り扱うことと程度の差でしかない．分子概念にかぎらず，たとえば箱の中の理想気体の無限時間後の状態＝平衡状態を扱う場合に，われわれは「箱」の構造が保たれることを暗黙に仮定する．いいかえると，箱に関しては非平衡な時間尺度に限定している(もっとも原子すら平衡といってよいのか，とキリがないのだが)．

Boltzmann 統計力学での統計的エントロピーは，「平衡状態で経巡るすべての状態に相当する位相体積の対数($\times k_{\mathrm{B}}$)」と定義されるが，「すべて」の外延は問題設定の段階であらかじめ限定されていると見るべきである．一般に，有限の測定時間しかもたない測定者(われわれ)は，「全体の平衡状態」を知らず，またさしあたりの問題において考慮に入れたくもない．そのことを「エントロピーの定義が主観的だ」とクレームをつけはしない．ほんとうに問題が生じるのは，ガラス化のようにパラメータを変えることによって測定の時間尺度と現象の時間尺度の大小順序が逆転する場合である．これについては後で論じる(第 6 章)．

3.1.2 分子の状態

上で述べたような時間尺度の存在をみとめるとして，こんどはこれより十分短い時間尺度で分子を考えよう．すると分子の内部状態の時間的な変化が見えてくる．もしその時間変化が，分子の内部状態と干渉しうる外界の現象(分子間の衝突など)の時間尺度にくらべて十分速ければ，その統計的性質のみをいくつかのパラメータで記述してもよいだろう．およそ化学式・分子式(例：H_2O)というものは，このような状況でこそあいまいさなしに使えるのだろう．

しかし，分子の内部状態の自発的変化が外界の現象の時間尺度よりゆっくりおこるような場合には，分子の内部状態を明記しないと良い記述とはいえないだろう(おもちゃのゴム球を地面に斜めに投げつけたときの，奇妙な跳ね返り挙動を思い起こせば，ゴム球のかわりに分子でもその回転(内部状態)と衝突の干渉は前者の記述なしには不可能だと納得できよう)．

内部状態の例としては，小さな分子の振動・回転のほかに，高分子鎖の折れたたまれかた，ある種の膜やゲル(それらを分子というならば)の変形，タンパク質分子の形態や化学修飾(リン酸化・加水分解など)，旋光性，活性基，など多岐にわたる．

3.1.3 自由度からみた分子の反応

「分子」が非平衡(一時的な)集合状態を意味するなら，「分子の反応」はそれまであった集合状態が解消して新しい集合状態が作られるできごとといえる．この集合状態の変化を分子 A と分子 B が結合する反応 $A + B \to AB$ を例にみてみよう．

自由度が移行(コンパクト化)する　分子の重心の自由度が 6 から 3 に減るが，分子内の状態にかんする自由度は分子 A 由来のものと分子 B 由来のものの単純和よりも 3 (A と B の重心をつなぐ線分の振動 1 自由度と回転 2 自由度)だけ増える．

束縛が増加する　A 分子と B 分子の並進自由度が，AB 分子においては(ポテンシャルにより)互いに束縛され相関をもっている．この反応が気体あるいは溶質の反応であれば，これら分子を囲む壁への圧力あるいは浸透圧はこの反応にともなって低下する．圧力や浸透圧は重心自由度の担う並進運動エネルギーに由来するからだ．

この束縛という見方を他の問題にも拡大解釈してみる．2 価の正イオンを 1 価の正「半イオン」2 つが束縛された仮想的な化合物とみなそう．独立な 2 つの 1 価正イオンを集合させるには互いの静電反発が邪魔になるが，2 つがあらかじめ束縛されていれば(=2 価イオンならば)この反発は外に見えない．2 価の正イオンのほうが 1 価の正イオンよりも負電荷の近くまで集まれることの定性的な説明である[34]．

「ゆらぐ世界」で運動を Langevin 方程式などで記述する場合にも，考えたい時間尺度の範囲では変わらないと想定する部分をあらかじめ設定する．分子や平衡の概念のうしろに非平衡がよこたわるからといって，それをも記述しようとするのは，すでに述べたようにキリがない．非常に遅い緩和の原因は，しばしば緩和に際して乗り越えるべき(自由)エネルギー障壁の大きさにある．エネルギー障壁は Boltzmann 因子という指数関数の肩に現われるので効果が大きい．連続な素材をつかってオンオフの制御をしたければ，障壁を変化させるのが有効である．第 6 章では，この障壁の操作のエネルギー論を扱う．

囲りの環境との間に粒子の往来がある系——開放系——でも系の自由度の増減がおこるので，反応系と開放系は概念的に近い．分子や粒子の運動と同時に自由度自体の変化も扱うには，概念的にも実際的(理論やシミュレーション)にも工夫を要する．分子の数を変数にもつマクロ熱力学とちがって，「ゆらぐ世界」では各分子を原理的に追跡できるので，分子の個別性が保たれるからである(粒子が開放系をいったん出ると追跡できなくなり，仮に戻ってきても前のものと同一視できない)．開放系のエネルギー論は第 8 章の主題である．

3.2　マクロな反応論と熱力学

本節の以下の小節では，希薄溶液のマクロな反応論について整理する．ここでは反応の進行速度が基質(反応前の物質)の濃度と速度定数とよばれる数のみで表わされる．ことわらない限り低分子量の分子同士の反応を想定する．

3.2.1 速度定数

反応 $A+B \to AB$ による AB の濃度 [AB] の増加率が A と B の濃度 [A] および [B] によって

$$d[\mathrm{AB}]/dt = k[\mathrm{A}][\mathrm{B}] \tag{3.2.1}$$

と書けるとき，この反応の**速度定数**(rate constant)が k であるという．濃度はモル分率をもちいるのが物理化学の慣習だが，ここでは後のミクロな議論との連絡を単純にするため，ことわらない限り数密度(体積あたりの分子数)を用いる[*1]．さらに上の反応の逆反応も考慮してその速度定数を k' とする．k' の次元は k のそれとは異なる．k' は分子 AB の「自己崩壊」を反映するように見えるが，水溶液中の反応なら水分子との絶え間ない衝突がその要因である．順反応と逆反応を考慮して結局，反応速度の式は次のようになる．

$$d[\mathrm{AB}]/dt = k[\mathrm{A}][\mathrm{B}] - k'[\mathrm{AB}]$$

A および B 分子についても上と同様の議論によって $d[\mathrm{A}]/dt = -k[\mathrm{A}][\mathrm{B}] + k'[\mathrm{AB}]$ および $d[\mathrm{B}]/dt = -k[\mathrm{A}][\mathrm{B}] + k'[\mathrm{AB}]$ がえられる．

3.2.2 平衡状態

容器から A, B, AB 各分子の出入りはなく，析出など遷移率を変えてしまう現象も伴わないとき，系は反応にかんして閉じているという．化学反応論において，閉じた系は十分時間が経った後にマクロに不変な状態にゆきつくという熱力学第0法則は，上の反応の式が $t \to \infty$ で定常条件 $d[\mathrm{AB}]/dt = d[\mathrm{A}]/dt = d[\mathrm{B}]/dt = 0$ にゆきつくと表現される．もともと $d[\mathrm{AB}]/dt = -d[\mathrm{A}]/dt = -d[\mathrm{B}]/dt$ は成り立っていたから，定常条件はただ 1 つの条件 $[\mathrm{AB}]/[\mathrm{A}][\mathrm{B}] = k/k'$ にまとめられる．これを**質量作用の法則**(law of mass action)とよぶ．それが成り立つ全系の定常状態を反応系の平衡状態という．

［注］ いうまでもなく定常条件は必ずしも平衡状態を意味しない．じっさい，系が閉じていなければ，A と B を常に注入し AB を常に取り除くことによって平衡状態ではない定常状態を実現できる．

---

*1 論理的にはマクロの立場で分子数は数えられないから，ある基準――モル――を用いた表現の方が首尾一貫している．

3.2.3　マクロ熱力学の条件

反応の発展方程式から平衡状態が定義されたから，平衡状態どうしの関係を論じるマクロ熱力学の枠組みは，この定義に整合する必要がある．上の例では「平衡状態において反応に関与する化学ポテンシャル $\mu_{\rm A}, \mu_{\rm B}$, および $\mu_{\rm AB}$ は $\mu_{\rm A}+\mu_{\rm B}-\mu_{\rm AB}=0$ を満たす」という熱力学の主張*2が $[{\rm A}][{\rm B}]/[{\rm AB}]=k'/k$ に整合すべきである．希薄溶液の例では，化学ポテンシャルの表式は $\mu_{\rm M}=\mu^0_{\rm M}+k_{\rm B}T\ln[{\rm M}]$ (M は A, B および AB)の形をもつ．したがって整合の条件は次式になる．

$$k'/k=\exp\left[(\mu^0_{\rm AB}-\mu^0_{\rm A}-\mu^0_{\rm B})/k_{\rm B}T\right]$$

3.2.4　粒子溜めとのバランス

開放系での反応にも平衡状態はありうる．反応 ${\rm A}+{\rm B}\rightleftharpoons{\rm AB}$ のおこる反応容器と，それをとりまく AB 分子の粒子環境(粒子溜め)とが，AB 分子だけを通す半透膜でつながっているとしよう*3．反応容器内部の分子濃度は均一だと仮定すると，時間変化の式はすでに考慮した項の他に，AB 分子が容器から出る流れ(希薄溶液では濃度 [AB] に比例する)とその逆の過程の流れ([AB] によらない)を考慮して，次のように書ける．

$$d[{\rm AB}]/dt=k[{\rm A}][{\rm B}]-k'[{\rm AB}]-k_{\rm out}[{\rm AB}]+k_{\rm in}$$

ここであらたに 2 つの速度定数 $k_{\rm out}$ と $k_{\rm in}$ が登場した．他方，$d[{\rm A}]/dt$ の式と $d[{\rm B}]/dt$ の式は前とかわらないので，十分時間がたったあとの定常状態は，次の 2 つの条件を満たす．

$$[{\rm A}][{\rm B}]/[{\rm AB}]=k'/k,\qquad [{\rm AB}]=k_{\rm in}/k_{\rm out}$$

これが平衡状態なら，粒子溜めとのバランスに関するマクロ熱力学の主張

---

*2 「与えられた温度と体積のもとの平衡状態は，反応にかかわる全 Helmholtz 自由エネルギー $F(T,V,N_{\rm A},N_{\rm B},N_{\rm AB})$ の最小値を実現する」という原理を，小さな δn (正負いずれの値もとる)にたいしての不等式

$$F(T,V,N_{\rm A}-\delta n,N_{\rm B}-\delta n,N_{\rm AB}+\delta n)\geqq F(T,V,N_{\rm A},N_{\rm B},N_{\rm AB})$$

として表わせば導ける．

*3 半透膜は粒子に対して微視的な選択性をもつが，詳細釣合い条件(後述，3.4.8)を満たす限りいかがわしい——Maxwell の悪魔[35]的な——ものではない．

$\mu_{\mathrm{AB}} - \mu_{\mathrm{AB}}^{\mathrm{res}} = 0$ が，上の第 2 の条件に整合するべく，$k_{\mathrm{in}}/k_{\mathrm{out}} = \exp\left[(\mu_{\mathrm{AB}}^{\mathrm{res}} - \mu_{\mathrm{AB}}^{0})/k_{\mathrm{B}}T\right]$ を満たさねばならない*4．これらの比 k'/k および $k_{\mathrm{in}}/k_{\mathrm{out}}$ は，上にみるように熱力学的なパラメータのみに依存し，**平衡定数**(equilibrium constant)とよばれる．

「ゆらぐ世界」で化学反応の速度定数 k を導出するには，分子の内部自由度(**反応座標**)の関与を考慮し[18]，分子を取り囲む環境(溶媒や溶質の分子)との相互作用も考慮する必要がある．第 1 章で論じた Langevin 方程式はこれを行う基本的な方法の 1 つである．反応速度論は物質の量の転換に重点をおくので，エネルギーの授受(発熱・吸熱)については，化学反応式の余白に付帯的情報として書かれる．それに対し，「ゆらぐ世界」では個々の分子の個々のできごとに視点を移してエネルギーの授受を議論する．

質量作用の法則は物質の濃度と化学ポテンシャルとを結び付けるが，これは，個々の分子にとってのエネルギーの授受を直接反映しない．化学ポテンシャルは，「状態」を分子の数だけで識別して個々の分子を見分けない階層の量だといってもよい．

3.3 反応論の中の尺度

次の節では上に述べたことがらをマクロ熱力学より一段詳しい尺度で見直し，反応の平衡状態がどのように平衡統計力学の枠組みを規定するかを(かなり天下り的ではあるが)見ることにする．しかしそのまえに，しばし脇道にそれて，化学反応のマクロな記述の中にも 1 つあるいは複数の特徴的な尺度が登場しうることを指摘しておきたい．統計力学や力学系のモデルにおいて，相関距離や相関時間が系のサイズや観測の時間を超えるとき，系の挙動が定性的に変わるのがふつうだが，反応系においても特徴的な濃度と実際の成分濃度との大小にかんして同様のことが起こる．とりわけ，反応においては指数的な Boltzmann 因子のおかげでしばしば非常に小さな(大きな)数が現われ，それが反応速度の

*4 反応容器の AB 分子の化学ポテンシャル μ_{AB} が $\mu_{\mathrm{AB}} = \mu_{\mathrm{AB}}^{0} + k_{\mathrm{B}}T \ln[\mathrm{AB}]$ であることから，これは $k_{\mathrm{in}}/(k_{\mathrm{out}}[\mathrm{AB}]) = \exp\left[(\mu_{\mathrm{AB}}^{\mathrm{res}} - \mu_{\mathrm{AB}})/k_{\mathrm{B}}T\right]$ とも書ける．

式の非線形性とあいまって顕著な効果をもたらすのが特徴だ．なお本節でのみ，濃度としてモル分率を採用する．

3.3.1　緩衝溶液, 中和と滴定

ここでいう反応はイオンへの解離である．酸(acid) HA と塩基(basic) BOH の混合比を変えてゆくと，溶液中の水素(ヒドロニウム)イオンの濃度 $[\mathrm{H}^+]$ が変化する[*5]．酸および塩基が水中で解離しやすい度合い次第で，その変化の仕方は大きく異なる：(i)強酸と強塩基の場合，pH は中和点で急激に pH=7 を通過し，(ii)弱酸と強塩基，あるいは強酸と弱塩基の場合，急激に変化する中和点の片側(弱酸と強塩基なら酸性側)で pH 変化の緩やかな，いわゆる緩衝溶液を実現する．

強酸と強塩基

混合前の水溶液の「仕込み濃度」を $[\mathrm{HA}]_0 = a$, $[\mathrm{BOH}]_0 = b$, また $[\mathrm{H_2O}]_0 = w$ とする．解離が完全だとすると，酸と塩基はそれぞれ H^+ と OH^- を 100% 供出し，容器中にある水素原子と水酸基のそれぞれの総数は不変だから，$a+w = [\mathrm{H}^+] + [\mathrm{H_2O}]$, $b+w = [\mathrm{OH}^-] + [\mathrm{H_2O}]$ が成り立つ．また，水のイオン濃度積はよい近似で非常に小さい一定値(濃度をモル分率で表わしたとき 10^{-14})をとるので，これを ϵ として，$[\mathrm{H}^+][\mathrm{OH}^-] = \epsilon$．これら 3 つの式が平衡状態での $[\mathrm{H}^+]$, $[\mathrm{OH}^-]$ および $[\mathrm{H_2O}]$ の値を決める．後の 2 つを消去すると，

$$a - b = [\mathrm{H}^+] - \frac{\epsilon}{[\mathrm{H}^+]}$$

が得られる．これから，$a-b \equiv \lambda = 0$ に対応する $[\mathrm{H}^+] = \epsilon^{1/2}$ を境に $[\mathrm{H}^+]$ の振る舞いが $\lambda > 0$ の側では $[\mathrm{H}^+] \propto \lambda$, $\lambda < 0$ の側では $[\mathrm{H}^+] \propto \epsilon/|\lambda|$, と定性的に異なることがわかる．したがって強酸と強塩基の中和では $[\mathrm{H}^+] = \epsilon^{1/2}$ (pH=7) が特徴的な濃度である．

---

*5　モル分率(厳密には活動度)で表わした場合に，$[\mathrm{H}^+]=10^{-\mathrm{pH}}$ となる．中和点すなわち酸 HA と塩基 BOH の分子の数が相等しい状況での pH は中性(pH = 7)とは限らない．

弱酸と強塩基

定数 a, b および w の設定は上と同じだが，平衡状態での酸の解離が不完全なので，これを解離定数 K を導入して $[\mathrm{H}^+][\mathrm{A}^-]/[\mathrm{HA}] = K$ で与える．a が無次元のモル分率単位で 1 程度(2 桁や 3 桁小さくてもかまわない)のとき，$\epsilon \ll K \ll 1$ という状況が実用上意味をもつ($\epsilon \simeq 10^{-14}$ および典型的な例では $K \sim 10^{-7}$)．物質の総量の不変性を考慮すると，$[\mathrm{H_2O}] = w + b - [\mathrm{OH}^-]$, $[\mathrm{OH}^-] + [\mathrm{A}^-] - [\mathrm{H}^+] = b$, $[\mathrm{HA}] + [\mathrm{A}^-] = a$, が課され，それと上述の $[\mathrm{B}^+] = b$, $[\mathrm{H}^+][\mathrm{OH}^-] = \epsilon$, および $[\mathrm{H}^+][\mathrm{A}^-]/[\mathrm{HA}] = K$ によってすべての量($[\mathrm{H_2O}]$, $[\mathrm{H}^+]$, $[\mathrm{OH}^-]$, $[\mathrm{HA}]$, $[\mathrm{A}^-]$, $[\mathrm{B}^+]$)の値が決まる．$[\mathrm{H}^+]$ 以外を消去した方程式は

$$b = -[\mathrm{H}^+] + \frac{\epsilon}{[\mathrm{H}^+]} + \frac{aK}{K + [\mathrm{H}^+]}$$

となり，b をパラメータとみて，$\epsilon \ll K \ll 1$ を考慮すると，おおまかにいって 3 つの特徴的な値 $[\mathrm{H}^+]_1 \simeq \sqrt{\epsilon K/a}$, $[\mathrm{H}^+]_2 \simeq K$ および $[\mathrm{H}^+]_3 \simeq \sqrt{aK}$ が見出される．大きさの順は $\sqrt{\epsilon K/a} \ll K\,(\sim \sqrt{\epsilon}\,) \ll \sqrt{aK} \ll 1$ である．このうち最大の値 $\sqrt{aK}$ は塩基のないときの弱酸の pH を，最小の値 $\sqrt{\epsilon K/a}$ は当量点での pH を与えるが，中間の値 $K \sim \sqrt{\epsilon}$ は緩衝溶液の効果がみえる $[\mathrm{H}^+]$ の目安を与える．

3.3.2 Michaelis-Menten の議論

触媒とは，それが関与する反応で消費されることなく，反応の速度定数を触媒のない場合に比べて順方向・逆方向ともに同じ比率で加速する物質のことである．したがって平衡定数(上述)は変化させない．とくに触媒がタンパク質の場合は**酵素**とよぶ．酵素(Enzyme: E)と反応基質(Substrate: S)および反応生成物(Product: P)の 1:1 反応は $\mathrm{S} + \mathrm{E} \rightleftharpoons \mathrm{P} + \mathrm{E}$ と書ける．反応速度への E の濃度の効果を考える場合には，この反応式を $\mathrm{S} \rightleftharpoons \mathrm{P}$ に還元することはできない．生化学や酵素反応の教科書に必ずや載っているのが 1916 年製の Michaelis-Menten の式である．

Michaelis-Menten の式の導入

E, S, P の他に酵素–基質複合体(ES)を考慮し，次の反応の図式を考える．

$$\mathrm{E} + \mathrm{S} \rightleftharpoons \mathrm{ES} \to \mathrm{E} + \mathrm{P} \tag{3.3.1}$$

これは次のような状況を想定している.

1. 酵素ぬきの反応 $\mathrm{S} \rightleftharpoons \mathrm{P}$ はあまりに遅くて無視できる.
2. 酵素の量は有限である：酵素の総濃度 $[\mathrm{E}]_{\mathrm{tot}}$ は $[\mathrm{E}] + [\mathrm{ES}]$ に等しい.
3. 2つ以上の基質分子が1つの酵素分子に結合することはない.
4. 反応 $\mathrm{E}+\mathrm{S} \rightleftharpoons \mathrm{ES}$ の往来は $\mathrm{ES} \to \mathrm{E}+\mathrm{P}$ の速度定数 k_{cat} に比べて格段に速く, 速度定数を k_+(右向き), k_-(左向き)とするとき, 条件 $[\mathrm{E}][\mathrm{S}]/[\mathrm{ES}] = k_-/k_+$ が良い近似で成り立つ[*6].
5. 原理的には逆反応 $\mathrm{ES} \leftarrow \mathrm{E} + \mathrm{P}$ もあるが, P の濃度が小さく反応平衡から大きくずれているため逆反応は無視できる.

一見してこれはいささか特殊な状況を扱っているように見えるかもしれない. しかしながら反応の時間尺度という観点では, この式はとても一般的な状況を表わしているということをすぐ後で述べる. まずはこれらのことを念頭におき上の図式から生成物の算出率 v を求めると, いわゆる **Michaelis-Menten** の式が得られる.

$$v \equiv k_{\mathrm{cat}}[\mathrm{ES}] = \frac{V_{\max}[\mathrm{S}]}{K_{\mathrm{M}} + [\mathrm{S}]} \tag{3.3.2}$$

ただし v の最大値 $V_{\max} \equiv k_{\mathrm{cat}}[\mathrm{E}]_{\mathrm{tot}}$ と, その最大値への飽和の目安となる濃度(**Michaelis-Menten 定数**とよばれる), $K_{\mathrm{M}} \equiv k_-/k_+$, を導入した(導出には反応平衡の条件を $k_+([\mathrm{E}]_{\mathrm{tot}} - [\mathrm{ES}])[\mathrm{S}] = k_-[\mathrm{ES}]$ と書いて [ES] を求めればよい). 式(3.3.2)から v^{-1} 対 $[\mathrm{S}]^{-1}$(両逆数プロット), あるいは $[\mathrm{S}]/v$ 対 [S] (Hanes-Woolf プロット)のグラフは直線になるので, そこから $V_{\max}$ と K_{M} が読み取れる.

Michaelis-Menten の式の一般性

生体内の代謝経路など, いくつもの種類の酵素反応がつながっている場合には, 全体の反応の進行の速さを決定づけるいくつかの相対的な「難所」――律

*6　これは迅速平衡の仮定とよばれる. この仮定のかわりに上の反応が定常状態に達するとする仮定(Briggs-Haldane の仮定[36]を用いることもあり, その場合は後述の Michaelis-Menten 定数の表式が $K_{\mathrm{M}} \equiv k_-/k_+$ から $K_{\mathrm{M}} \equiv (k_- + k_{\mathrm{cat}})/k_+$ に置き換わる.

速過程――があって制御の鍵となっているだろう．難所ができる理由は，(i)その反応の活性化エネルギーが(酵素があっても)なお高いか，(ii)酵素の数が少なくて多くの基質が酵素の「手があく」のを待っているか，また(i)と(ii)の組み合わせが考えられる[*7]．この難所の反応にとっての基質Sは先行(上流)の反応の生成物であり，また生成物Pは後続(下流)の反応の基質でもある．もし難所の手前(前段)の反応でどんどん産出されたSが当の反応でスムーズに消費(Pに転化)されないと，基質はES状態に溜まり，その結果，逆反応 $\mathrm{ES} \to \mathrm{E} + \mathrm{S}$ が無視できなくなるだろう．他方，難所の次(後段)の反応は定義により難所より速い反応なので，生成物Pは生じるやいなや，(後段の反応の)基質として消費され，逆反応を引き起こすことは稀だろう．Michaelis-Mentenの反応図式のS側とP側の非対称性はこういう事情を表現しており，式(3.3.2)はその難所の反応速度が酵素の総数 $[\mathrm{E}]_{\mathrm{tot}}$ によって制御されていることを示す．律速過程をとりあげて記述する，という方法論は，統計動力学でいう遅い変数を探してあとは縮約(粗視化)するという考えに近い．

他方，基質濃度 $[\mathrm{S}]$ が K_{M} より小さい場合には，反応は酵素の総数 $[\mathrm{E}]_{\mathrm{tot}}$ によっては制限されない．そうして当該の反応は全体の反応網の文脈においてはとりわけ難所ではなく，むしろその上流に $[\mathrm{S}]$ の小ささの原因となる調節が働いていると解釈できる．つまり，当該の酵素反応が全体の反応網での難所になるか否かは，濃度 $[\mathrm{S}]$ と特徴的な濃度 K_{M} との大小で決まるのだ．そして，Michaelis-Mentenの式は，その反応が全体の難所であればこそ意味があるといえる．じっさい，式(3.3.2)だけをみると，酵素の量 $[\mathrm{E}]_{\mathrm{tot}}$ をべらぼうに増やせばいくらでも大きな産出速度 v が得られるかのようであるが，そのような状況ではむしろ基質Sの枯渇が v を制限しているはずで，その詳細はこの反応の上流にある難所の反応を見なければわからない．

生化学反応における制御(調節)は，特定の反応に関与できる――**活性のある**――酵素の数を変化させて行われることが多い．そうして全体の反応のうちで律速過程となる部分自体も，外界の状況に応じてダイナミックに変更される．

酵素反応とは別の例として，基質分子が拡散で触媒表面にやってきて，そこで

---

*7 反応に実際関与している酵素の割合は $[\mathrm{ES}]/[\mathrm{E}]_{\mathrm{tot}} = [\mathrm{S}]/(K_{\mathrm{M}}+[\mathrm{S}])$ で，基質が多い $[\mathrm{S}] \gg K_{\mathrm{M}}$ と飽和する．

生成物に転化するという場合も，**拡散と反応**のいずれが律速過程になるかの切り替えが，溶液中の基質濃度の特徴的な値を境におこる．気相中や溶液中の結晶成長も同様である．これらの場合にも生成物の産出速度は Michaelis-Menten の式と同じ 1 次の分数式になることを示せる．

「ゆらぐ世界」では，酵素分子がいかに反応を制御するか，制御のための情報をいかに得るか，それらを必要な確かさで実行するのに必要な資源は(もしあるとすれば)何か，などが問題になる．タンパク質分子のなかには，触媒機能を進化させて，エネルギー変換を担うもの(ミオシンなど)もあり，それらをエネルギー論のなかでどう記述するかについて，導入的な議論を最終章でおこなう．

3.4　離散状態の確率過程と平衡状態

次節 3.5 で論じる反応の確率過程への準備として，離散状態の確率過程の一般的な概念と記述の枠組みをまとめる．

3.4.1　離散状態

化学反応を成分分子の個数のレベルでみれば，その変化が連続かつゆらぎなしに起こることはありえない．そこでマクロとミクロとの中間的な記述として，成分分子の個数の離散的・確率的変化を記述したい．これは，より一般的にみれば離散的な状態(**離散状態**)の間の変化の問題である．A と B の総原子数 $N_{\mathrm{A}}^{\mathrm{tot}}$ および $N_{\mathrm{B}}^{\mathrm{tot}}$ が一定の容器での反応においては，分子 AB の個数が N_{AB}(したがって単原子分子 A および B の個数も決まっている)であるときに「系は(離散的な)状態 ‘N_{AB}’ にある」とみなせばよい．各離散状態は多くのミクロ状態をまとめて表わし，各分子 AB の配置も，どの A 原子とどの B 原子が結合したかも識別をしない．

3.4.2　状態遷移

系の離散状態を S_j などと表わす．j は整数あるいは整数の組からなる添字とする．系の離散状態が S_i から S_j $(j \neq i)$へ変わることを**状態遷移**という．状態遷移については次の前提をおく：

遷移の途中は見ない　離散状態間のジャンプに要する時間は，関心ある時間精度に比べて無視できるくらい短いとする．そうして状態遷移のミクロな途中経過の詳細やその多様性はひとまとめに扱う．

Markov 近似　ある時点の状態が S_i だったとき，その後どの状態 S_j に遷移するかは S_i には依存するが，それ以前にどの状態にいたかには依存しない．これは状態 S_i にいる間に系の中では，「かつての状態遷移を忘れる」というミクロな過程が起こることを仮定(Markov 近似：1.7.3)している[*8]．

3.4.3　遷移率

離散状態 S_i から S_j への状態遷移の遷移率 $w_{i\to j}$ を定義する：ある時刻 t に系が状態 S_i にいたことは確実とする．そこから(現象の特徴的な時間尺度に比べて)わずかに後の時刻 $t+dt$ $(dt>0)$においては，状態 S_j $(j\neq i)$への状態遷移がわずかの確率 $d\mathcal{P}$ で起こっているだろう[*9]．この確率が，$dt\to 0$ の極限で dt に比例する($d\mathcal{P}=w_{i\to j}dt$)なら，その比例係数 $w_{i\to j}$ を S_i から S_j への**遷移率**(transition rate)とよぶ．ある時刻 t に系が状態 S_i にいることが確実でなく，確率 P_i である場合には，その後 dt の間に状態遷移 $S_i\to S_j$ が起こる確率は $P_i w_{i\to j}dt$ となる．

3.4.4　確率流

いま時刻 t において，系の状態 S_j ごとに確率 P_j が配分されていて，P_j の全状態にわたる和は規格化されているとする：$\sum_{j=0}^{\infty}P_j=1$．微小時間 dt の間に状態遷移 $S_i\to S_j$ が確率 $P_i w_{i\to j}dt$ でおこり，逆の状態遷移 $S_j\to S_i$ は確率 $P_j w_{j\to i}dt$ でおこるから，dt の間に状態 S_i から S_j にむけて正味 $(P_i w_{i\to j}-P_j w_{j\to i})dt$ の確率の移動がおこる．これを dt で割ったもの

$$J_{i\to j}\equiv P_i w_{i\to j}-P_j w_{j\to i} \tag{3.4.1}$$

---

*8　たとえば希薄溶液中の反応 $\mathrm{A}+\mathrm{B}\to\mathrm{AB}$ の例では，時間的に引き続く反応が空間的に十分離れた場所で起こるならばこの仮定は妥当だろう．

*9　ここで dt や $d\mathcal{P}$ などは，t や $\mathcal{P}$ の微小変化の意味で用いている．数学で d をつけた量は「接空間の座標」の意味で使われ，いずれも局所的な線形近似に関係する．

を(正味の)遷移 $S_i \to S_j$ にかんする**確率流**(probability flux)という(注：dt が有限だと，たとえば $S_i \to S_j \to S_k \to S_j$ といった多重遷移も S_i と S_j に付与された確率の移動に寄与するが，これらはすべて dt の 2 次以上の微小量で確率流には現われない)．定義により $J_{i\to j} = -J_{j\to i}$ である．便宜上必要なときは $J_{i\to i} = 0$ と定義する．

3.4.5　マスター方程式

ある状態 S_i に着目すると，系がその状態にある確率 P_i の時間変化は確率流をつかって次のように書ける．

$$\frac{dP_i}{dt} = -\sum_j J_{i\to j} \tag{3.4.2}$$

ここで j についてはすべての状態をとる．この確率の発展方程式，あるいはそれに(3.4.1)を代入したものを**マスター方程式**とよぶ．

3.4.6　マスター方程式の定常状態・詳細釣合い状態

マスター方程式(3.4.2)において，すべての離散状態 S_i について $dP_i/dt = 0$ のとき，系は**定常状態**にあるという．

とくにすべての状態遷移 $S_i \to S_j$ について $J_{i\to j} = 0$ のとき，系は**詳細釣合い状態**にあるという．

［注］ 定常状態や詳細釣合い状態というときの「状態」は系の多数のコピーについての確率統計的な特徴を言っており，ある時点での(特定の)系の状態 S_j の「状態」とは別の範疇に属する．また $J_{i\to j} = 0$ でも各コピー(系)の状態は時々刻々と状態遷移する．

3.4.7　詳細釣合い状態としての平衡状態

マクロ熱力学における平衡状態——孤立系の長時間後のマクロ変化のない状態——は定常状態であるだけでなく，詳細釣合い状態に対応する：仮にある系の有限温度の定常状態がゼロでない確率流をもったとしよう．全確率は保存せねばならないから，そのような確率流は 3 つ以上の状態の間を超伝導の永久電流のごとく循環することになる．循環のある系にたいしては，循環を消さない程度に弱く結合して系の状態と相関をもつ「歯車」を想定することができる．この歯車は 1 方向にまわるから，その回転をつかってマクロな仕事を取り出すことができる．これは第 2 種永久機関だから，熱力学第 2 法則により上記の系は平衡状態にはないはずである．対偶をとれば平衡状態は循環ゼロ，したがって詳細釣合い状態でなければならない．

ある確率分布が詳細釣合い状態のものだとわかっていれば，平衡確率分布はただちに求まる：確率流ゼロの定義 $P_i w_{i\to j} = P_j w_{j\to i}$ において，特定の S_i を固定してその確率 P_i の値を c とおけば，のこりの状態の P_j の値は $P_j = c\, w_{i\to j}/w_{j\to i}$ と与えられ，最後に c を全確率の規格化条件から決めればよい．

3.4.8 平衡状態が存在するための条件

詳細釣合い状態を実現するには，遷移率 $w_{i\to j}$ に厳しい条件が課される．系のとりうる状態を $S_1, \cdots, S_n$ の n 個とする．それらの間には自分以外すべての状態への状態遷移がありうるから，$n(n-1)$ 個の遷移率 $\{w_{i\to j}\}$ が定義される．確率流ゼロという条件は $n(n-1)/2\underline{-1}$ 個の要請 $P_i w_{i\to j} = P_j w_{j\to i}$ からなる[*10]．これらの要請を満たすには，状態の各対 (i,j) ごとにパラメータ $\Delta_{i,j}/k_{\mathrm{B}}T\ (\equiv \Delta_{j,i}/k_{\mathrm{B}}T)$ を，また全体に共通のパラメータ $\tau\mathcal{Z}$ を導入して

$$w_{i\to j} = (\tau\mathcal{Z})^{-1}\ \exp\left(-\Delta_{i,j}/k_{\mathrm{B}}T\right)/P_i$$

のように表わせば満たすことができる（パラメータ τ と $\Delta_{i,j}$ に $\mathcal{Z}$ や $k_{\mathrm{B}}T$ の因子をつけたのは後の表記を見やすくするため）．この式の物理的な意味はパラメータ F_i を介在させて次のように変形すると分かりやすい．

$$P_i = e^{-F_i/k_{\mathrm{B}}T}/\mathcal{Z} \tag{3.4.3}$$

$$w_{i\to j} = \frac{1}{\tau}\exp\left(-\frac{\Delta_{i,j} - F_i}{k_{\mathrm{B}}T}\right) \tag{3.4.4}$$

すなわち図 3.1 に示すような描像である：各状態 S_i は「エネルギー準位」F_i をもち，状態 S_i と状態 S_j とは高さ $\Delta_{i,j}$ の「エネルギーの峠」で隔てられている．そこで状態 S_i にある系は τ 秒に平均 1 回の割で状態 S_j への遷移を試みるが，エネルギー準位から $\Delta_{i,j} - F_i$ の高さの障壁があるので，Boltzmann 因子

*10 要請が 1 個減るのは，これら斉次方程式はすべての P_i を定数倍する変換にたいして不変という不斉次方程式にはない縮退をもつからである．

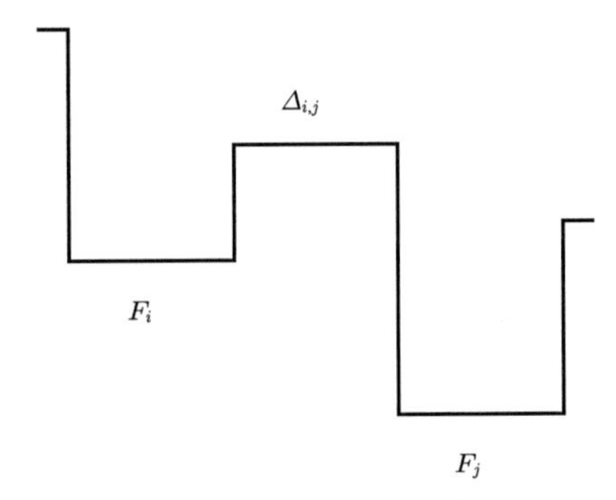

図 3.1　詳細釣り合い条件を満たす遷移率 $w_{i\to j}$ の解釈.
記号は式(3.4.4)に対応.

$\exp\left(-(\Delta_{i,j}-F_i)/k_{\rm B}T\right)$ の割合でのみ遷移に成功する．このような描像が現われたのは，著者の知る範囲では[37, 38, 39, 40]である．

3.4.9　簡単な例

系は状態 $\{S_{-n},\cdots,S_m\}$ $(n>0,\ m>0)$をとり，ゼロでない遷移は $w_{j\to j+1}$, $w_{j+1\to j}$ のタイプのみであるとする．1 次元上の飛び石を往来する粒子をイメージしてもよい．すべての F_j は等しいが障壁の高さは $-n\leqq j<0$ については $\Delta_{j,j+1}=\Delta_L$, $0\leqq j<m$ については $\Delta_{j,j+1}=\Delta_H$ $(>\Delta_L)$と，境界 $j=0$ を境に左$(-n\leqq j<0)$と右$(0\leqq j<m)$で異なっているとする．右の障壁が左より高いため，拡散は左で速く右で遅い．しかし平衡状態の密度は(3.4.3)から明らかに均一密度$(P_j=P_0)$である．ひとたび右に入れば長居するので右に偏りそうにも思えるが，境界状態 S_0 で左に跳ね返されやすいので右には入りにくいのである．

3.4.10　非平衡定常状態

確率流がゼロでない定常状態を**非平衡定常状態**という．この状態は driven lattice gas モデル[41]やラチェットモデル(9.5 参照)など，広く研究されている．簡単な例として状態が $S_1,\cdots,S_n$，ゼロでない遷移確率が $w_{j\to j+1}=W$, $w_{j+1\to j}=W'$ $(1\leqq j<n)$および $w_{n\to 1}\doteq W$，$w_{1\to n}=W'$ (ただし $W\neq W'$)という円環上の移流と拡散のモデルでは非平衡定常状態が実現する．

詳細釣合いが成り立ちえない場合でも，定常状態以外の確率分布 $\{P_j\}$ が非平衡定常状態へに向けて収束・緩和する状況はごく普通に観測される．平衡状態はしかるべき制約下でのエントロピー $\sum_j P_j \ln P_j$ の最大に相当することが知られているが[42]，非平衡状態への接近も同様に何らかのエントロピー的な量があって，それが最大(あるいは最小)になっているのではないか，という期待がもたれた．じっさい Kullback-Leibler エントロピーがその性質をよく表わすことが示された[43]．

（1）　確率分布 $\boldsymbol{P}(t) = \{P_i(t)\}$ が Markov 過程であるマスター方程式によって発展するなら，時刻 $t+dt$ の確率分布 $\boldsymbol{P}(t+dt) = \{P_i(t+dt)\}$ は $\boldsymbol{P}(t)$ の 1 次結合で書き表わせる．

$$P_i(t+dt) = \sum_{j=1}^{n} K_{ij} P_j(t) \tag{3.4.5}$$

あるいは略して $\boldsymbol{P}(t+dt) = \mathsf{K}\boldsymbol{P}(t)$ と書ける．ここで $n \times n$ 行列 K の成分 K_{ij} は非負の数で，$\sum_{i=1}^{n} K_{ij} = 1$ を満たす(各状態 S_j から，それ自身をふくめてどれかの状態に必ず遷移するから)．

（2）　確率分布 $\{Q_i\}$ に対する，確率分布 $\{P_i\}$ の(離散版の) **Kullback-Leibler エントロピー** $D(\boldsymbol{P} \parallel \boldsymbol{Q})$ を次式で定義する．

$$D(\boldsymbol{P} \parallel \boldsymbol{Q}) \equiv \sum_{i=1}^{n} P_i \ln \frac{P_i}{Q_i} \ (\geqq 0) \tag{3.4.6}$$

（3）　$D(\boldsymbol{P}\|\boldsymbol{Q}) \geqq 0$ の証明と同様の手順で，不等式 $D(\mathsf{K}\boldsymbol{P}\|\mathsf{K}\boldsymbol{Q}) \leqq D(\boldsymbol{P}\|\boldsymbol{Q})$ が示せる．

$$\begin{aligned}
\Delta &\equiv D(\boldsymbol{P}\|\boldsymbol{Q}) - D(\mathsf{K}\boldsymbol{P}\|\mathsf{K}\boldsymbol{Q}) \\
&= \sum_{j=1}^{n} P_j \ln \frac{P_j}{Q_j} - \sum_{i=1}^{n} \Big(\sum_{j=1}^{n} K_{ij} P_j \Big) \ln \frac{\sum_{j'=1}^{n} K_{ij'} P_{j'}}{\sum_{j''=1}^{n} K_{ij''} Q_{j''}} \\
&= \sum_{i=1}^{n} \Big(\sum_{j=1}^{n} K_{ij} P_j \Big) \ln \frac{K_{ij} P_j / \sum_{j'=1}^{n} K_{ij'} P_{j'}}{K_{ij} Q_j / \sum_{j''=1}^{n} K_{ij''} Q_{j''}}
\end{aligned} \tag{3.4.7}$$

最後の行に移るのに，$\sum_{i=1}^{n} K_{ij}=1$ を用いた．ここで $\phi_j^{(i)} \equiv K_{ij}P_j / \sum_{j'=1}^{n} K_{ij'}P_{j'}$ および $\psi_j^{(i)} \equiv K_{ij}Q_j / \sum_{j''=1}^{n} K_{ij''}Q_{j''}$ を導入すると，上式は次のように書ける．

$$\Delta = \sum_{i=1}^{n} \Big(\sum_{j'=1}^{n} K_{ij'}P_{j'} \Big) \left[\sum_{j=1}^{n} \phi_j^{(i)} \ln \frac{\phi_j^{(i)}}{\psi_j^{(i)}} \right] \tag{3.4.8}$$

$\phi_j^{(i)}$ と $\psi_j^{(i)}$ は j についての和が 1 になる非負の数(「原因の確率」の意味をもつ)なので，(3.4.8)右辺の [　] の中は Kullback-Leibler エントロピー $D(\boldsymbol{\phi}^{(i)} \| \boldsymbol{\psi}^{(i)}) \geqq 0$ にほかならない．だから結局 $\Delta \geqq 0$ が示せたことになる．

(4)　不等式 $D(\mathsf{K}\boldsymbol{P} \| \mathsf{K}\boldsymbol{Q}) \leqq D(\boldsymbol{P} \| \boldsymbol{Q})$ で分布 $\boldsymbol{Q}$ を定常分布 $K\boldsymbol{Q}=\boldsymbol{Q}$ にとれば，$\boldsymbol{P}$ が $\boldsymbol{Q}$ に Kullback-Leibler エントロピーの意味で単調に近づくことがわかる．

[注 1]　どんな Markov 過程でもこのように単調な振る舞いが見られるとは言っていない：あくまで定常分布があればの話である．たとえば Hamilton 力学系の運動は，その状態をすべての座標と運動量の組 $\{x_\alpha, p_\alpha\}$ で指定するならば Markov 過程であるが，1 つの初期状態から出発した $\mathcal{P}\{x_\alpha, p_\alpha\}$ はいつまでもデルタ関数 $\prod_\alpha \delta(X_\alpha - x_\alpha(t))\,\delta(P_\alpha - p_\alpha(t))$ のままで，定常分布に行き着かない．

[注 2]　この「距離」を使って異なる定常状態に移行する過程にも熱力学過程のような性質があるかどうか，いわゆる非平衡定常状態の熱力学については現在研究されている[44]．

3.4.11　Langevin 方程式と詳細釣合い条件

Langevin 方程式の記述する過程を離散状態の確率過程の立場からみると，前者は(連続的な)パラメータ x および p で指定される状態にかんして隣接した状態間(たとえば $x \leftrightarrow x+dx$)のみの遷移を許す過程に相当する．そこで離散状態の確率過程の適切な極限として，Langevin 方程式を定義することができる[9]．本小節では，離散状態の平衡状態の必要条件である詳細釣合いの成立が，温度が一様な場合の Langevin 方程式にも適用されることを確かめておく．簡単のため γ が一定の場合に限る．まず Langevin 方程式での遷移率を同定する．

遷移率 $w_{x\to x'}$ は，3.4.3 の定義にのっとり，現在の状態 x_t が与えられたとき

の dt 後の状態についての条件つき確率についての dt の 1 次項の係数から定義する．

$$\frac{\langle \delta(x-x_t)\delta(x'-x_{t+dt})\rangle}{\mathcal{P}^{\mathrm{eq}}(x)} = \delta(x-x')[1+O(dt)] + w_{x\to x'}dt \qquad (3.4.9)$$

ここで $\mathcal{P}^{\mathrm{eq}}(x) = \langle \delta(x-x_t)\rangle$ は(1.11.2)で導入した平衡分布である．左辺の $x_{t+dt} = x_t + dx_t$ を第 1 章の Itô 公式を用いて展開すれば，

$$w_{x\to x'} = -\frac{1}{\gamma}\frac{\partial U(x)}{\partial x}\delta'(x'-x) + \frac{k_{\mathrm{B}}T}{\gamma}\delta''(x'-x) \qquad (3.4.10)$$

であることがわかる．遠くで速くゼロにゆく任意の関数 $f(x)$ および $g(x)$ にたいし，(3.4.10)から

$$\int dx \int dx' f(x)\left[\mathcal{P}^{\mathrm{eq}}(x)w_{x\to x'} - \mathcal{P}^{\mathrm{eq}}(x')w_{x'\to x}\right]g(x') = 0 \qquad (3.4.11)$$

が成り立つことを直接確かめることができる．したがって[　]の中の確率流はいたるところゼロで，平衡分布にたいして詳細釣合い状態が成り立つことが確かめられた．要するに平衡状態では Langevin 方程式でも(3.4.9)から次式が成り立つのである．

$$\langle \delta(x-x_t)\delta(x'-x_{t+dt})\rangle = \langle \delta(x'-x_t)\delta(x-x_{t+dt})\rangle$$

ふりかえって考えると，Langevin 方程式において遷移率についての詳細釣合いの条件を保証したのは摩擦係数と熱揺動力の関係(1.5.2)，あるいは拡散係数との関係——Einstein の関係(1.6.1)——である．

3.5　希薄溶液の反応への適用

本節では上の一般論をふまえ，3.2 で扱ったのと同じ反応 A + B → AB をより詳しい尺度で見直す．状態遷移の見方にそって速度定数を定義し，どのような仮定にもとづいて濃度変化の方程式が導かれるかをまず論じる．離散状態間の確率過程としての反応論を考え，反応にかんするマスター方程式，とくにそこから得られる反応の平衡状態を調べて，平衡統計力学の結果と比較する．

3.5.1　速度定数の遷移率にもとづく解釈と反応速度の式

系の状態を AB 分子の数 N_{AB} で識別する．

さしあたり右向きの反応 $\mathrm{A}+\mathrm{B}\to\mathrm{AB}$ すなわち $N_{\mathrm{AB}}\to N_{\mathrm{AB}}+1$ のタイプの状態遷移だけ考えよう．この状態遷移の遷移率は分子 A（個数 N_{A}）のどれかに分子 B（個数 N_{B}）のどれかが衝突する頻度に比例すると考え，

$$w_{N_{\mathrm{AB}}\to N_{\mathrm{AB}}+1}=kN_{\mathrm{A}}N_{\mathrm{B}}/V$$

とする．k は分子数や容器の体積 V によらない定数，また右辺の N_{B}/V は B の数密度 [B] である．遷移率のうち $N_{\mathrm{A}}N_{\mathrm{B}}/V$ が A と B の分子衝突の相対頻度を表わすから，速度定数 k のほうはこれら分子衝突のうち平均して何回に 1 回が反応をともなうか，という**活性化的な因子**を含むと考えられる．

マクロな反応論では，「時間 dt において $d\mathcal{P}=wdt$ の確率で $N_{\mathrm{AB}}\to N_{\mathrm{AB}}+1$ が起こる」というのを平均化して「時間 $dt/d\mathcal{P}$ で $N_{\mathrm{AB}}\to N_{\mathrm{AB}}+1$ が起こる」と近似する（ここで確率の議論が抜け落ちる）．これにより単位時間あたりの N_{AB} の増加率 dN_{AB}/dt は

$$[(N_{\mathrm{AB}}+1)-N_{\mathrm{AB}}](dt/d\mathcal{P})^{-1}=w_{N_{\mathrm{AB}}\to N_{\mathrm{AB}}+1}$$

と書ける．これに反応率の表式を代入すれば，$dN_{\mathrm{AB}}/dt=kN_{\mathrm{A}}N_{\mathrm{B}}/V$ となり，$N_{\mathrm{AB}}=[\mathrm{AB}]V$ などを用いて数濃度で表わすと次式がえられる．

$$d[\mathrm{AB}]/dt=k[\mathrm{A}][\mathrm{B}]$$

つぎに逆過程 $N_{\mathrm{AB}}+1\to N_{\mathrm{AB}}$ についても同様に表わす．

$$w_{N_{\mathrm{AB}}+1\to N_{\mathrm{AB}}}=k'(N_{\mathrm{AB}}+1)$$

個々の順反応と逆反応どうしの間に相関がないと仮定すれば，N_{AB} の変化は両者の単純和で表わされ，AB 分子にかんする次の反応速度の式が再現される（N_{AB}/V に比べて $1/V$ を無視した）．

$$d[\mathrm{AB}]/dt=k[\mathrm{A}][\mathrm{B}]-k'[\mathrm{AB}]$$

［Markov 近似についての注］　上の記述で Markov 過程を仮定しているのは，引き続く反応についてではなく，分子数で識別する状態間の遷移についてである．引き続く反応どうしの記憶・相関が重要な場合も，たとえば $\mathrm{A+X\to AX}$，$\mathrm{AX+X\to AX_2}$ という反応が不可分にしか起こりえないということを表わしたければ，これらをまとめて $\mathrm{A+2X\to AX_2}$ という「単一反応」として扱えばよい．

この場合 Markov 近似は「X 原子が(まとめて) 2 個減る遷移がその前後の遷移と独立に起こる」ことを意味する.

3.5.2 反応に関する確率流

時刻 t に系の離散状態が 'N_{AB}' である確率を $P(N_{\mathrm{AB}},t)$ とする. $P(N_{\mathrm{AB}},t)$ の全状態にわたる和は規格化されているとする.

$$\sum_{n=0}^{\min\{N_{\mathrm{A}}^{\mathrm{tot}},N_{\mathrm{B}}^{\mathrm{tot}}\}} P(n,t)=1$$

微小時間 dt の間には遷移 $N_{\mathrm{AB}} \to N_{\mathrm{AB}}+1$ が

$$P(N_{\mathrm{AB}},t)w_{N_{\mathrm{AB}} \to N_{\mathrm{AB}}+1}\,dt$$

の確率でおこり, 逆の遷移 $N_{\mathrm{AB}}+1 \to N_{\mathrm{AB}}$ が

$$P(N_{\mathrm{AB}}+1,t)w_{N_{\mathrm{AB}}+1 \to N_{\mathrm{AB}}}\,dt$$

の確率でおこる. そこで $N_{\mathrm{AB}} \to N_{\mathrm{AB}}+1$ の状態遷移にかんする確率流 $J_{N_{\mathrm{AB}}\to N_{\mathrm{AB}}+1}$ は

$$\begin{aligned} &J_{N_{\mathrm{AB}} \to N_{\mathrm{AB}}+1} \\ &\quad \equiv P(N_{\mathrm{AB}},t)w_{N_{\mathrm{AB}} \to N_{\mathrm{AB}}+1} - P(N_{\mathrm{AB}}+1,t)w_{N_{\mathrm{AB}}+1 \to N_{\mathrm{AB}}} \end{aligned} \tag{3.5.1}$$

と表わせる. マスター方程式は,

$$\frac{dP(N_{\mathrm{AB}},t)}{dt} = J_{N_{\mathrm{AB}}-1 \to N_{\mathrm{AB}}} - J_{N_{\mathrm{AB}}\to N_{\mathrm{AB}}+1} \tag{3.5.2}$$

でえられる. あるいは具体的な遷移率 w の表現をもちいて, 次のように書ける.

$$\begin{aligned} &\frac{\partial P(N_{\mathrm{AB}})}{\partial t} \\ &\quad = k\frac{(N_{\mathrm{A}}+1)(N_{\mathrm{B}}+1)}{V}P(N_{\mathrm{AB}}-1,t) \\ &\qquad - \left\{k'N_{\mathrm{AB}} + k\frac{N_{\mathrm{A}}N_{\mathrm{B}}}{V}\right\}P(N_{\mathrm{AB}},t) + k'(N_{\mathrm{AB}}+1)P(N_{\mathrm{AB}}+1,t) \end{aligned} \tag{3.5.3}$$

3.5.3　平衡状態の確率分布

上のマスター方程式の定常状態を検討しよう．このマスター方程式の定常解は $N_\mathrm{A}^\mathrm{tot}$, $N_\mathrm{B}^\mathrm{tot}$ を指定すればただ一つあり，それは次のように与えられる．

$$P_\mathrm{eq}(N_\mathrm{AB}) = P(N_\mathrm{AB}, \infty) \equiv \mathcal{N} \frac{\tilde{N}_\mathrm{A}^{N_\mathrm{A}}}{N_\mathrm{A}!} \frac{\tilde{N}_\mathrm{B}^{N_\mathrm{B}}}{N_\mathrm{B}!} \frac{\tilde{N}_\mathrm{AB}^{N_\mathrm{AB}}}{N_\mathrm{AB}!} \tag{3.5.4}$$

ここで $\mathcal{N}$ は規格化定数で，$\tilde{N}_\mathrm{A}$ などは $\tilde{N}_\mathrm{A}\tilde{N}_\mathrm{B}/\tilde{N}_\mathrm{AB}V = k'/k$ を満たす定数である．上の分布を確率流の式に代入してみると，すべての非負の整数 N_AB に対して $J_{N_\mathrm{AB}\to N_\mathrm{AB}+1} = 0$ が確かめられる．したがって $P_\mathrm{eq}(N_\mathrm{AB})$ は平衡状態を表わす．

この平衡分布は一見独立な Poisson 分布の積にみえるがそうではなく，A と B の総原子数 $N_\mathrm{A}^\mathrm{tot}$ および $N_\mathrm{B}^\mathrm{tot}$ が不変なことから，N_A と N_B は $N_\mathrm{A} = N_\mathrm{A}^\mathrm{tot} - N_\mathrm{AB}$ および $N_\mathrm{B} = N_\mathrm{B}^\mathrm{tot} - N_\mathrm{AB}$ で N_AB と関係づけられている*11．

確率 $P_\mathrm{eq}(N_\mathrm{AB})$ の最大を与える N_AB の値（N_AB^* と書く）――マクロに観察される値の目安――を求めることにより，$\tilde{N}_\mathrm{A}$ などの意味がわかる：$\partial \ln P_\mathrm{eq}(N_\mathrm{AB})/\partial N_\mathrm{AB} = 0$ とおいて，Stirling の近似公式（の粗い表式）$n! \sim n^n e^{-n}$ を用いると，$(N_\mathrm{A}^*/\tilde{N}_\mathrm{A})(N_\mathrm{B}^*/\tilde{N}_\mathrm{B})\,(N_\mathrm{AB}^*/\tilde{N}_\mathrm{AB})^{-1} = 1$ が得られ，$N_\mathrm{A}^* = \tilde{N}_\mathrm{A}$ などとなる．したがって $\tilde{N}_\mathrm{A}/V$ などはマクロの反応論での（数）濃度 [A] などに等しいことがわかる．じっさい，上で述べた条件 $\tilde{N}_\mathrm{A}\tilde{N}_\mathrm{B}/\tilde{N}_\mathrm{AB}V = k'/k$ は質量作用の法則 $[\mathrm{A}][\mathrm{B}]/[\mathrm{AB}] = k'/k$ に合致する．

3.5.4　平衡統計力学との比較

3.2 で，マクロ熱力学による平衡状態の記述が化学反応論による平衡状態の定義に整合することを述べたが，ここでは統計力学による平衡状態の記述がマスター方程式による平衡状態の定義に整合することを確かめる．

統計力学による記述

体積 V の容器の中に A 原子と B 原子がそれぞれ $N_\mathrm{A}^\mathrm{tot}$ および $N_\mathrm{B}^\mathrm{tot}$ 個あり，分子 A, B，および AB の「ポテンシャルエネルギー」はそれぞれ μ_A^0 と μ_B^0 お

*11　$N_\mathrm{A}^\mathrm{tot}$ および $N_\mathrm{B}^\mathrm{tot}$ も確率的に与えられる場合は少し事情が異なる．

よび μ_{AB}^0 とする[*12]．μ_{AB}^0 には反応 $\mathrm{A}+\mathrm{B}\leftrightarrow\mathrm{AB}$ に関わる A, B 分子間の相互作用が反映されるが，これ以外の A, B および AB 分子どうしの相互作用は無視する．そこで AB 分子が N_{AB} $(\leqq \min\{N_{\mathrm{A}}^{\mathrm{tot}}, N_{\mathrm{B}}^{\mathrm{tot}}\})$ 個ある場合の全「ポテンシャルエネルギー」$U(N_{\mathrm{AB}})$ は次のように書ける．

$$U(N_{\mathrm{AB}}) = N_{\mathrm{A}}\mu_{\mathrm{A}}^0 + N_{\mathrm{B}}\mu_{\mathrm{B}}^0 + N_{\mathrm{AB}}\mu_{\mathrm{AB}}^0$$

ただし $N_{\mathrm{A}} \equiv N_{\mathrm{A}}^{\mathrm{tot}} - N_{\mathrm{AB}}$ および $N_{\mathrm{B}} \equiv N_{\mathrm{B}}^{\mathrm{tot}} - N_{\mathrm{AB}}$ である．AB 分子を N_{AB} 個つくる組合わせの数は，結合に参加する A 原子と B 原子を選ぶ組合わせの数と，それらを対にする組合わせの数とを乗じて ${}_{N_{\mathrm{A}}^{\mathrm{tot}}}C_{N_{\mathrm{A}}}\ {}_{N_{\mathrm{B}}^{\mathrm{tot}}}C_{N_{\mathrm{B}}}\ N_{\mathrm{AB}}!$ である．これにより Gibbs のカノニカル(正準)分配関数は次のように書きなおせる．

$$\frac{Z(T, V, N_{\mathrm{A}}^{\mathrm{tot}}, N_{\mathrm{B}}^{\mathrm{tot}})}{N_{\mathrm{A}}^{\mathrm{tot}}!N_{\mathrm{B}}^{\mathrm{tot}}!} = \sum_{N_{\mathrm{AB}}=0}^{\min\{N_{\mathrm{A}}^{\mathrm{tot}}, N_{\mathrm{B}}^{\mathrm{tot}}\}} \frac{\alpha_{\mathrm{A}}^{N_{\mathrm{A}}}\alpha_{\mathrm{B}}^{N_{\mathrm{B}}}\alpha_{\mathrm{AB}}^{N_{\mathrm{AB}}}}{N_{\mathrm{A}}!N_{\mathrm{B}}!N_{\mathrm{AB}}!} \tag{3.5.5}$$

ここで $\alpha_{\mathrm{M}} \equiv Ve^{-\mu_{\mathrm{M}}^0/k_{\mathrm{B}}T}$，$m_{\mathrm{M}}$ は分子 M の質量．

「分配関数の和のなかのそれぞれの項が，平衡状態において AB 分子が N_{AB} 個みいだされる確率を(規格化定数を除いて)与える」という統計力学の結果を考慮して(3.5.5)を先の結果(3.5.4)とみくらべると，$\alpha_{\mathrm{M}} = \tilde{N}_{\mathrm{M}}$ が得られる．さらに(3.5.4)の下の条件 $\tilde{N}_{\mathrm{A}}\tilde{N}_{\mathrm{B}}/\tilde{N}_{\mathrm{AB}}V = k'/k$ と組み合わせると，

$$e^{\frac{\mu_{\mathrm{AB}}^0 - \mu_{\mathrm{A}}^0 - \mu_{\mathrm{B}}^0}{k_{\mathrm{B}}T}} = \frac{k'}{k} \tag{3.5.6}$$

でなければならないことがわかる．これは 3.2.3「マクロ熱力学の条件」ですでに現われた関係で，ここでは μ_{M}^0 の中味がわかったことになる．

3.5.5　開放系

3.4 の一般論では「平衡状態が存在するための条件」として一般に遷移率が(3.4.4)，すなわち次の形 $w_{S_i\to S_j} = \tau^{-1}\exp(-(\Delta_{i,j} - F_i)/k_{\mathrm{B}}T)$ をもたねばならないこと，その「エネルギー準位」F_i は平衡状態 S_i の確率を(規格化因子を除いて) $\exp(-F_i/k_{\mathrm{B}}T)$ の形で与えることを示した(3.4.8)．本節ではこの結果を開放系(以下略して系とよぶ)とそれをとりまく粒子環境の間に 1 種類の原

---

*12　それぞれの分子は点とみなし，各分子 M (M=A, B または AB)の重心運動量と内部自由度にかんするハミルトニアン H_{M} についての(部分)分配関数 z_{M} はあらかじめ得られているとする．そうして μ_{M}^0 にはこれらが $-k_{\mathrm{B}}T\ln z_{\mathrm{M}}$ の形で含まれているものとする．だから μ_{M}^0 はポテンシャル自由エネルギーとでもよぶべきもので，すでに温度に依存する．

子 M がやり取りされる場合に適用してみよう．簡単のため，系の内部での反応は考えない．要点が納得されれば，反応のある場合への拡張は簡単なので，読者にまかせる．系の状態は系に含まれる M 原子の数 N_{M} で識別する．

マクロ版の開放系の扱い(3.2.4)を参照し，遷移率を速度定数を使って書こう．

$$w_{N_{\mathrm{M}}\to N_{\mathrm{M}}+1} = k_{\mathrm{in}}V, \quad w_{N_{\mathrm{M}}+1\to N_{\mathrm{M}}} = k_{\mathrm{out}}(N_{\mathrm{M}}+1)$$

(k_{in} は M 原子 1 つが容器に入る遷移率を容器の体積 V で割って定義している)．他方，これらの遷移率の比は式(3.4.4)によって状態 N_{M} の「エネルギー準位」$F(N_{\mathrm{M}})$ と関係づけられ，

$$e^{\frac{F(N_{\mathrm{M}}+1)-F(N_{\mathrm{M}})}{k_{\mathrm{B}}T}} = \frac{w_{N_{\mathrm{M}}+1\to N_{\mathrm{M}}}}{w_{N_{\mathrm{M}}\to N_{\mathrm{M}}+1}} = \frac{k_{\mathrm{out}}(N_{\mathrm{M}}+1)}{k_{\mathrm{in}}V} \tag{3.5.7}$$

が得られる．ここで $F(N_{\mathrm{M}})$ は総数 $N_{\mathrm{M}}^{\mathrm{tot}}$ 個の M 分子を開放系(sys)と粒子環境(res)にそれぞれ N_{M} 個と $(N_{\mathrm{M}}^{\mathrm{tot}}-N_{\mathrm{M}})$ 個分配したときの(閉じた)合成系の Helmholtz 自由エネルギーと考えられる．

$$F^{\mathrm{sys}}(N_{\mathrm{M}}) + F^{\mathrm{res}}(N_{\mathrm{M}}^{\mathrm{tot}}-N_{\mathrm{M}})$$

熱力学によれば，N_{M} の変化による差 $F(N_{\mathrm{M}}+1)-F(N_{\mathrm{M}})$ は，部分系の化学ポテンシャル $\mu_{\mathrm{M}} \equiv \partial F^{\mathrm{sys}}(N_{\mathrm{M}})/\partial N_{\mathrm{M}}$ および $\mu_{\mathrm{M}}^{\mathrm{res}} \equiv \partial F^{\mathrm{res}}(N_{\mathrm{M}}^{\mathrm{res}})/\partial N_{\mathrm{M}}^{\mathrm{res}}$ を用いて次のように書ける．

$$F(N_{\mathrm{M}}+1)-F(N_{\mathrm{M}}) \simeq \mu_{\mathrm{M}} - \mu_{\mathrm{M}}^{\mathrm{res}}$$

これを式(3.5.7)に代入すると，

$$\exp\left((\mu_{\mathrm{M}}-\mu_{\mathrm{M}}^{\mathrm{res}})/k_{\mathrm{B}}T\right) = k_{\mathrm{out}}(N_{\mathrm{M}}+1)/(k_{\mathrm{in}}V) \simeq k_{\mathrm{out}}[\mathrm{M}]/k_{\mathrm{in}}$$

となる．これを 3.2 の最後で導いた反応速度の式 $d[\mathrm{M}]/dt = -k_{\mathrm{out}}[\mathrm{M}]+k_{\mathrm{in}}$ にもどすと

$$\frac{d[\mathrm{M}]}{dt} = \left(1-\exp\left[\frac{\mu_{\mathrm{M}}-\mu_{\mathrm{M}}^{\mathrm{res}}}{k_{\mathrm{B}}T}\right]\right)k_{\mathrm{in}} \tag{3.5.8}$$

が得られる．式(3.5.8)は粒子環境と平衡にあるとき($\mu_{\mathrm{M}}=\mu_{\mathrm{M}}^{\mathrm{res}}$)反応が止まるという妥当な形をしている．開放系の内部が希薄溶液であるとは仮定していないので，系が M 分子の濃度に関して相変化を示す場合などにも適用できる．また $\mu_{\mathrm{M}}=\mu_{\mathrm{M}}^{\mathrm{res}}$ なる状態が擾乱に対して安定かどうかも，この式からただちに見て取れる．

「**ゆらぐ世界**」で開放系を議論することは重要である．なぜなら，たとえばタンパク質分子はその動作の原動力をマクロな外系でなく，周囲から拡散でやってくる ATP などの分子に頼っているから．

マスター方程式と Fokker-Planck 方程式は集団についての確率分布関数の発展を記述し，Langevin 方程式は 1 回ごとの過程を生成する記述であるから，Langevin の離散版はないのか，と思いたくなる．実際つくることはできる(こころみられよ)．いまのところそれを使う強い動機がないので表舞台には登場しないが*13，離散過程のエネルギー論については 4.5.3 ですこし論じる．

---

*13　確率微分方程式のような理想化と，確率解析のような道具が大野克嗣により目下開発されつつある．

ゆらぎのエネルギー論

まえがきで述べたように,「ゆらぐ世界」は物理量の熱的ゆらぎが平均値に比べて無視できないくらい大きく,また測定の度にデータが大きくばらつくので,統計平均だけでは物事を把握できない,そのような尺度の世界である.

ゆらぐ世界における,ゆらぎとエネルギーの関係については,Einstein らにはじまる研究があるが,その過程すなわち確率過程とエネルギーの絡んだ研究は Kramers [18]に始まるのではないだろうか.彼は 1940 年の論文で,分子が熱環境のゆらぎに助けられて新たな状態へ遷移する反応を,反応座標軸上の状態点 x がポテンシャルエネルギー $U(x)$ の谷から峠を越えて飛び出す過程として描出した(図 4.1).そうしてその過程に対応する Fokker-Planck 方程式(Kramers 方程式とよばれる)を解析して反応率(遷移率)を導いた.では,こうして起こる反応の特定の 1 回について,時々刻々にどれだけのエネルギーが熱環境とやりとりされるのか,これも具体的に計算できればすっきりするのではないか.それには,Fokker-Planck 方程式のように多くの過程のアンサンブルについての確率

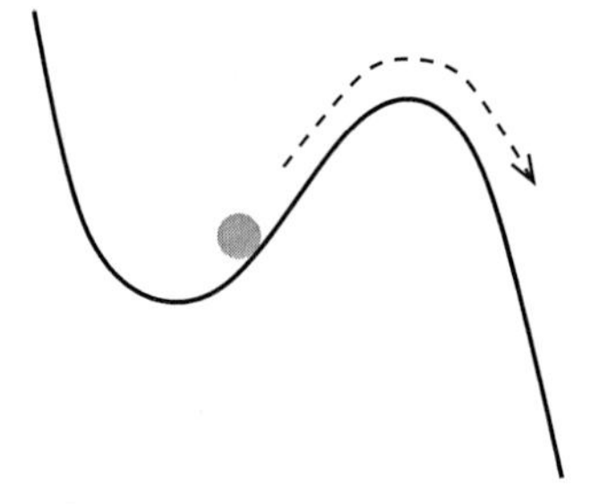

図 4.1 熱ゆらぎによってポテンシャル障壁を越える状態点として反応を描出する.

$\mathcal{P}(X,t)$ の推移を知るだけでは不十分である．一般に，ある時間区間 $t_\mathrm{i}<t<t_\mathrm{f}$ における確率過程 $\hat{X}(t)$ を考えるとき，その期待値 $\langle\hat{X}(t)\rangle$ を知りたいか，確率分布 $\langle\delta(X-\hat{X}(t))\rangle$ も知りたいか，さらに $t_\mathrm{i}<t<t_\mathrm{f}$ にわたる関数 $\hat{X}(t)$ の分布も知りたいか，という異なるレベルの議論がありうる．Fokker-Planck 方程式は 2 番目のレベルに属し，3 番目のレベルに進むには*1，Langevin 方程式(1.7.1)すなわち

$$\frac{dp}{dt}=-\frac{\partial U(x,a)}{\partial x}-\gamma\frac{p}{m}+\xi(t),\quad \frac{dx}{dt}=\frac{p}{m} \tag{4.0.1}$$

や，その慣性項を無視した(1.7.2)すなわち

$$0=-\frac{\partial U(x,a)}{\partial x}-\gamma\frac{dx}{dt}+\xi(t) \tag{4.0.2}$$

を扱うべきである．

本章では，これらの式にもとづいてゆらぐ世界での「熱」を定義する．そして，その熱が運動エネルギーやポテンシャルエネルギー，および外部からの仕事とあわせて，エネルギーの収支バランスを自然に満たすことを示す．次にこの定式化による熱とエネルギーは記述の尺度によることを述べる．そのあと計算に必要な道具を，若干の例を使って説明する．最後に 2 つの熱環境を力学的につないだモデルの考察から，ゆらぐ世界では力学的な手段で熱環境からエネルギーを引き出せることを示す．

4.1　システム・熱環境・外系

Langevin 方程式(4.0.1)や(4.0.2)においては，熱力学と同様，システム・熱環境・外系という 3 つの部分がエネルギーのやり取りに関与している．

システム　式(4.0.1)や(4.0.2)がその状態 x（および p）をとりだして記述する世界の一部*2．ポテンシャルエネルギー（および運動エネルギー）もシステムに属するとする．

---

*1　以下では混同のおそれがない限り，確率変数や確率過程を表わす「ˆ」は省く．

*2　自由度の数がマクロで均質な場合には「システム」はマクロ熱力学(第 2 章)の「系」に相当するが，ここではその動的側面も扱うので用語を区別する．

熱環境 それ自体は温度 T で特徴づけられ，システムとの相互作用は摩擦係数 γ で特徴づけられる[*3]．

外系 ポテンシャルエネルギー $U(x,a)$ を介してシステムに影響をおよぼすべく，パラメータ a を変える主体．a の変化は(4.0.1)や(4.0.2)では記述されないので，(このシステムからみて)外系とよぶ．必ずしもマクロであるとは限らない．

上の定義では「システムと熱環境との相互作用を制御する外系」といったものは排除しており，γ をパラメータ a で変化させることはない．これに相当する操作が必要な場合(第 6 章)には，上の分類に適合する別の表現を工夫する．複合した体系のすべてを {システム，熱環境，外系} の 3 つ組から構成できるわけではないが，上の設定でどこまで記述できるかを考える．

4.2 「ゆらぐ世界」での熱の定式化

マクロの世界では，熱い物体の激しい分子的な動きが見えるわけではないけれど，触れば熱さを知覚できるし，氷を置けば融かすことができる．ゆらぐ世界ではそのような「熱いもの」は想定せず，すべて運動として扱う．われわれの日常感覚とは違うから，まずはゆらぎをうけて運動しているシステム，たとえば Brown 運動する微粒子に身を置いて，そこからものを見てみよう．

すでに述べたように，微粒子が熱環境を構成する水分子から受ける力は，平均がゼロの熱揺動力 $\xi(t)$ と，微粒子の速度 dx/dt がゼロでない場合の水分子の衝突のアンバランスからくる平均 $-\gamma dx/dt$ の抵抗力からなる．環境(水分子)と微粒子とのあいだでは，つねに**作用・反作用の法則**が成り立っているはずだから，微粒子が環境から $-\gamma dx/dt + \xi(t)$ の力を受けるとき，環境は微粒子から $-(-\gamma dx/dt + \xi(t))$ の反作用を受けている．

Langevin 方程式を時間 dt にわたって解けば，その間の x の変化 $dx(t)$ が得られる．この動きによって微粒子は $-(-\gamma dx/dt + \xi(t)) \circ dx(t)$ の仕事を環境にすることになる．Stratonovich タイプの積を採用したのは，Langevin 方程式を Stratonovich タイプの SDE に解釈する立場と首尾一貫すべきだと考えた

*3 熱揺動力 $\xi(t)$ の強さはこれら 2 つのパラメータで指定できる．

からだ*4．この仕事は正にも負にもなりうる．それが正の場合には，自分(システム)はその分だけエネルギーを失う．もし環境の立場から考えるならば，$(-\gamma dx/dt+\xi(t))\circ dx(t)$ の仕事をシステムにして，その分だけエネルギーを失ったと表現することもできる．いずれにせよ，$(-\gamma dx/dt+\xi(t))\circ dx(t)$ のエネルギーが環境からシステムに移動した．**このエネルギー移動を(ゆらぐ世界での)熱と定義する**[45]．Langevin 方程式においては熱揺動力を白色 Gauss 過程に置き換えたため，水分子など環境のミクロな運動への影響は表現されないが，力学法則の帰結として環境にどれだけエネルギーが移動したかはわかるのだ．

符号の約束　第2章と同様,「システムがエネルギーをもらうことをプラスに表現する」を原則に符号を決める．たとえば，熱環境からシステムに正のエネルギーが移動したとき,「システムは正の熱 $dQ>0$ を受け取った」ということにする．式では

$$dQ \equiv \left(-\gamma\frac{dx}{dt}+\xi(t)\right)\circ dx(t) \tag{4.2.1}$$

と定義することになる．のちほどシステムが外系から受ける仕事を定義するが，それも同じ原則で符号を約束する*5．

4.3　エネルギーバランス

熱の式(4.2.1)に Langevin 方程式を代入して，システムにかかわるエネルギー収支のバランスを表わそう(図 4.2 参照)．

慣性のある場合はまず $dx/dt=p/m$ と置き換えて，(4.0.1)の第1式を(4.2.1)に代入すると $dQ=(dp/dt+\partial U/\partial x)\circ dx(t)$ となり，さらに $(dp/dt)\circ dx(t)=(dp/dt)\circ(p/m)dt=d(p^2/2m)$ および $(\partial U/\partial x)\circ dx=dU(x(t),a(t))-(\partial U/\partial a)\circ da$ の変形を使う．Stratonovich タイプの演算が古典解析の公式と同じ形をとることを使っている．整理すると次の式に到る．

---

*4　こう書くと Langevin 方程式の解釈とは独立なものだとの印象を持たれるかもしれないが，4.6 で Langevin 方程式も Stratonovich タイプの SDE に解釈しないと矛盾をきたすことを示す．

*5　(4.2.1)の dQ および次小節の(4.3.3)で定義する dW で現われる 'd' は，これらの定義を見てのとおり「完全微分」の意味ではないことに注意されたい．

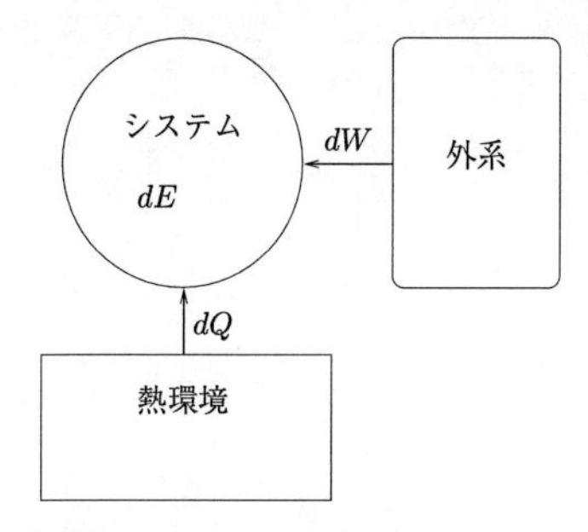

図 4.2 エネルギーバランス.

$$d\left(\frac{p^2}{2m}+U(x,a)\right)=dQ+\frac{\partial U}{\partial a}\circ da \tag{4.3.1}$$

ここでシステムのエネルギー

$$E\equiv\frac{p^2}{2m}+U(x,a) \tag{4.3.2}$$

と外系がシステムにする仕事

$$dW\equiv\frac{\partial U}{\partial a}\circ da \tag{4.3.3}$$

を定義すると，(4.3.1)は

$$dE=dQ+dW \tag{4.3.4}$$

となる．これはシステムにかかわるエネルギー収支のバランスを表わす．古典熱力学の第1法則と同じ形をしているが，ここでの収支バランスは個々のゆらぐ過程について成り立つ．

慣性を無視できる場合も，熱の式(4.2.1)に Langevin 方程式(4.0.2)を代入して変形し(途中は読者にまかせる)，次の式を得る．

$$dU(x,a)=dQ+\frac{\partial U}{\partial a}\circ da \tag{4.3.5}$$

よって(4.3.4)のかわりに

$$dU=dQ+dW \qquad \text{（慣性を無視する場合）} \tag{4.3.6}$$

と書ける．(4.3.4)に比べて運動エネルギーに相当する項がないが，温度 T が x に依存する場合には $E\equiv k_{\rm B}T/2+U$ と再定義した(4.3.4)の形が導ける((1.10.5)から上と同様の手続きを行えばよい).

上では物理的な意味を考えて構成的に収支バランスの式に到ったが，結果自体は，E, dQ および dW の定義と Langevin 方程式から簡単に検算することができる.

[注]　熱の概念が導入される以前に，システムのエネルギーの変化 $d\,[p^2/2m+U(x,a)]$ を，Itô タイプの解析を使って書き直す*6試みがなされた[46]．すなわち $d(p^2/2m)=(p/m)\circ dp$ の dp に(1.9.1)を代入し，その結果あらわれる $p\circ dB_t$ に(1.8.9)を使う．ただし今は x_t のかわりに p_t が変数となり，$b(p_t,t)=\sqrt{2\gamma k_{\rm B}T}$ である．その結果，次式を得る.

$$dE=-2\gamma\left(\frac{p^2}{2m}-\frac{k_{\rm B}T}{2}\right)dt+\sqrt{2\gamma k_{\rm B}T}p\cdot dB_t+dW \qquad (4.3.7)$$

この式は数学的には(4.3.4)と等価なのだが，熱の項 dQ にあたる部分は運動エネルギーが等分配の値にむかう緩和項と，平均すればゼロになるノイズ項との和になっており，これからエネルギーの収支バランスを想像するのは難しい.

4.4　簡単な例

上述のエネルギー論によってただちに理解できる，2 つの簡単な例を示す.

理想ゴムの収縮

ゴムを多数個のミクロな棒がジョイントで連なった網目と見なす(2.7 参照)．棒の長さは一定，ジョイントでの棒どうしの角度関係は自由とし，棒どうしには立体障害(剛体斥力ポテンシャル)のみがあるとする．したがって内部エネルギーは定数である．紐状のゴムを引張ったのち，急に手放して両端を自由にした際に熱の放出が伴うかどうかを，慣性を無視できる場合に考えよう．手放した瞬間からの運動を記述する Langevin 方程式に $U(x,a)$ の項が(事実上)ないので，環境との熱の出入りは平均をとらずにゼロ，と答えられる(ゴムの慣性を考慮すればどうなるか，考えてみられたい)．引張る過程でのエネルギーのやり取

*6　Langevin 方程式はあくまで Stratonovich タイプに解釈するが，そこでの Stratonovich タイプの積を Itô タイプの積を使って書き換えるということ.

りがどうなるかは次章の主題である．

エネルギーを前借りするタンパク質

2 つのタンパク質分子の結合や，同一タンパク質分子内部の結合の形成が，分子の大きな内部変形を伴うのはまれではない．そこで次の 2 つの問いに答えたい．

(i) タンパク質中の相互作用は共有結合・非共有結合のいずれにせよ短距離($\mathrm{nm}=10^{-7}$ cm)程度なのに，どうやって長距離($\mu\mathrm{m}=10^{-4}$ cm 以上)の分子変形が可能なのか？

(ii) タンパク質分子の変形は結合の形成に先立たねばならない．その変形エネルギーはどこからもらえばよいのか？(結合すれば結合エネルギーを得られるが，時間順序が逆である)．

答えは，いずれも熱ゆらぎにある：上で議論したように，熱環境はシステムにランダムな熱運動をさせることを介して熱エネルギー dQ を与える．これをもらったシステム＝タンパク質分子は，内部変形のポテンシャルエネルギー増加 dU_{deform} をこの dQ (の一部)でまかなう．結合が失敗すれば分子は元の形にもどり，dQ も熱環境に返還されるが，首尾よく結合ができたときは，内部変形のポテンシャルエネルギーは増えたままで，結合エネルギーの分($-dU_{\mathrm{bind}}>0$)が熱環境に放出される．収支がマイナス($dU_{\mathrm{deform}}+dU_{\mathrm{bind}}<0$)ならば，システムは熱環境からエネルギー dU_{deform} を前借りして変形し，結合の際に利子をつけて返したという勘定になり，この変化はエネルギー的に安定化される．熱運動のエネルギーは調和近似の範囲では 1 自由度あたり平均 $k_{\mathrm{B}}T\simeq 4$ pNnm*7 (モルあたり約 0.6 cal)であるが，ゆらぎにより稀に $10k_{\mathrm{B}}T$ 以上のエネルギーもシステムに与えうる．だから $k_{\mathrm{B}}T$ より十分大きな dU_{deform} を要する変形も十分時間を待てば(といっても通常ミリ秒程度)可能なのである．

*7 $\mathrm{pN}=10^{-12}\,\mathrm{N}$.

4.5　異なる階層による記述

4.5.1　ゆらぐ世界の熱と測定される熱

ゆらぐ世界の熱を力と変位から導くという考えは，熱も仕事もエネルギーを移動させる形態だからあまり抵抗なく納得されたのではないだろうか．標語的には「熱 dQ とは熱浴とのミクロな仕事のやりとりである」と考えたわけだが，大事なことはこれと仕事 dW とが，エネルギーバランスという関係を満たすことだ．

ここで次の問いが生じる：「力学から Langevin 方程式を導く手続き(1.7.2 および 1.7.4 参照)に沿って，ミクロ力学でのエネルギー保存則と，ゆらぐ世界でのエネルギーバランスの式のあいだで，熱と仕事それぞれについての量的対応関係を示せるか？」，あるいは言い換えて，「ミクロ力学でのエネルギーの定義をゆらぐ世界に継承し，射影演算子法で Langevin 方程式を導く手続きに平行して，ゆらぐ世界のエネルギー論(以下ではゆらぎのエネルギー論(**Stochastic Energetics**)とよぶ：まえがき参照)が自然に導かれるか？」答えは「一般的には No」である．

これは熱を力学的に定義したのにどうしてかと意外に思われるかもしれない．区別すべき点は，1.7.4 の最後にも述べた「エネルギー」の中味にある：ミクロな力学の階層でのエネルギーは，消去される前の微視的な自由度をすべて考慮した純粋なエネルギーであるのに対し，Langevin 方程式にあらわれる「エネルギー」は，変数 x に追随する微視的自由度の変化を取り入れたという意味ですでに**自由エネルギー**なのである(この自由エネルギーは 2.7 でのべた論理によって x の変化にたいしてポテンシャルエネルギーとしてふるまうことができる)．外系からパラメータ a を変える際の仕事 W は，ミクロ自由度を消去しようがしまいが変わらないという意味で客観性をもつのに対し[*8]，エネルギー変化 dE と熱移動 dQ との割り振りは記述の階層に依存するのだ．

［注］　マクロ熱力学で熱を扱う場合にはこのような問題はなかった：マクロな

*8　ここでは外系の仕事の手段 a は固定している．x が環境に行う仕事によって熱概念を導入したように，仕事の主体をとりかえれば仕事も変わるのは言うまでもない．

系の平衡状態を特徴づける変数は自ずと決まり(熱力学第0法則——2.2参照)，それには仕事に関係する変数a(体積など)とfundamental relationであるエネルギーが含まれる．そうして閉じた系におけるエネルギー移動のうち仕事によらない部分を熱と定義したから曖昧さがなかった．もちろん，実際に熱測定に使う装置が熱の定義に整合しているかどうかは別問題である．

ゆらぐ世界の物理量を測定できるようになると，どのような精度で測定や操作を実行あるいは議論したいかによって，しかるべき階層が選ばれねばならない．「熱測定とは何か？」「しかじかの装置で測定して得た熱はどの階層で自然に記述されるか？」「ある階層のエネルギー論に対応する熱を測定するにはどのような装置が可能か？」といった問題に関連し，さらに「熱測定装置をどこにどう組み込むのか？」「その測定装置をどう記述するのか？」など，執筆時点の研究段階では答えられないことが多々ある．

階層によって熱の定義が違うのは，ミクロ力学とLangevin方程式との間に限らない．次の小節ではLangevin方程式とそれを粗視化した離散状態間のダイナミックスについて同様の解析をしてみる．あるLangevin方程式とその粗視化で得た別のLangevin方程式の間での熱の定義の関係については，前もって準静的過程について説明する必要があるので，次章の5.2.5で論じる．

[注] 本小節では，Liouville方程式からLangevin方程式へという記述の階層の変更が，ゆらぎのエネルギー論の導入以前から論じられていたという経緯をふまえて，「階層の選択が熱の定義を規定する」という立場をとった．しかし，操作的な見方を貫くならば「熱の定義が階層を規定する」というほうが首尾一貫している．後者の立場では熱が妥当に定義・測定されるということが前提である．これに比べ前者の立場では，出発点となるLangevin方程式やそのさらなる粗視化(次節)をもちこむ過程で消去される自由度が，妥当な基準で選ばれているならば(したがって，熱揺動力を白色Gauss過程に置き換える近似が悪くないならば)，そこで定義される熱の妥当性は保証される．

4.5.2 Langevin方程式を離散化する

次の簡単な例を考えよう(図4.3)：図の左側のようなポテンシャル中で熱環境

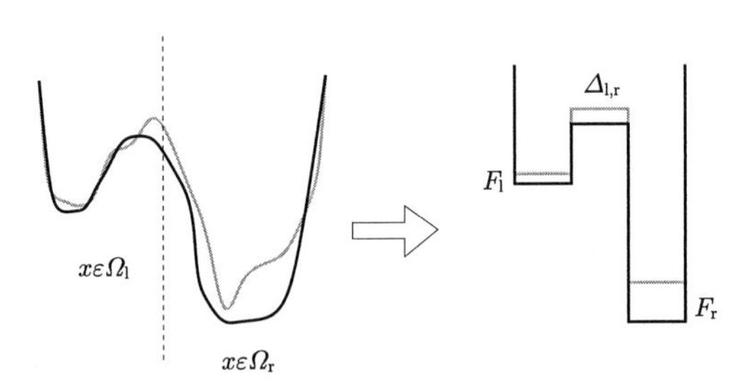

図 **4.3**　L 階層のエネルギー図(左)と M 階層の自由エネルギー図(右).

の影響を受けてゆらいでいる微粒子の座標を x とする．ここで 2 つの谷を仕切るポテンシャルの障壁は $k_\mathrm{B}T$ に比べてかなり高いとしよう．この微粒子の運動を Langevin 方程式をつかって記述する精度を L 階層とよぶことにする．

一方おなじ現象を，L 階層より粗い精度，微粒子が左右の谷のどちらにいるかはわかるが，その微細な運動は検知できない程度の精度でみてみる．垂直の点線は左右の谷の境界を表わし，左右の領域をそれぞれ Ω_l と Ω_r と書くことにする．平衡状態で微粒子が左右の谷にいる確率 P_l^eq および P_r^eq は次のように書ける．

$$P_\mathrm{l}^\mathrm{eq} = e^{\frac{F-F_\mathrm{l}}{k_\mathrm{B}T}}, \qquad P_\mathrm{r}^\mathrm{eq} = e^{\frac{F-F_\mathrm{r}}{k_\mathrm{B}T}} \tag{4.5.1}$$

ここで

$$e^{-\frac{F_\mathrm{l}}{k_\mathrm{B}T}} \equiv \int_{\Omega_\mathrm{l}} e^{-\frac{U}{k_\mathrm{B}T}}dx, \qquad e^{-\frac{F_\mathrm{r}}{k_\mathrm{B}T}} \equiv \int_{\Omega_\mathrm{r}} e^{-\frac{U}{k_\mathrm{B}T}}dx \tag{4.5.2}$$

F は規格化条件から $e^{-\frac{F}{k_\mathrm{B}T}} \equiv e^{-\frac{F_\mathrm{l}}{k_\mathrm{B}T}} + e^{-\frac{F_\mathrm{r}}{k_\mathrm{B}T}}$ で定義される．微粒子は 2 つの離散的な状態，左($\sigma=\mathrm{l}$)・右($\sigma=\mathrm{r}$)を確率的に往来するように見えるだろう．このような運動は後述のように(離散状態の)マスター方程式で記述できるので，M 階層とよぶことにする．L 階層での x の役割は変数 σ にうけつがれる．

Ω_l あるいは Ω_r にいったん落ち込んだ微粒子は，谷底から $k_\mathrm{B}T$ の数倍程度の高さまでをランダムに遍歴しているうちに，最後に谷に落ち込んだのがいつだったか，また，熱ゆらぎの助けで峠付近まで登ったのがいつが最後だったかといった記憶(相関)を失ってしまうと近似しよう(Markov 近似——1.7.3 参照)．すると M 階層で時刻 t に微粒子が状態 σ にある確率 $P_\sigma(t)$ (ただしつねに

$P_{\rm l}(t)+P_{\rm r}(t)=1$)は次のマスター方程式に従う.

$$\frac{\partial P_{\rm l}(t)}{\partial t}=-w_{\rm l\to r}P_{\rm l}(t)+w_{\rm r\to l}P_{\rm r}(t)=-\frac{\partial P_{\rm r}(t)}{\partial t} \tag{4.5.3}$$

ここで遷移率 $w_{\rm l\to r}$ と $w_{\rm r\to l}$ は上述の平衡状態が実現するよう,詳細釣合いの条件 $P_{\rm l}^{\rm eq}w_{\rm l\to r}=P_{\rm r}^{\rm eq}w_{\rm r\to l}$ を満たす.(4.5.1)を代入すると

$$w_{\rm l\to r}=\frac{1}{\tau}\,e^{-\frac{\Delta_{\rm l,r}-F_{\rm l}}{k_{\rm B}T}},\quad w_{\rm r\to l}=\frac{1}{\tau}\,e^{-\frac{\Delta_{\rm l,r}-F_{\rm r}}{k_{\rm B}T}} \tag{4.5.4}$$

が条件を満たすことがわかる.ここでポテンシャル障壁の詳細を共通因子 $(1/\tau)\,e^{-\frac{\Delta_{\rm l,r}}{k_{\rm B}T}}$ の中に反映させた((3.4.4)参照).以下ではパラメータ a に依存するのは自由エネルギー $F_\sigma(a)$ と「障壁」$\Delta_{\rm l,r}(a)$ とし,τ は固定する.これを図示したのが図 4.3 の右側である(具体的な計算は Langevin 方程式に相当する Fokker-Planck 方程式の固有値問題を解くか,1.13 でのべた「初期通過時刻」の平均から近似的に決める,などの方法がある).

いったんマスター方程式がもとまれば,Langevin 方程式に相当する M 階層の確率過程のダイナミックスは次のように構成できる:現在時刻 t に微粒子の状態が l (r)なら,dt 後の状態は,t より過去の履歴には一切関係なく,$0\leqq z\leqq 1$ から選んだ一様乱数 $\hat{z}$ の値が $w_{\rm l\to r}dt$ ($w_{\rm r\to l}dt$)より小さければ反対の谷 r (l)に遷移させ,より大きければ遷移させない.そうして時刻を $t+dt$ に更新する.この操作をくりかえす*9.

[参考までに] このような離散状態の過程において Langevin 方程式での Wiener 過程 B_t の役割をするのは,ランダムに生起するデルタ関数‘スパイク’の列 $\zeta(t)\equiv\sum_\alpha\delta(t-t_\alpha)$ の時間積分で,これを **Poisson 過程**とよぶ.時刻 t から $t+\Delta t$ の間のスパイクの数(積分 $\int_t^{t+\Delta t}\zeta(s)ds$ であたえられる)が n である確率は **Poisson 分布** $e^{-\Delta t}(\Delta t)^n/n!$ に従う.スパイク $\zeta(t)$ の相関関数($\langle\zeta(t)\zeta(t')\rangle$ など)は,任意の実関数 $\phi(t)$ を使った次の特性関数から得られる((1.4.1)参照).

$$\left\langle e^{i\int_0^t\phi(t')\zeta(t')dt'}\right\rangle=\exp\left[\int_0^t(e^{i\phi(t')}-1)dt'\right]$$

*9 実用的には $0\leqq\hat{z}\leqq 1$ なる一様乱数 $\hat{z}$ から $\hat{z}=e^{-w_{\rm l\to r}\Delta\hat{t}}$ (あるいは $\hat{z}=e^{-w_{\rm r\to l}\Delta\hat{t}}$)とおいて $\Delta\hat{t}$ をきめ,時刻 $t+\Delta\hat{t}$ にはじめて遷移 $\rm l\to r$ (あるいは $\rm r\to l$)をさせることを繰り返せばよい.

遷移率 $w_{\sigma\to\sigma'}$ に応じたスパイクを作るには Poisson 過程の時間要素 dt を $w_{\sigma\to\sigma'}\,dt$ に置き換え，スパイクが 1 つ出るごとに遷移 $\sigma \to \sigma'$ を起させればよい[47].

4.5.3　離散化された過程のエネルギー論

Langevin 方程式で行ったように，離散化された確率過程の 1 回の実現について，エネルギーの出入りを表現する*10．遷移率の表現と離散状態 $\{\mathrm{l},\mathrm{r}\}$ 間の遷移のダイナミックスが決まったから，これは次のように表現できる．

ポテンシャルエネルギー　状態 σ はポテンシャルエネルギー $F_\sigma(a)$ をもつ．

熱　状態遷移 $\sigma \to \sigma'$ に伴って，「熱環境」から熱 $F_{\sigma'}(a) - F_\sigma(a)$ がシステムに持ち込まれる．M 階層では遷移は瞬間に起こるとみなすので，a の値は遷移の際に変化しない．

仕事　システムが同一状態 σ にある間にパラメータ a が a' まで変化するのに伴い，外系は仕事 $F_\sigma(a') - F_\sigma(a)$ をシステムにする．

上の熱と仕事の定義に従えば，時々刻々の熱と仕事を積算したものは，初期時刻 t_1 と終期時刻 $t_2\,(> t_1)$ との間のポテンシャルエネルギーの増加 $F_{\sigma(t_2)}(a(t_2)) - F_{\sigma(t_1)}(a(t_1))$ に等しくなることは納得されるだろう．

4.5.4　熱の定義は階層ごとに異なる

L 階層の尺度で x の動きを追える人が上述の M 階層でのエネルギー論をみたらどう思うだろうか？　まず微粒子が一方の谷 Ω_σ にいる間に，この人は $\hat{x}(t)$*11がこの谷を局所的な平衡確率分布 $\mathcal{P}^{\mathrm{eq}}(X,a) = e^{\frac{F_\sigma(a)-U(X,a)}{k_{\mathrm{B}}T}}$ にほぼ等しい滞在時間分布で遍歴するのを見る．上で $F_\sigma(a)$ は規格化因子として求まるが，それは(4.5.2)で定義した F_σ と同一物である．この分布 $\mathcal{P}^{\mathrm{eq}}(X,a)$ から $U(X,a)$ を $U(X,a) = F_\sigma(a) - k_{\mathrm{B}}T \ln \mathcal{P}^{\mathrm{eq}}(X,a)$ と求めることができ，さらに平均のエネルギー $\langle U(\hat{x},a)\rangle_\sigma$ は(σ によらない付加定数の自由度をのぞいて)次のように得られるだろう．

---

*10　マスター方程式にもとづく確率分布の発展の枠内で熱と仕事を定義する議論は古くからあり，教科書[48]がしばしば引用される．

*11　本小節では確率過程を表わす記号「＾」を省略しない．

$$\langle U(\hat{x},a)\rangle_\sigma \equiv \int_{\Omega_\sigma} U(X,a)\mathcal{P}^{\rm eq}(X,a)dX$$
$$= F_\sigma(a) - k_{\rm B}T\int_{\Omega_\sigma} \mathcal{P}^{\rm eq}(X,a)\ln\mathcal{P}^{\rm eq}(X,a)dX \qquad (4.5.5)$$

平衡統計力学的には，$S_\sigma(a) \equiv -k_{\rm B}T\int_{\Omega_\sigma}\mathcal{P}^{\rm eq}\ln\mathcal{P}^{\rm eq}dX$ で谷 σ でのエントロピーを定義して $\langle U(\hat{x},a)\rangle_\sigma = F_\sigma(a) + TS_\sigma(a)$ という分解をしてみせたともいえるが，ともあれ L 階層で見る人は，粗視化された状態間の遷移 $\sigma \to \sigma'$ にともなって熱環境からシステムへ平均として $\langle U(\hat{x},a)\rangle_{\sigma'} - \langle U(\hat{x},a)\rangle_\sigma$ の熱移動があったと考えてしかるべきである．上式からわかるように，これは M 階層の尺度での熱と $T(S_{\sigma'}(a) - S_\sigma(a))$ だけ違っている．

まとめるなら，(i)特定の階層に限らず「熱」を抽象することができ，普遍的なエネルギーバランスの形を導くことができる．(ii)しかし異なる階層で導入した「熱」*12どうしは同じ量ではない．(iii)これら熱の間の換算や，それと実験装置との関連を知るには，「さまざまな階層での‘ゆらぎのエネルギー論’の関連」を論じる必要がある．

上にのべたことは新奇なことと思われるかもしれないが，エネルギーの概念に限るならば平衡状態の統計力学でも「有効ハミルトニアン」などと呼ばれる類似の概念が使われている．与えられたエネルギー関数 $H\{\sigma,\sigma'\}$ について状態和(Boltzmann 因子の跡)を，すべての自由度についてでなく一部の自由度だけについてとることによって有効ハミルトニアン $H^{\rm eff}$ を作る次式の操作が，繰り込み群などさまざまな場面で用いられる．

$$e^{-\frac{H^{\rm eff}\{\sigma\}}{k_{\rm B}T}} \equiv {\rm Tr}_{\{\sigma'\}}\, e^{-\frac{H\{\sigma,\sigma'\}}{k_{\rm B}T}} \qquad (4.5.6)$$

この式は Gibbs 統計力学の形式が自由度の一部消去で不変に保たれることを形式的に保証している．消去される自由度 σ' が実際に残りの自由度 σ に比べて「速い」変数なら，$H^{\rm eff}(\sigma)$ は $H\{\sigma,\sigma'\}$ より粗い階層の記述として妥当である．この有効ハミルトニアンをもとにして行う Gibbs 統計力学的な計算では，得られた「システムの平均エネルギー」には「$H^{\rm eff}$ の階層での」という但し書きがつく．本節で示したのは，この階層依存という事情がエネルギー概念だけでな

*12 4.5.1 最後の注参照.

く1回ごとの過程についてのエネルギー授受にも持ち込まれるということである[49].

量的にいうと，階層移行に際して消去されるゆらぎの自由度の数(Ω_σ の次元にあたる)は，階層が粗くなるほど小さいのが普通だろう．だから粗い階層にゆくに従って $T(S_{\sigma'}(a) - S_\sigma(a))$ のような差は小さくなると期待される．だからといってこの差は無視してよいというのではなく，問題とする確率過程の記述の尺度に適合した熱やエネルギーの定義を用いてこそ，その過程に内在する熱力学的構造がみえるのだ．これは次章(第5章)の主題である．

4.6　Langevin 方程式の数値解析とエネルギー論

Langevin 方程式を数値的に解く際に，勝手な離散化はエネルギー収支のバランスに問題をきたすことを説明する．

慣性を無視できる場合の Langevin 方程式(4.0.2)を，パラメータ a を固定して数値的に解き，平衡状態を調べるという問題を考えよう．$U(x,a)$ を $U(x)$ と書く．時間ステップを Δt とすると，もっとも単純には次のように差分化されるだろう．

$$0 = -\gamma(x_{t+\Delta t} - x_t) + w_t - \frac{dU(\tilde{x}_t)}{dx}\Delta t \tag{4.6.1}$$

ただし $w_t \equiv \sqrt{2\gamma k_{\mathrm{B}} T}(B_{t+\Delta t} - B_t)$ である．上で $\tilde{x}_t$ はとりあえず $x_{t+\Delta t}$ と x_t の適当な内分値 $\tilde{x}_t = \theta x_t + (1-\theta)x_{t+\Delta t}$, $(0 \leqq \theta \leqq 1)$ とする．θ の値のいかんにかかわらず，式(4.6.1)をもとに計算した物理量も Δt をゼロに近づけさえすればよい精度で得られる，と思っても自然である．

本当かどうか，エネルギーの収支を計算してみよう．a を固定したので外系による仕事 ΔW はゼロである．システムが時間 $[t, t+\Delta t]$ に熱環境から得た熱 ΔQ_t とエネルギー変化 ΔU_t とのエネルギー収支は，今の場合 $\Delta U_t = \Delta Q_t$ が理想的(誤差ゼロ)である．Stratonovich タイプの積で熱を定義したから，ΔQ_t は次のように定義するのが自然だろう．

$$\Delta Q_t \equiv \frac{-\gamma(x_{t+\Delta t}-x_t)+w_t}{\Delta t}(x_{t+\Delta t}-x_t)$$
$$= \frac{dU(\tilde{x}_t)}{dx}(x_{t+\Delta t}-x_t) \tag{4.6.2}$$

また ΔU_t は次の定義でよいだろう.

$$\Delta U_t \equiv U(x_{t+\Delta t}) - U(x_t)$$

さて誤差 $\Delta r \equiv \Delta U_t - \Delta Q_t$ をしらべるため，(4.6.1)の $dU(\tilde{x}_t)/dx$ を式(1.8.8)の上に述べた表現を使って展開する.

$$\frac{dU(\tilde{x}_t)}{dx} = \left.\frac{dU}{dx}\right|_{x=\frac{x_{t+\Delta t}+x_t}{2}} + \left(\theta-\frac{1}{2}\right)\left.\frac{d^2U}{dx^2}\right|_{x=\frac{x_{t+\Delta t}+x_t}{2}}(x_{t+\Delta t}-x_t)+\cdots$$

これに $x_{t+\Delta t}-x_t$ を乗じて Stratonovich タイプの積の定義を使うと，細分 $\Delta t \to dt$ の極限で $\lim_{\Delta t\to dt}\Delta r = dU-(dU/dx)\circ dx+(\theta-1/2)(d^2U/dx^2)dx^2$ となり，dt の 1 次まで残すと

$$\lim_{\Delta t\to dt}\Delta r = \frac{2k_{\mathrm{B}}T}{\gamma}\left(\theta-\frac{1}{2}\right)\frac{d^2U}{dx^2}dt \tag{4.6.3}$$

ここで $dU-(dU/dx)\circ dx=0$ には(1.8.8)を使った. したがって，$\theta=1/2$ と選ばない限りどんなに Δt を小さく選んで計算してもシステムには単位時間あたり $2\gamma^{-1}k_{\mathrm{B}}T(\theta-1/2)(d^2U/dx^2)$ だけの有限の「わけのわからない」エネルギーの出入りがあることになる. これが他の「平衡」物理量にどのような悪さをするかはよくわからないが，少なくともエネルギー論を調べるのには $\theta=1/2$ と選ばないとダメ，ということである.

差分化(4.6.1)における θ の選択は Langevin 方程式の SDE としての解釈の選択に対応している. したがって上の結果は，熱の定義における積を Stratonovich タイプに選ぶのと同時に，Langevin 方程式の解釈も Stratonovich タイプを選ばねばならない，といっているのである.

4.7 平均の熱流

γ および T が定数の場合に，熱の定義(4.2.1)を使って時間 dt の間にシステム

が熱環境から受け取る熱 dQ の期待値 $\langle dQ \rangle$ を求める．厳密な証明ではないが，分布の発展方程式(1.12.7)や(1.12.2)にできるだけ頼らない導出をおこなう．

4.7.1　慣性のある場合

(4.3.7)にエネルギーバランスの関係 $dE = dW + dQ$ を代入すれば，目的の式がえられる．

$$\frac{\langle dQ \rangle}{dt} = -\frac{2\gamma}{m}\left(\left\langle \frac{p^2}{2m} \right\rangle - \frac{k_{\mathrm{B}}T}{2}\right) \tag{4.7.1}$$

具体的な評価には Langevin 方程式(1.9.1)による時間平均や Kramers 方程式(1.12.4)の解 $\mathcal{P}(X,P,t)$ を重みとした積分をおこなえばよい．

4.7.2　慣性を無視できる場合

ふたたび定義 $dQ = (-\gamma(dx/dt) + \xi) \circ dx$ にもどり，まず(4.0.2)から $dQ = (\partial U/\partial x) \circ dx$ とし，次に dx に(1.10.5)を γ で割った表式 $dx = \sqrt{2\gamma^{-1}k_{\mathrm{B}}T}dB_t - \gamma^{-1}(\partial U/\partial x)dt$ を代入する．Itô 公式により，

$$\frac{\partial U}{\partial x} \circ dB_t = \frac{\partial U}{\partial x} \cdot dB_t + \frac{1}{2}\sqrt{\frac{2k_{\mathrm{B}}T}{\gamma}}\frac{\partial^2 U}{\partial x^2} \cdot dt$$

となる．これらをまとめて整理すると次式を得る．

$$dQ = -\frac{1}{\gamma}\left[\left(\frac{\partial U}{\partial x}\right)^2 - k_{\mathrm{B}}T\frac{\partial^2 U}{\partial x^2}\right]dt + \sqrt{\frac{2k_{\mathrm{B}}T}{\gamma}}\frac{\partial U}{\partial x} \cdot dB_t \tag{4.7.2}$$

これを平均すれば dB_t の項以外の平均が残るが，これを確率分布 $\mathcal{P}$ を用いてさらに変形する．

$$\begin{aligned}\frac{\langle dQ \rangle}{dt} &= -\int \frac{1}{\gamma}\left[\left(\frac{\partial U}{\partial X}\right)^2 - k_{\mathrm{B}}T\frac{\partial^2 U}{\partial X^2}\right]\mathcal{P}(X,t)dX \\ &= -\int \frac{1}{\gamma}\left(\frac{\partial U}{\partial X}\right)\left[\frac{\partial U}{\partial X}\mathcal{P} + k_{\mathrm{B}}T\frac{\partial \mathcal{P}}{\partial X}\right]dX \\ &= \int \frac{\partial U}{\partial X}J_x dX \end{aligned} \tag{4.7.3}$$

ここで J_x は前章の(1.12.6)で定義した確率流である．

4.7.3 共通の表式

(4.7.1)と(4.7.3)は一見似ても似つかないが，前者も(4.7.3)に似た形に書きかえることができる．

$$\frac{\langle dQ\rangle}{dt} = \int \left[\frac{\partial E}{\partial X} J_x + \frac{\partial E}{\partial P} J_p \right] dX dP \qquad (4.7.4)$$

これを導くには，まず平均エネルギーを $\int E(X,P,a(t))\mathcal{P}(X,P,t)dXdP$ と表わし，この時間変化から平均の仕事 $\langle dW\rangle/dt = da/dt \int(\partial E(X,P,a)/\partial a) \times \mathcal{P}(X,P,t)dXdP$ を差し引く．定義によりこれは $\langle dQ\rangle/dt$ を与えるが，一方直接計算により $\int E(X,P)(\partial\mathcal{P}/\partial t)dXdP$ と表わせる．最後の表式に(1.12.8)を代入すれば $\int E(X,P)[-(\partial J_x/\partial X)-(\partial J_p/\partial P)]dXdP$ となり，これに部分積分を行えば与式の右辺が得られる．

ちなみに，熱環境から隔絶されて純力学的に運動しているシステムに式(4.7.4)を適用すると，当然ながらゼロとなる[*13]．Langevin 方程式の確率流においても，(x,p) についての純粋に力学的な運動による寄与が現われることがあるが(移流項——1.7.4 参照)，上と同じ理由で熱の流れには寄与しない．

4.8 複数の熱環境と接するシステム

以上の節では，ただ 1 つの熱環境と接するシステムを考えた．この考えを 2 つ以上の熱環境と同時に相互作用する場合に拡張するとどうなるだろうか？

たとえば，次の状況を想像しよう(図 4.4 参照)：温度 T および T' の 2 つの熱環境があって，それぞれの中に羽根車がおいてある．熱環境は羽根車を軸周りに回転 Brown 運動させるものだとしよう．この Brown 運動は個別には熱環境の温度と抵抗係数(γ および γ' とする)で規定される．2 つの羽根車の回転角

---

*13 純力学的な運動では，(J_x, J_p) は (X,P) 空間での（速度）×（密度）で表わされ，これに Hamilton 運動方程式 $dx/dt = \partial E/\partial p$, $dp/dt = -\partial E/\partial x$ を用いると $(J_x, J_p) = \left(\frac{dx}{dt}\mathcal{P}, \frac{dp}{dt}\mathcal{P}\right) = \left(\frac{\partial E}{\partial p}\mathcal{P}, -\frac{\partial E}{\partial x}\mathcal{P}\right)$ となる．これを(4.7.4)に代入すると被積分関数がゼロとなることを確かめられる．

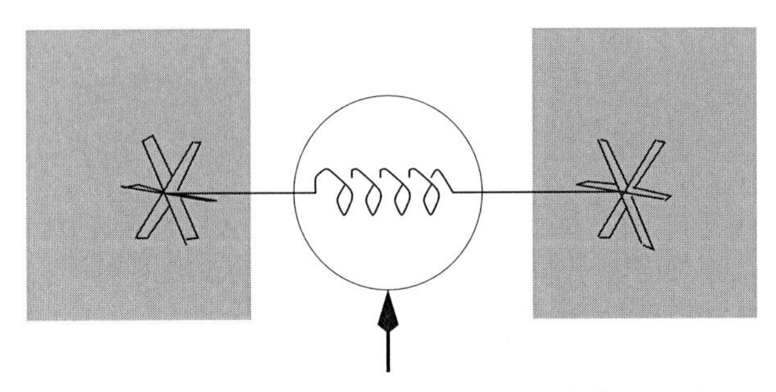

図 4.4　2つの熱環境(左右の箱)の間の熱伝導を実現するシステム(矢印の部分).

度は x および x' で表わす．両者はたとえば捩り弾性をもつ軸(図でコイル状に描いた部分：以下「バネ」と書く)で結合されているとする．

すぐに想像できることは，このバネで両者が相互作用するために，両方の羽根車の運動に相関が生じるということだ．エネルギー論的に考えると，一方の熱環境から(回転 Brown 運動として)システムにもちこまれた熱は，バネのポテンシャルエネルギーをなかだちとして，他方の熱環境へ受け渡されるはずで，また逆も起こるだろう．結果として，図に描いた運動システムは**熱伝導**をひきおこす．同様に 1.7.4 の最後に触れた，水と輻射場の影響下の Brown 粒子も，やはり熱伝導を引き起こすと想像されよう．

具体的に Langevin 方程式と熱の定義を用いた記述を試みよう．当面，慣性の効果は無視できる場合を考える．バネのポテンシャルエネルギーを $U(x,x') = K(x-x')^2/2$ とする．温度 T の熱環境と接する第1の羽根車(x)にとって，x' は外部のパラメータであるから，Langevin 方程式(4.0.2)の a を x' に置き換えたものを x の運動方程式とする．x と x' をとりかえても同じことがいえるから，

$$
\begin{aligned}
0 &= -\gamma\dot{x} + \xi(t) - K(x-x') \\
0 &= -\gamma'\dot{x}' + \xi'(t) - K(x'-x)
\end{aligned}
\tag{4.8.1}
$$

$$
\begin{aligned}
\langle\xi(t)\rangle = 0, \quad & \langle\xi(t_1)\xi(t_2)\rangle = 2\gamma k_{\mathrm{B}}T\delta(t_1-t_2) \\
\langle\xi'(t)\rangle = 0, \quad & \langle\xi'(t_1)\xi'(t_2)\rangle = 2\gamma' k_{\mathrm{B}}T'\delta(t_1-t_2)
\end{aligned}
\tag{4.8.2}
$$

それぞれの熱浴には x および x' の運動による記憶は残らない(Markov 近似)と

いう立場と首尾一貫して，羽根車に加わる熱揺動力 $\xi(t)$ と $\xi'(t)$ は互いに独立と仮定してよいだろう．

$$\langle \xi(t_1)\xi'(t_2)\rangle = 0 \tag{4.8.3}$$

先に導入した熱の定義を踏襲して，単位時間に温度 T と T' の熱浴からシステムへ移動する熱量(それぞれ dQ/dt と dQ'/dt と書く)は，

$$\begin{aligned}\frac{dQ}{dt} &= (-\gamma\dot{x} + \xi)\frac{dx}{dt} = K(x - x')\frac{dx}{dt} \\ \frac{dQ'}{dt} &= (-\gamma'\dot{x'} + \xi')\frac{dx'}{dt} = K(x' - x)\frac{dx'}{dt}\end{aligned} \tag{4.8.4}$$

となる．両者を加えると，次のエネルギーバランスの式が得られる．

$$\frac{dQ}{dt} + \frac{dQ'}{dt} = \frac{dU(x,x')}{dt} \tag{4.8.5}$$

バネのポテンシャルが上の形 $U(x,x') = K(x-x')^2/2$ でなくても(4.8.5)が成立つことは容易に確かめられるだろう．定常状態の熱の流れを知るために(4.8.1)を解こう．$X = (x + x')/2$ と $\mu = x - x'$ の変換により，熱の流れは $dQ/dt = -\gamma^{-1}K^2\mu^2 + \gamma^{-1}K\mu\xi$ と書ける．μ の運動方程式は次のようになり

$$\frac{d\mu}{dt} = -\left(\frac{1}{\gamma} + \frac{1}{\gamma'}\right)K\mu + \left(\frac{\xi(t)}{\gamma} - \frac{\xi'(t)}{\gamma'}\right)$$

これを(定常状態に関心があるから) $t = -\infty$ から t まで積分し，$\xi(s)$ と $\xi'(s)$ の性質を用いれば，次のように dQ/dt の統計平均が求まる．

$$\left\langle \frac{dQ}{dt} \right\rangle = \frac{K}{\gamma + \gamma'}(k_{\mathrm{B}}T - k_{\mathrm{B}}T') \tag{4.8.6}$$

(計算では Stratonovich の考えにのっとり，$\int_0^t \delta(s)ds = 1/2$ を使う)．エネルギーバランスの式(4.8.5)を定常状態で平均すれば，右辺はゼロになるから，$\langle dQ/dt\rangle = -\langle dQ'/dt\rangle$ である．

バネ定数 K が大きいほど「打てば響く」ようになり，熱伝導率が大きくなるのは納得できるが，剛体極限($K \to \infty$)で発散してしまうのはモデルとしての Langevin 方程式の適用限界を逸脱したというサインである．実際には K が大きくなると慣性の効果が無視できなくなる．そこでは(4.8.1)の方程式のかわりに，次のようなモデルが妥当だろう．

$$\frac{dp}{dt} = -\gamma \frac{p}{m} + \xi(t) + f$$
$$\frac{dp'}{dt} = -\gamma' \frac{p'}{m'} + \xi'(t) + f' \tag{4.8.7}$$

ここで $p = m(dx/dt)$, $p' = m'(dx'/dt)$，また m と m' はそれぞれの羽根車の慣性モーメント．また，f と f' は無限に硬いバネから x と x' それぞれの側が受ける力で，作用・反作用の法則によって $f = -f'$ である．運動方程式から次のエネルギーバランスの式が得られる．

$$\frac{dQ}{dt} + \frac{dQ'}{dt} = \frac{d}{dt}\left(\frac{p^2}{2m} + \frac{{p'}^2}{2m'}\right) \tag{4.8.8}$$

また，定常状態での熱流は次のようになる．

$$\left\langle \frac{dQ}{dt} \right\rangle = -\left\langle \frac{dQ'}{dt} \right\rangle = \frac{\gamma\gamma'}{\gamma+\gamma'} \frac{k_{\rm B}T - k_{\rm B}T'}{m+m'} \tag{4.8.9}$$

これらの結果はマクロな熱伝導の機構についてのゆらぎのレベルでの1つのモデルになっている．ここで熱伝導は，システムのポテンシャルエネルギー($U(x,x')$)なり運動エネルギー($p^2/2m+ {p'}^2/2m'$)なりを介したBrown運動の相関によっておこる．Langevin方程式は平衡に近い状況で妥当であるから(4.11参照)，温度差が小さな場合を想定すれば，熱流が温度差に比例するという結果は妥当である．

マクロでは見れない熱流のゆらぎについても調べてみよう．T と T' が等しい場合，一方の熱環境から他方に流れた熱の積算量 $Q(t) - Q(0)$ の統計平均は対称性からゼロであるが，毎回の測定で $Q(t) - Q(0)$ の値はゆらぐ．緩和時間 $\gamma\gamma'/[(\gamma+\gamma')K]$ より十分長い時間尺度では $\langle[Q(t) - Q(0)]^2\rangle = 2\mathcal{D}t$ の形の1次元Brown運動を示す．$T \neq T'$ の場合でも偏差 $Q(t) - \langle Q(t)\rangle$ はやはり長時間でBrown運動を示す[*14]．このときの非平衡「熱拡散」係数は $\mathcal{D}$ は次式で与えられる．

$$\mathcal{D} = \frac{k_{\rm B}T^* K}{\gamma+\gamma'}\left[\frac{\gamma-\gamma'}{\gamma+\gamma'}(k_{\rm B}T - k_{\rm B}T') + \frac{k_{\rm B}T^*}{\gamma+\gamma'}\right] \tag{4.8.10}$$

ただし，

*14　すなわち $Q(t)$ はバイアスのかかったBrown運動をする．

$$T^* \equiv \left[\frac{1}{\gamma}+\frac{1}{\gamma'}\right]^{-1}\left[\frac{T}{\gamma}+\frac{T'}{\gamma'}\right]$$

同様の熱伝導のモデルを離散状態(M 階層——4.5.2 参照)の確率過程にもとづいて考えることができる：2 つの 2 状態システムを用意し，それぞれの状態変数を σ および σ' 表わす．それぞれのシステムは温度 T と T' の熱環境に接するとしよう．両者の間にゼロでない相互作用エネルギー $U(\sigma,\sigma')$ (変数値 $\{\sigma,\sigma'\}$ の 4 つの組み合わせに応じて値をとる)があれば，両者の間に熱伝導がおこる．

4.9　確率分布による表現

連立の Langevin 方程式(4.8.1)に対応する Fokker-Planck 方程式は 1.12 に準じて導ける．確率分布関数を $\mathcal{P}(X,X',t)\equiv\langle\delta(X-x(t))\delta(X'-x'(t))\rangle$ と書くとき，結果は次のようになる．

$$\frac{\partial\mathcal{P}(X,X',t)}{\partial t}=-\frac{\partial J_x}{\partial X}-\frac{\partial J_{x'}}{\partial X'} \tag{4.9.1}$$

ここで確率流の成分 J_x と $J_{x'}$ は次式で定義される．

$$J_x\equiv-\frac{1}{\gamma}\left[\frac{\partial U}{\partial X}+\frac{\partial}{\partial X}k_{\mathrm{B}}T\right]\mathcal{P}(X,X',t)$$
$$J_{x'}\equiv-\frac{1}{\gamma'}\left[\frac{\partial U}{\partial X'}+\frac{\partial}{\partial X'}k_{\mathrm{B}}T'\right]\mathcal{P}(X,X',t) \tag{4.9.2}$$

熱の移動量についても 4.7.2 の導出を踏襲することができ，(4.7.3)に対応して次式を得る．

$$\frac{\langle dQ\rangle}{dt}=\int\frac{\partial U}{\partial X}J_x dX$$
$$\frac{\langle dQ'\rangle}{dt}=\int\frac{\partial U}{\partial X'}J_{x'}dX' \tag{4.9.3}$$

3 つ以上の熱環境と接触する場合への拡張も同様である．

$\mathcal{P}(X,X',t)$ をもとにシステムの‘エントロピー’(熱力学のそれではない)を

$$S\equiv-\int\mathcal{P}\log\mathcal{P}dXdX'$$

と定義すると，(4.9.3)とあわせて，次の不等式を示せる．

$$\frac{dS}{dt} - \frac{1}{T}\frac{d\langle Q\rangle}{dt} - \frac{1}{T'}\frac{d\langle Q'\rangle}{dt} = \int \frac{1}{\mathcal{P}}\left[\frac{\gamma J_x{}^2}{T} + \frac{\gamma' J_{x'}{}^2}{T'}\right] dXdX' \geqq 0 \tag{4.9.4}$$

この結果は，Spohn と Lebowitz [39]が別の方法でつとに導いたのと本質的に同じものである．(非平衡のモデル系としての) Langevin 方程式系で全系(システムと 2 つの熱環境)の‘エントロピー’は非減少である，と解釈された[39]．定常状態では $dS/dt = 0$ かつ $d\langle Q'\rangle/dt = -d\langle Q\rangle/dt$ なので，不等式(4.9.4)は「熱流は高温から低温へ向う」ことを保証する．

4.10　熱を奪い取る機械的な装置

上の熱伝導の例を高温 T ($> T'$ としよう)の熱環境の視点から眺めると，ゆらぎの世界とマクロの世界の違いがわかる．

仕事から熱への転換が可能であることを示した(Joule の名を冠された)実験では，水を機械的に攪拌して水温の上昇を観察した．このような実験装置で水温を下げることはできない，というのがマクロの常識であろう．

ところが(4.8.1)のモデルで高温 T の熱環境に身をおいて顕微鏡的にものごとを観察するとどう見えるか．水分子はブンブン動きまわっているが，低温 T' の熱環境との熱接触は断たれており，差し込まれている羽根車の材質も熱伝導性をもたない．ただ羽根車が Joule のスプーンのようにランダムに回転しており，それはこの熱環境を暖めないどころかエネルギーを恒常的に奪い取る(その一部をマクロ仕事に変換することすらできる——Feynman の爪と爪車：第 9 章参照)．

もちろん全系は異なる温度の(マクロなサイズの)熱環境を含んでおり，単一の熱環境からエネルギーを仕事として定常的に取り出すことはできない，という熱力学の第 2 法則に反するわけではない．それにしても，羽根車の動きと Joule のスプーンとでは何が違うのだろうか．これは，いわゆる **Maxwell の悪魔**のパラドックスに関連する．Maxwell の悪魔は 2 つのガス容器を隔てる壁の穴に立ちはだかり，特定の側から速度の大きいガス分子が来たときだけ仕切り扉を開けて通過させる．こうしてこれといった仕事を費やさずに，2 容器の温度差をつくることができる，というのがパラドックス．ここでパラドックスを解消する鍵は，悪魔をたえず冷やしておかないと分子の速度を判断(観測)したり仕切り扉を操作(制御)する悪魔の「冷静さ」が維持できないところにある．実際は悪魔もガスと同じ温度になってデタラメに仕切りを開閉してしまい，どこにも温度差のない熱平衡にゆきつくのだ．

今の例で悪魔にかわって容器のガスからエネルギーを汲み出すのは羽根車 x だ．これは x' を介して低温側の熱環境にも接触しているので(運動学的に)「冷やされて」おり，パラドックスではなく実際に熱を汲み出せる．簡単のため低温の熱環境を絶対零度 $T'=0$ とすると，(4.8.1)の第 2 式は解けて

$$x'(t)=\int_0^{\infty} x\left(t-\frac{\gamma'}{K}z\right)e^{-z}dz \tag{4.10.1}$$

となり，$x'(t)$ は高温で揺らがされる $x(t)$ にたいし「おくればせながら追随する」ように動く．(4.8.1)の第 1 式にこれを代入すると，この追随は弾性反発力$(-K(x-x'))$を和らげる効果がある$(|x-x'|$ が減る$)$ことがわかる．それにより，このシステムは高温側の熱環境の揺動力 $\xi(t)$ から受けた仕事(熱)を全部は返さずに，低温側の熱環境に x' の動きとして伝える．低温側では $\gamma' dx'/dt$ の項が $\xi'(t)$ $(T'=0$ ならゼロ$)$に勝って環境にエネルギーが流れ込む．これがエネルギー論的な説明である．また「冷静さ」という情報の視点で表現するなら次のようにも言えるだろう：羽根車 x は(i)受けた力 $\xi(t)$ を検知することができ(これがジュールのスプーンと違うところ)，(ii)その情報を使って弾性反発力$(-K(x-x'))$を下げる*15．(iii)低温熱源は羽根車 $x(t)$ が受けた $\xi(t)$ の記憶を消去し次の検知を可能にする．

このように熱を汲み上げるための要件がわかれば，ゆらぐ世界での冷却装置を設計することができる：熱運動する要素(微粒子など)の変位 $x(t)$ を CCD カメラ，ピエゾ素子などを使って検出し，これをリアルタイムに処理して(4.10.1)を満たす $x'(t)$ をともなう力$(-K(x-x'(t)))$を計算し，それを磁気ピンセット，ピエゾ素子などで要素にフィードバックする．時定数 γ'/K が小さいほど速く汲

*15　単に高温環境の状態変化と相関のある動作ができるというだけでは不十分で，熱平衡状態でも相関はある．

み出せることは，(4.8.6)で $T'=0$ とおいたものより明らかであろう．γ'/K をどのくらい小さくできるかは，検出器と，とくに処理系の性能次第である．

4.11　Langevin 方程式による非平衡の記述の意義

4.8 以下の結果は，ゆらぐ世界における熱の実体が熱環境とシステムのあいだの仕事のやりとりであることを認めれば，本質的な部分は式の詳細を追わなくても納得されよう．Langevin 方程式による計算はその直感を裏付け，われわれの採用した熱の定義が妥当なことを示している．

しかしながら，温度の異なる 2 つ以上の熱環境をもつ Langevin 方程式は，ミクロの力学から射影によって一般的に導かれたわけではない(1.7.2 の Zwanzig の例[15]に準じた特殊なモデルでは精確に導くことができよう)．実際，$T \neq T'$ なる非平衡な状況では，(i)ゆらぎ力が Gauss 分布を保つ，(ii)摩擦係数・温度の間に(4.8.2)の関係がある，といった性質はたとえこれらが良い近似であろうとも厳密に成り立つ必然性はない．例えば(4.8.1)のモデルではバネの捩じれ $\mu \equiv x - x'$ の定常確率分布 $P(\mu)$ は，有効温度を T^* としたときの平衡分布 $P(\mu) \propto e^{-K\mu^2/2k_{\mathrm{B}}T^*}$ になるが，平衡分布の形が得られたのは Langevin 方程式のノイズが Gauss 分布であることに由来しており，上の $P(\mu)$ を厳密な結果と思うべきではない．

このような近似的性格にもかかわらず，Langevin 方程式は非平衡状態のいくつかのロバスト(robust；構造安定な)かつ本質的な側面を表わすことができると考えられており，実際，非平衡の状況下の Langevin 方程式の研究が非平衡一般の理解に寄与するところは今日も少なくない．この役割は Langevin 方程式にもとづくエネルギー論にも継承されるはずで，たとえば Feynman の爪と爪車(9.2.2 参照)をこの枠組みで検討することによりその特質が明確になった．また次章で考える準静的過程についても，Langevin 方程式が準静的という極限を除いて非平衡状態の近似であるからといって，この極限で現われる性質＝熱力学的構造の厳密性は損われないだろう(ただし，極限での誤差の振舞いを評価した厳密な証明はまだない)．

「ゆらぐ世界」の熱力学的構造

前章に述べたエネルギー論を基礎に，外系がパラメータ a の変化をとおしてする仕事を考える．そうして，マクロの熱力学とは別の世界にも熱力学的な関係が成り立つことを示す．

まず，パラメータ a の変化が遅い極限での仕事がシステムの Helmholtz 自由エネルギーの変化で表わされることを示す．この等号は，1 回限りの過程について平均なしに成立する(従来のマクロ熱力学とは違い，システムが小さくても成立する)．上の導出の際に，準静的過程の条件が自ずと明らかになる．異なる時間精度にもとづく Langevin 方程式の間の熱・エネルギーについても述べる．次に，有限の速さで a を変化させるときの不可逆仕事を調べる．不可逆仕事の大きさと，a の操作に費やす時間とのあいだには，「時間をケチると仕事ロスが大きい」という相補的関係があることを示す．また限られた時間内でロスを最小化する最適化問題についても少し論じる．次に，それまでシステムを中心にエネルギーの出入りを見てきたのを，視点を移動して外系を中心に見直したなら，どのように不可逆仕事が見えるかを論じる．最後に外系が a を変える際に微細な a の変動が紛れ込んでも，仕事にはほとんど影響がないことを示す．

5.1　外系のする仕事

前章では，Langevin 方程式にもとづいて，システム・熱環境・外部からなる全体系での，システムを中心としたエネルギーのバランスを導いた．しかし実際に a を変えたとき，どのようにエネルギーがやりとりされるかはまだ詳しく検討していない．本章では，(4.3.3)で定義した仕事 W の特徴をしらべよう．まず最初にパラメータ a について少し考えよう．

a はなにを表わすか？　ポテンシャル $U(x,a)$ が広さ a の「剛体容器」($|x| < a/2$ では $U = 0$，それ以外では $U = \infty$)の場合には，a は壁の位置を操作するパラメータである．ところが $U(x,a)$ が $U(x,a) = U_0(x) - ax$ という形の場合には，a は x に加える一様な外場を操作するパラメータになる．だから a は場合によって変位にも力にもなれる，といってよい．しかしながらここでは統一的に a を外系の状態変数――座標――とみなす(外場の場合には，その発生源の座標をさすと思えばよいだろう)．外系にとって，$U(x,a)$ はシステムとの相互作用エネルギーである．したがって，$-\partial U(x,a)/\partial a$ は外系がシステムから受ける力とみなせる．前章でシステムと熱環境の作用・反作用を考えたのと同様の論理で，外系はシステムに 反作用力 $+\partial U(x,a)/\partial a$ を及ぼすと思える．だからシステムへの仕事 dW が(4.3.3)の形をとるのもうなずけよう．

システムと外系の境はどこか？　実際に小さなシステムの体積 a を精密に制御することは難しい：剛体容器はありえないし，容器自体が熱ゆらぎをする．これらの効果を考慮するには，これまでの変数 x に容器の壁の分子をも合わせたものを新たなシステムの変数 x とし，壁の重心位置――これはシステムに比べてマクロなので熱ゆらぎを無視できる――を a とみなすなどの変更が必要だが，厳密な議論はまだない．本書で掲げる例では議論を単純にするため，x が少数の自由度，とくに1自由度の場合を主に扱う．これは原理的問題を考える際には適した設定であるが，具体的な装置のモデルとしてパラメータ a を含む Langevin 方程式を使うには，上のような考慮も必要となる．

異なる平衡状態どうしの比較　パラメータ a (多成分でもよい)の値を固定すると，十分時間が経過したのちにシステムの統計的状態は温度 T と a の値で指定されるカノニカル平衡分布に到達する．ある a の値をもつシステムそれ自身にとって，異なる a の値に対応する平衡状態は縁もゆかりもない．他方，パラメータ a を変える自由をもつ外系からみると，システムは a を変えようと力を及ぼすように見える．これによってシステム自体がどのような a の値の平衡状態を‘好む’かが分かる．当たり前のことだが，異なる平衡状態どうしの比較はそれら状態の間の遷移を実現させる装置の存在によってはじめて可能になる．

ATP 分子を合成できる F_1-ATPase [50]の，回転子にあたる γ サブユニットの回転を磁場で駆動する実験では，磁場印加装置の状態が a に相当し，γ サブユニットの回転やその周囲の β サブユニットの構造変化が(多成分の) x で表わされる．周囲の水はこれら x と相互作用して粘性摩擦力や熱揺動力を与えるが，外系である磁場とは相互作用しない．

[注意] 一般にパラメータ a を一定に保つことは，x に加わる力 $-\partial U(x,a)/\partial x$ を一定に保つことを意味しない．しかし，x のゆらぎに‘応じて’ a を変えれば，この力を近似的に一定(たとえばゼロ)に保つことは原理的にできる．これは環境による熱ゆらぎに対して外系が相関をもって対応することを意味し，4.10 の文脈で興味ある問題である*1.

5.2 パラメータの遅い変化に際しての仕事

5.2.1 簡単な例

まずとても単純なばあいを考えよう(図 5.1)：システムは調和ポテンシャル $U(x,a) = ax^2/2$ のもとで Brown 運動する 1 粒子で，外系は U のバネ定数 a を変えることで仕事ができるとしよう．慣性を無視すると $x(t)$ は次の Langevin 方程式に従う．

$$-\frac{\partial U(x,a)}{\partial x} + \left[-\gamma\frac{dx}{dt} + \xi(t)\right] = 0 \qquad (5.2.1)$$

パラメータ $a = a(t)$ を $a_{\rm i}$ から $a_{\rm f}$ まで変化させる際に外系のする仕事 W は次のように書ける．

$$W = \int_{a(t)=a_{\rm i}}^{a(t)=a_{\rm f}} \frac{\partial U(x(t),a)}{\partial a}da(t) = \int_{a(t)=a_{\rm i}}^{a(t)=a_{\rm f}} \frac{x(t)^2}{2}da(t) \qquad (5.2.2)$$

この式にもとづいて $a(t)$ を限りなくゆっくりと変化させた場合の，**1 回の過程**についての仕事 W を計算したい．直接 Langevin 方程式を解析的あるいは数値的に解いて(5.2.2)の積分を評価するのは面倒なことだが，次のように考えると

*1 力を議論するには測定の尺度を指定する必要がある：たとえば位置エネルギー $V(x)$ と $V(x) + V_0 \sin(2\pi x/x_0)$ とは，x_0 より粗い尺度では両者は同じポテンシャルエネルギー勾配をもつが，x_0 より細かい尺度では異なる力を与える．x_0 より粗い尺度で記述しなおしたときに，ポテンシャルのギザギザがなくなるかわり，実効的な摩擦力が増える．

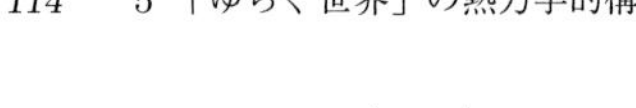

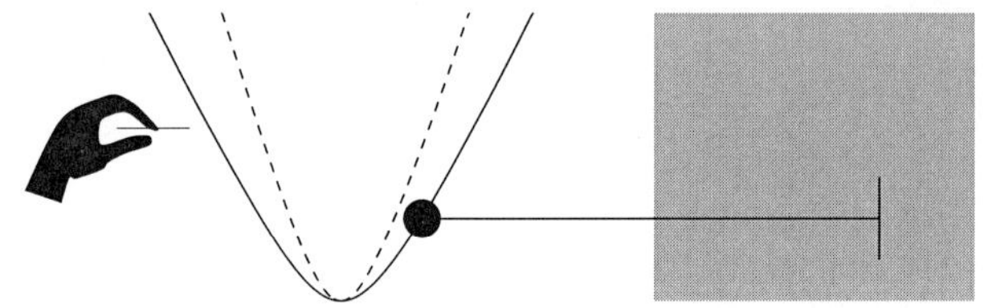

図 5.1　熱揺動する粒子に加える調和振動子ポテンシャルを外系が変化させる．

積分することなく答えがえられる．

$a(t)$ の変化をいくらでも遅くすれば，$da(t)$ のわずかな変化もいくらでも長い時間経過に相当する．だから $x(t)^2/2$ を時刻 t ではなく $a(t)$ の関数としてグラフを描くと，それはわずかな $da(t)$ の幅のなかでも限りなく激しく変化するものになる．W の積分はこのグラフと a-軸で挟まれた面積なので，わずかな $da(t)$ の幅ごとに $x(t)^2/2$ をそこでの時間平均で置き換えても積分の評価には影響はない．$a(t)$ の値を事実上固定した，十分長い時間経過にわたる $x(t)^2/2$ の平均は，時間平均＝統計平均 という平衡統計力学の前提に従って等分配則が適用でき，$k_{\mathrm{B}}T/[2a(t)]$ と求まる．そこで $a(t)$ をゆっくりと変化させる極限での仕事 W は次式で与えられる．

$$W = \int_{a(t)=a_{\mathrm{i}}}^{a(t)=a_{\mathrm{f}}} \frac{k_{\mathrm{B}}T}{2a(t)} da(t) = k_{\mathrm{B}}T \ln \sqrt{\frac{a_{\mathrm{f}}}{a_{\mathrm{i}}}} \tag{5.2.3}$$

この結果は次の 2 点で興味がある．

結果は確定する　$x(t)$ は時間的にたえず変動しており，また，もう一度同じ過程を実験すれば別の変動を示す(熱揺動力 $\xi(t)$ が更新されるから)にもかかわらず，W はほとんど確実に同一の値をとる．

統計力学的量との対応　Gibbs の統計力学による Helmholtz 自由エネルギー F の定義によれば，バネ定数が a の調和振動子の F は $F(T,a) = -k_{\mathrm{B}}T \ln (1/\sqrt{a}\,)$ +(a によらない項) で与えられ，上で得た仕事 W は $F(T,a_{\mathrm{f}}) - F(T,a_{\mathrm{i}})$ に等しい．

統計力学で 1 つの調和振動子系を扱う場合には系のコピーを多数あつめたアンサンブルを考えたので，得られる結果もアンサンブルにわたる平均値に限られた．おなじことは Fokker-Planck 方程式を使った議論にもあてはまる．したがって，これらの統計的方法で扱う問題と1つのシステムの1回の過程について調べる上の問題とは別の範疇に属する．上記の結果は調和ポテンシャルの特殊性によるのではなく，ゆらぎのエネルギー論で一般的に成り立つ．これを次に示そう．

5.2.2 一般論

単一の熱環境(温度 T)と接するシステムに外系がする仕事 W は次式であたえられた．

$$W = \int_{a(t)=a_{\rm i}}^{a(t)=a_{\rm f}} \left.\frac{\partial U}{\partial a}\right|_{(x,a)=(x(t),a(t))} da(t) \tag{5.2.4}$$

外系がパラメータ a をゆっくりと変化させるとき，1.11 の最後に詳細に論じた結果を用いれば a が(1.11.4)の基準にてらして十分ゆっくり変化する極限で，上の積分は一定の値に(確率1で)収束する(5.3.1 でより詳しく説明する)．

$$W \to \int_{a_{\rm i}}^{a_{\rm f}} \left[\int \frac{\partial U(X,a)}{\partial a}\mathcal{P}^{\rm eq}(X,a;T)dX\right] da \qquad (|da/dt| \to 0) \tag{5.2.5}$$

(5.2.5)にカノニカル分布 $\mathcal{P}^{\rm eq}(X,a;T)$ の定義(1.11.2)を代入し，上式(5.2.5)の [ ] の中と，$\ln\left\{\int e^{-U(X,a)/k_{\rm B}T}dX\right\}$ を a について偏微分したものとを比較してみる．公式 $(e^{f(a)})' = f'(a)e^{f(a)}$ や $(\ln g(x))' = g'(x)/g(x)$，および $d\left[\int h(X, a)dX\right]\Big/da = \int(\partial h(X,a)/\partial a)dX$ を用いて変形すれば，両者は定数因子 $(-k_{\rm B}T)$ を除いて等しいことがわかる．そこで次の結果を得る．

$$W \to F(T,a_{\rm f}) - F(T,a_{\rm i}) \equiv \Delta F \qquad (|da/dt| \to 0) \tag{5.2.6}$$

ただし，**Helmholtz 自由エネルギー** $F(T,a)$ を次式で定義した．

$$F(T,a) \equiv -k_{\rm B}T\ln\int e^{-\frac{U(X,a)}{k_{\rm B}T}}dX + (a\text{ によらない項}) \tag{5.2.7}$$

標語的にまとめると，**限りなく遅いパラメータ** a **の変化のもとでの仕事** W **は，かならず Helmholtz 自由エネルギー** F **の差になる．**

$$W = \Delta F \qquad (|da/dt| \to 0) \tag{5.2.8}$$

これにより，外系はシステムから「時間平均として」力 $-\partial F/\partial a$ を受けていることがわかる．上の調和振動子の例(5.2.1)ではその力$(-k_{\rm B}T/(2a))$は負であるから，a を減少させる方向にはたらいている．直観的には次のように納得できよう：システム x がポテンシャルの高い所にゆくたびにポテンシャルを押し下げようとする．だからその外系はシステムからポテンシャルを下げる(あるいは広げる)方向の力を受ける．

同様の結果は 4.5.3 で導入した，Langevin 方程式の離散状態版のエネルギー論においても証明することができる．すなわち，$F(T,a)=-k_{\rm B}T\ln\left[\sum_\sigma e^{-F_\sigma(a)/k_{\rm B}T}\right]$ $+(a$ によらない項) とし($F_\sigma(a)$ は 4.5.3 で定義した)，dW を $dW\equiv(\partial F_{\sigma(t)}(a)/\partial a)da(t)$ と定義すれば，限りなく遅いパラメータ a の変化のもとでの仕事 $W=\int dW$ は確率 1 で(5.2.8)となる．

前章 4.4 で簡単な例として，理想ゴムのモデルを扱った．伸び縮みのない棒に働く力(拘束力)を Langevin 方程式にとりこむには，棒の伸縮をポテンシャルエネルギーで表わし，そのバネ定数の大きな極限を考えればよい．上の一般論の意味するところは，この理想ゴムを十分ゆっくり引張るときの仕事は，この極限での自由エネルギーの差を計算すればすむということである．ところが大きなバネ定数の極限のポテンシャルエネルギー $U(x,a)$ は事実上ゼロなので，ゴムを引張る仕事 W は，すべてが熱環境に熱として放出される：$-Q=W$．だから，ゴムを急に手放しても，放出すべきエネルギーもなく，正味の発熱もないのである．

5.2.3　準静的過程とその基準

パラメータ $a(t)$ を限りなくゆっくり変化させることによって(5.2.8)が確率 1 で成り立つ過程を，ゆらぎのエネルギー論における**準静的過程**(quasi-static process)とよぶことにする．(5.2.8)の右辺は差 ΔF のみなので，a が多成分の場合でも W は途中の $a(t)$ の経路によらない．とくに元に戻ればゼロである．そこでこの準静的過程は**可逆過程**である．またある経路を逆にたどって $a_{\rm f}$ から $a_{\rm i}$ にもどす準静的過程が可能(逆行可能，retractable) である．その仕事は $-\Delta F$ となる．

1.7で述べたように，力学の尺度からみたLangevin方程式は，ミクロな多くの自由度を消去する際にそれらの間の時間相関に蓄えられる記憶も捨てる不可逆な近似——Markov近似——を行っている．しかし尺度を変えて，準静的過程の時間尺度でみるLangevin方程式は可逆な過程を記述できるのだ．

マクロな熱力学においては，準静的過程は「その各瞬間において，系が(与えられた制限条件のもとでの)熱平衡を実現しているような過程」と表現されている．他方で熱平衡は「系への制限条件を固定して長時間たった極限で実現する系の(統計的)状態」と定義するので，準静的過程を厳密に定義するには適切な極限操作が必要だということがわかる．

ゆらぐ世界で同様の概念を定義しようとすれば，たとえば a の変化を含むFokker-Planck方程式を解いて得た確率分布 $\mathcal{P}(X, a(t), t)$ と，同じ $a(t)$ の値での平衡分布 $\mathcal{P}^{\mathrm{eq}}(X, a(t); T)$ ((1.11.2)で定義)のKullback距離(3.4.10参照) $D(\mathcal{P}\|\mathcal{P}^{\mathrm{eq}})$ を目安にすることも考えられよう．しかし，パラメータ a を操作する外系の視点にたてば，$a(t)$ を介した仕事のやりとりが唯一の情報源であり，これを基準に準静的過程への近さを判定するのが妥当だろう．そこで準静的過程への近さは，$a(t)$ の区間 $[a(t), a(t)+da(t)]$ のそれぞれにおいて，(5.2.4)の積分が $F(a(t)+da(t)) - F(a(t))$ に近いことと定義しておく(1.11の末尾の議論を参照)．いずれの定義にせよ，この近さは $a(t)$ に関して局所的に判断されるものである．

5.2.4 1分子理想気体

温度 T のピストンに1分子だけを閉じ込め，その中では自由に運動させたら，T と体積 V および圧力 P のあいだに理想気体の状態方程式(ただし粒子数 N を1とする) $\mathsf{P}V = k_{\mathrm{B}}T$ が成り立つだろうか？　ゆらぎのエネルギー論の強みは，こんなとき具体的にモデルを作ってみて，検討することができることである．検討の過程で，ゆらぐ世界ではどのような点に留意しなければならないかも浮かび上がってくる．結論を先にいえば，「成り立つには厳しい条件がある」である．図5.2のようなモデルを考えよう．分子は壁でだけ相互作用の影響をうけ，それ以外では自由直進運動するものとする．

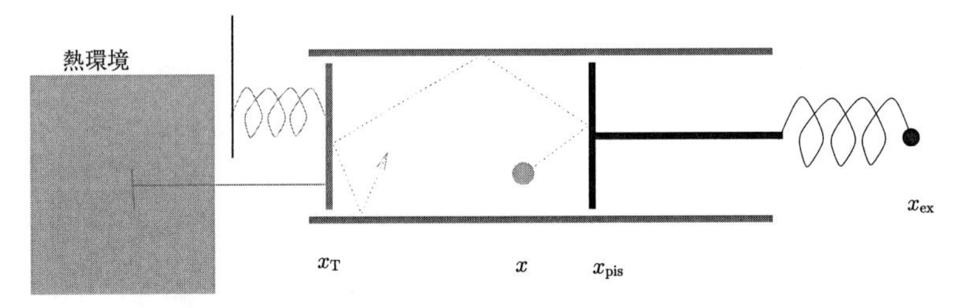

図 5.2　「熱壁」(左の壁)と「ピストン」(右の壁)で仕切られた容器中にある 1 粒子．熱壁(位置の変数 x_{T})は熱環境と接して Brown 運動する．外系はバネの終端(位置の変数 x_{ex})の操作を通して体積を制御する．シリンダーの側面は簡単のため純力学的な壁ポテンシャルとする．

$$\frac{dx}{dt} = \frac{p}{m}, \quad \frac{dp}{dt} = -\frac{\partial U_{\mathrm{T}}}{\partial x} - \frac{\partial U_{\mathrm{pis}}}{\partial x}$$

熱環境と直接接触するのは熱壁(座標 x_{T})とし，その運動も考える．

$$0 = -\gamma\frac{dx_{\mathrm{T}}}{dt} + \xi_{\mathrm{T}}(t) - \frac{\partial U_{\mathrm{T}}}{\partial x_{\mathrm{T}}}$$

外系が直接操作するのはピストンの先(座標 x_{pis})ではなく，それとバネでつながった端(座標 x_{ex})だとする．これはピストンの壁の重心座標のつもりである．そしてピストンの運動量 p_{pis} も考え，運動方程式をつくる．

$$\frac{dx_{\mathrm{pis}}}{dt} = \frac{p_{\mathrm{pis}}}{m_{\mathrm{pis}}}, \quad \frac{dp_{\mathrm{pis}}}{dt} = -\frac{\partial U_{\mathrm{pis}}}{\partial x_{\mathrm{pis}}} - \frac{\partial U_{\mathrm{el}}}{\partial x_{\mathrm{pis}}}$$

ここで，$U_{\mathrm{T}}(x, x_{\mathrm{T}})$ は熱壁と粒子の相互作用ポテンシャルおよび熱壁を支えるポテンシャル，$U_{\mathrm{pis}}(x, x_{\mathrm{pis}})$ はピストンと粒子の相互作用ポテンシャル，$U_{\mathrm{el}}(x_{\mathrm{pis}}, x_{\mathrm{ex}})$ は外系とピストンをつなぐバネのポテンシャルである．$U_{\mathrm{T}}(x, x_{\mathrm{T}})$ と $U_{\mathrm{pis}}(x, x_{\mathrm{pis}})$ はそれらの変数の値が互いに近づいたときだけ強い反発をしめす，「壁」にふさわしいものとする．

準静的過程の一般論(5.2.2)から，外系のする可逆な仕事はこれらのポテンシャルによって定まる Helmholtz 自由エネルギーの差として計算できる．この仕事 W から圧力 P は $dW = \mathsf{P}dx_{\mathrm{ex}}$ となるように定義できる(容器の断面積が 1 となる単位を使う)．準静的過程とすると，この P はゆらがないはずだ．

しかし体積 V と x_{ex} とはどう関係するのだろう？　ここでミクロ操作のむつ

かしさが浮かび上がってくる: $U_{\rm T}(x, x_{\rm T})$ や $U_{\rm pis}(x, x_{\rm pis})$ が限りなく切り立った関数形(剛体壁ポテンシャル)をしていないかぎり，体積 V をあいまいさなしに決定することはできない．$x_{\rm T}$ と $x_{\rm pis}$ が近づけば近づくほど，これらポテンシャルのもつ有限の勾配の影響は大きくなり，体積 V と差 $x_{\rm pis} - x_{\rm T}$ の比例関係すら成り立たなくなる．もちろんピストンの断面積じたいおなじ曖昧さをもつ．また仮に熱ゆらぎがない状態での $x_{\rm ex}$ と $x_{\rm pis}$ との対応づけ(較正：calibration)が精確にされていても，有限温度では $x_{\rm pis}$ はゆらぎ，その平均値 $\langle x_{\rm pis}\rangle$ と $x_{\rm ex}$ との差も $x_{\rm ex}$ の値に依存して変わる[51](それ自体が圧力 P の目安になる)．だから $dW = \mathsf{P}dx_{\rm ex}$ を $dW = \mathsf{P}d\langle x_{\rm pis}\rangle$ に置き換えるのは(タイトカップリングの)近似でしかない．文字どおりの体積 V に対して理想気体の関係 $\mathsf{P}V = k_{\rm B}T$ が成り立つのは，粒子と相互作用するポテンシャルがすべて剛体的に切り立ち，外系も柔らかさをもたない($x_{\rm pis} = x_{\rm ex} +$ 定数)ときのみである．

図 5.2 に描いたのはあくまでオモチャのモデルであるが，ガス 1 分子のかわりにミオシン頭部(モータータンパク質分子，大きさ約 10 nm)がアクチン(フィラメント状高分子)に結合する部分を考え，$x_{\rm pis}$ と $x_{\rm ex}$ をつなぐバネは柔らかいミオシン頭部がになうとすると，$x_{\rm ex}$ の測定から $x_{\rm ex}$ とその変化を精確に測るのがいかに難しいかが想像されよう．ちなみに $x_{\rm ex}$ 自体のゆらぎについては，分子モーター研究の柳田グループが光学測定と光圧によるフィードバックをつかってほとんどゼロ(ゆらぎが絶対温度 5 K に相当する)に抑えることに成功している[52]．このような見かけの低温の実現が，熱環境とどのようなエネルギーのやりとりをともなうか，興味ある問題である．

5.2.5 Langevin 方程式の階層と熱の定義[*2]

Langevin 方程式と準静的過程の関係が明らかになったので，4.5 で述べた熱の定義と記述の階層の議論を Langevin 方程式どうしの間に適用してみよう．結論は 4.5 と同様，階層のちがいが(4.5.5)の形の差となって熱および「エネルギーに現われるのであるが，マクロ熱力学との比較など，論理の整理に役立つと思う．

一定温度 T の熱環境に浸ったシステムを考え，システムの自由度(複数)を 2 グループにわけて $\{\hat{x}^{(1)}, \hat{x}^{(2)}\}$ とする．また論理構造が明瞭になるよう，外系の

*2 この小節は形式が先行するので最初は読み飛ばしてもよい．

パラメータを a のかわりに $x^{(3)}$ と表わす．$\hat{x}^{(1)}$ は $\hat{x}^{(2)}$ にくらべて速くゆらぐ自由度で，「粗い」時間精度の Langevin 方程式では消去されて熱環境にくみこまれるものとする．

以下で議論するのは，

$$\{\hat{x}^{(1)}, \hat{x}^{(2)}, x^{(3)}\} \longrightarrow x^{(3)}$$

という 1 段の縮約と

$$\{\hat{x}^{(1)}, \hat{x}^{(2)}, x^{(3)}\} \longrightarrow \{\hat{x}^{(2)}, x^{(3)}\} \longrightarrow x^{(3)}$$

という 2 段構えの縮約との首尾一貫性，およびその際の熱などの変換のされかたである．ここではとくに，$\hat{x}^{(2)}$ と熱環境の直接の結合はないと仮定する．つまり $\hat{x}^{(2)}$ がゆらぐのは $\hat{x}^{(1)}$ との弱い結合を介するものに限る．これは縮約 $\{\hat{x}^{(1)}, \hat{x}^{(2)}, x^{(3)}\} \longrightarrow \{\hat{x}^{(2)}, x^{(3)}\}$ を「外系は熱環境と直接相互作用しない」という本書の枠組みで扱えるための条件である．

• 最も詳しいレベル $\{\hat{x}^{(1)}, \hat{x}^{(2)}, x^{(3)}\}$ のエネルギー論では，(4.3.4)は次式のように書ける．

$$\begin{aligned} dU^{(1)}(\hat{x}^{(1)}, \hat{x}^{(2)}, x^{(3)}) &= \left[\frac{\partial U}{\partial \hat{x}^{(1)}} d\hat{x}^{(1)} + \frac{\partial U}{\partial \hat{x}^{(2)}} d\hat{x}^{(2)}\right] + \frac{\partial U}{\partial x^{(3)}} dx^{(3)} \\ &= dQ^{(1)} + dW^{(1)} \end{aligned} \tag{5.2.9}$$

ただし右辺の括弧 [　] の中が $dQ^{(1)}$ を，のこりが $dW^{(1)}$ を表わす．

• $\{\hat{x}^{(1)}, \hat{x}^{(2)}, x^{(3)}\} \longrightarrow x^{(3)}$ を行うには $x^{(3)}$ を準静的に変化させる際の $\{\hat{x}^{(1)}, \hat{x}^{(2)}\}$ の確率過程に沿って $dW^{(1)}$ を評価すればよい．(5.2.8)に従い評価した結果を $[\ \ ]_{\rm qs}$ [*3]で表わせば：

$$[dW^{(1)}]_{\rm qs} = dU^{(3)}(x^{(3)}) \tag{5.2.10}$$

ただし，Helmholtz 自由エネルギー $U^{(3)}(x^{(3)})$ はエネルギー $U^{(1)}(x^{(1)}, x^{(2)}, x^{(3)})$ から次式で定義される．

$$e^{-U^{(3)}(x^{(3)})/k_{\rm B}T} \equiv \int dx^{(1)} \int dx^{(2)} e^{-U^{(1)}(x^{(1)}, x^{(2)}, x^{(3)})/k_{\rm B}T} \tag{5.2.11}$$

• 今度は $\{\hat{x}^{(1)}, \hat{x}^{(2)}, x^{(3)}\}$ のうち $\hat{x}^{(1)}$ だけがゆらぐ変数とみなし，$\hat{x}^{(2)}, x^{(3)}$ はゆっくり変化するので(その気になれば)制御できる外系の変数とみなして(ここでだけ $\hat{x}^{(2)}$ を $x^{(2)}$ と書いて)エネルギー論を構成する．(5.2.9)にかわって次

*3　添字 qs は準静的(quasi-static)の意．

の式が熱と仕事を分ける．

$$dU^{(1)}(\hat{x}^{(1)}, x^{(2)}, x^{(3)}) = \frac{\partial U^{(1)}}{\partial \hat{x}^{(1)}} d\hat{x}^{(1)} + \left[\frac{\partial U^{(1)}}{\partial x^{(2)}} dx^{(2)} + \frac{\partial U^{(1)}}{\partial x^{(3)}} dx^{(3)} \right]$$
$$= dQ^{(*)} + dW^{(*)} \tag{5.2.12}$$

ただし右辺の括弧[ ]の中が $dW^{(*)}$ を，のこりが $dQ^{(*)}$ を表わす．

• $\{\hat{x}^{(1)}, \hat{x}^{(2)}, x^{(3)}\} \longrightarrow \{x^{(2)}, x^{(3)}\}$ の移行を行うには $\{x^{(2)}, x^{(3)}\}$ を準静的に変化させる際の $\hat{x}^{(1)}$ の確率過程に沿って $dW^{(*)}$ を評価すればよい．(5.2.8)に従い評価した結果を $[\ \ ]_{\mathrm{qs}}$ で表わせば，

$$[dW^{(*)}]_{\mathrm{qs}} = dU^{(2)}(x^{(2)}, x^{(3)}) \tag{5.2.13}$$

ただし，「Helmholtz 自由エネルギー」$U^{(2)}(x^{(2)}, x^{(3)})$ はエネルギー $U^{(1)}(\hat{x}^{(1)}, \hat{x}^{(2)}, x^{(3)})$ から次式で定義される．

$$e^{-U^{(2)}(x^{(2)}, x^{(3)})/k_{\mathrm{B}}T} \equiv \int dx^{(1)} e^{-U^{(1)}(x^{(1)}, x^{(2)}, x^{(3)})/k_{\mathrm{B}}T} \tag{5.2.14}$$

• 次に，$x^{(2)}$ は($\hat{x}^{(1)}$ よりゆっくりゆらぐとはいえ)確率過程であることを考慮に入れて，粗いレベル $\{\hat{x}^{(2)}, x^{(3)}\}$ のゆらぎのエネルギー論を作る*4．次の式が熱と仕事を分ける．

$$dU^{(2)}(\hat{x}^{(2)}, x^{(3)}) = \frac{\partial U}{\partial \hat{x}^{(2)}} d\hat{x}^{(2)} + \frac{\partial U}{\partial x^{(3)}} dx^{(3)}$$
$$= dQ^{(2)} + dW^{(2)} \tag{5.2.15}$$

• $\{\hat{x}^{(2)}, x^{(3)}\} \longrightarrow x^{(3)}$ を行うには，$x^{(3)}$ を準静的に変化させる際の $\hat{x}^{(2)}$ の確率過程に沿って $dW^{(2)}$ を評価すればよい．評価した結果を再び $[\ \ ]_{\mathrm{qs}}$ で表わせば，

$$[dW^{(2)}]_{\mathrm{qs}} = d\tilde{U}^{(3)}(x^{(3)}) \tag{5.2.16}$$

ただし，$\tilde{U}^{(3)}(x^{(3)})$ はエネルギー $U^{(2)}(x^{(2)}, x^{(3)})$ から次式で定義される．

$$e^{-\tilde{U}^{(3)}(x^{(3)})/k_{\mathrm{B}}T} \equiv \int dx^{(2)} e^{-U^{(2)}(x^{(2)}, x^{(3)})/k_{\mathrm{B}}T} \tag{5.2.17}$$

(5.2.11)および(5.2.14)と上式から $\tilde{U}^{(3)}(x^{(3)}) \equiv U^{(3)}(x^{(3)})$ である．これ自体は統計力学の部分和としてあたりまえだが，ここでは(5.2.10)と(5.2.16)の比較か

*4 ここで $\hat{x}^{(2)}$ が Langevin 方程式に従う――熱揺動力が Gauss 確率過程で近似できる――ためには $\hat{x}^{(1)}$ に対する制約があるが，ここではそれは満足されているものとする．

ら,「外系 $x^{(3)}$ のする仕事は，何をゆらぐ自由度として扱うかによらない客観性をもつ」という動的な解釈ができる．言い換えると，準静的過程を導く手順は結合律を満たす．(5.2.10)と(5.2.16)の右辺が等しいことを(5.2.15)と(5.2.9)を使って表わすと次式が得られる．

$$[dU^{(2)}(\hat{x}^{(2)}, x^{(3)})]_{\mathrm{qs}} - [dU^{(1)}(\hat{x}^{(1)}, \hat{x}^{(2)}, x^{(3)})]_{\mathrm{qs}} = [dQ^{(2)}]_{\mathrm{qs}} - [dQ^{(1)}]_{\mathrm{qs}} \tag{5.2.18}$$

この左辺はそれぞれの変数についての全微分で表わされているが，仕事と違って準静的過程でも定数に収束しない．そこで $\hat{x}^{(2)}$ と $x^{(3)}$ を遅い変数とみなして暫時固定し，$\hat{x}^{(1)}$ についてのカノニカル平衡分布関数((5.2.14)参照)

$$P^*_{\mathrm{eq}}(x^{(1)} : x^{(2)}, x^{(3)}) \equiv e^{[U^{(2)}(x^{(2)}, x^{(3)}) - U^{(1)}(x^{(1)}, x^{(2)}, x^{(3)})]/k_{\mathrm{B}}T} \tag{5.2.19}$$

を使って $U^{(2)}(\hat{x}^{(2)}, x^{(3)}) - U^{(1)}(\hat{x}^{(1)}, \hat{x}^{(2)}, x^{(3)})$ の平均を求めよう．その結果は次に定義する「エントロピー」$S(x^{(2)}, x^{(3)})$ を使って表わせる*5.

$$S(x^{(2)}, x^{(3)}) \equiv -k_{\mathrm{B}} \int P^*_{\mathrm{eq}}(x^{(1)} : x^{(2)}, x^{(3)}) \ln P^*_{\mathrm{eq}}(x^{(1)} : x^{(2)}, x^{(3)}) dx^{(1)} \tag{5.2.20}$$

$$\int (U^{(2)} - U^{(1)}) P^*_{\mathrm{eq}} dx^{(1)} = -TS(\hat{x}^{(2)}, x^{(3)}) \tag{5.2.21}$$

そこで(5.2.18)をこの平均を用いて評価したものは準静的過程に際しての「エントロピー」の全微分 $[dS(x^{(2)}, x^{(3)})]_{\mathrm{qs}}$ の $-T$ 倍に等しいことがわかる．

5.1 で述べた $\mathrm{F_1}$-ATPase については，長さ数ミクロンのアクチンフィラメントを回転子である γ サブユニットにしっかりと貼り付け，(外磁場で無理やり回すのではなく) $\mathrm{F_1}$-ATPase が ATP 加水分解によって γ サブユニットといっしょにアクチンフィラメントをまわすという実験がある．この実験に関してアクチンフィラメントが水をかき回す「仕事」の効率を定義しようという議論がある[53]．これを上の枠組みで扱うには，γ-サブユニット 以外 の $\mathrm{F_1}$-ATPase の部分を $\hat{x}^{(1)}$ に割り当て，水の粘性抵抗を受けてゆっくり回る(水を相手に仕事をする)アクチンフィラメントはある時間精度ではマクロ物体のように見たてて外系側の変数 $x^{(2)}$ に割り振ることができなければならない．ところが，実験

*5　統計力学の $F - E = -TS$ に相当する標準的な計算: $\int U^{(1)} P^* dx^{(1)} = \int [-k_{\mathrm{B}} T \ln P^* + U^{(2)}] P^* dx^{(1)} = -k_{\mathrm{B}} T \int \ln P^* P^* dx^{(1)} + U^{(2)}$.

的にアクチンフィラメントを熱揺動させる原因のうちにはフィラメント近傍の水も含まれる．もしこの水のおよぼす熱揺動力がフィラメントの運動にとってかなりの部分を占めるならば，「外系は熱環境と直接相互作用しない」ことを前提とする本書の立場で議論することはできない．

5.3　有限の速さでパラメータを変化させるときの不可逆仕事

パラメータ a の初期値 a_{i} と終期値 a_{f} を固定し，この間を動かすのに費やす時間を Δt としよう*6．途中の a の「動かしかた」を $a(t) = \hat{a}(t/\Delta t)$ を満たすなめらかな関数 $\hat{a}(s)$ $(0 \leqq s \leqq 1)$ によって特徴づけることができる*7．$\Delta t \to \infty$ の極限では $\hat{a}(\cdot)$ のいかんによらずに(5.2.8)が成り立つことが 5.2 の主張である．では有限の Δt では W と ΔF はどのくらい異なるのか，またそれは Δt にどう依存するのか？　これが次の問題である．答えを先にまとめると，

ゆらぎ　有限の Δt では W の値は過程ごとに異なり，平均値 $\langle W \rangle$ の周りに分布する($\Delta t \to \infty$ で分布の幅はゼロにゆく)．

正値性　平均値 $\langle W \rangle$ と ΔF の差 $\mathcal{W}_{\mathrm{irr}}$ は正である．

相補性　Δt を大きくしても $\mathcal{W}_{\mathrm{irr}}$ を (定数)$/\Delta t$ より小さくすることはできない．

以下これらを順に議論してゆく．

5.3.1　仕事 W のゆらぎ

仕事 W のゆらぎは，(5.2.4)の被積分関数である力 $\partial U/\partial a$ が，$x(t)$ の熱ゆらぎによって変動することに由来する．だからこの変動には長時間の相関はない．この事実を使って，W のゆらぎが準静的過程の極限で少なくとも $\Delta t^{-1/2}$ より速くゼロに収束することを示そう．

1．いま時間 Δt を十分大きな数 M の区間に分割し，その各区間で a はほぼ一定とみなせ，かつ $\Delta t/M$ は依然として $\partial U/\partial a$ の変動の相関時間より十分大

*6　本節で現われる Δt は大きいが有限の時間幅を意味する．温度との混同を避けるためあえて記号 T を用いない．

*7　$\hat{a}$ は確率変数を意味しない．

きいとしよう(これは Δt を大きくとればいつも可能である).

2. 特定の区間にわたる $\partial U/\partial a$ の時間平均($\overline{\partial U/\partial a}^{\Delta t/M}$ と書く)は統計的に分布する量だが，その分散のめやす(たとえば分散値)を σ としよう($\hat{X}$ の分散は $(\langle\hat{X}^2\rangle - \langle\hat{X}\rangle^2)^{1/2}$).

3. 次に N 倍の時間 $N\Delta t$ を費やす過程を考え，やはり M 個の区間に分割しよう．a の値からみた分割はかわらないが，時間的には各区間(時間幅 Δt)の中に 2. でのべた分散する量 $\overline{\partial U/\partial a}^{\Delta t/M}$ が N 個並んでいることになる．これらどうしのあいだには相関がなく (1. の仮定)，しかも a に関する積分の中では上の場合にくらべて $1/N$ の寄与しかない.

4. そこで，これら N 個の寄与の和である，時間幅 $N\Delta t/M$ にわたる $\partial U/\partial a$ の積分は，平均値のまわりに $\sigma/\sqrt{N}$ 程度の分散しかもたないことになる.

5.3.2　平均の不可逆仕事 $\mathcal{W}_{\rm irr}$ の正値性

平均の仕事 $\langle W\rangle$ と準静的(可逆)過程での仕事 ΔF の差(不可逆仕事と呼ぶ),

$$\mathcal{W}_{\rm irr} \equiv \langle W\rangle - \Delta F \tag{5.3.1}$$

は常に正であることを説明する．(5.3.1)によれば，$\Delta F > 0$ の場合には，外系のせねばならない平均の仕事 $\langle W\rangle = \Delta F + \mathcal{W}_{\rm irr}$ は準静的過程より $\mathcal{W}_{\rm irr}$ だけ多く，$\Delta F < 0$ の場合には，外系の得る平均の仕事 $-\langle W\rangle = -\Delta F - \mathcal{W}_{\rm irr}$ は準静的過程より $\mathcal{W}_{\rm irr}$ だけ少ない(エネルギー的観点からは急いで良いことはないのである)．いずれの場合もこのロス $\mathcal{W}_{\rm irr}$ は回収不可能なので不可逆仕事とよぶ.

Jarzynski [54]は 1997 年に，温度 T の平衡状態にあるシステムから出発し，パラメータ a を $a_{\rm i}$ から $a_{\rm f}$ まで勝手な経路と速さで動かしたとき，外系のする仕事 W は次の等式――Jarzynski 等式――を満たさねばならないことを示した.

$$\left\langle e^{-\frac{W}{k_{\rm B}T}}\right\rangle = e^{-\frac{\Delta F}{k_{\rm B}T}} \tag{5.3.2}$$

ここで ΔF は Helmholtz 自由エネルギーの差 $\Delta F = F(T, a_{\rm f}) - F(T, a_{\rm i})$ である．この等式から $\mathcal{W}_{\rm irr}$ の正値性がわかる：じっさい勝手な確率で分布する変数 z にたいして，不等式 $e^{-\langle z\rangle} \leqq \langle e^{-z}\rangle$ が成り立つ(指数関数が下に凸だから――Jensen 不等式)ので，等式(5.3.2)は

$$\langle W \rangle \geqq \Delta F$$

を含む*8．とくに準静的過程では，5.2.2 からわれわれは $W = \Delta F$ を知っており，これは等式(5.3.2)で平均を取り去った形になっている．

［(5.3.2)の導出について］ 上式の最初の証明は熱環境もシステムも含めた全系を力学的に扱ってなされた．しかしすぐ後で Crooks は詳細釣合いがある(＝平衡)とは限らない定常状態から出発する Markov 過程に対しても，同じ形式の等式が成り立つことを示した[55](また[56]参照)．とくに慣性を無視した Langevin 方程式(5.2.1)についての(5.3.2)の導出は[57]による．(5.3.2)の証明[54]はコロンブスの卵で，証明自体を理解するのは難しくない．もっと平明な証明も最近示されている．しかし平衡や定常状態から遠い過程を経由する問題になぜ「等式」関係が存在するのかを直観的に説明することは，今のところ著者にはできない．できない理由の一つは指数関数的な式の形に由来する：外系がたくさんの仕事をもらう($-W \gg k_{\mathrm{B}}T$)確率はとても稀で，その確率は Boltzmann 因子 $e^{-|W|/k_{\mathrm{B}}T} \ll 1$ に支配されるはずだが，Jarzynski 等式の平均 $\langle e^{-W/k_{\mathrm{B}}T} \rangle$ ではこの稀な事象に $e^{+|W|/k_{\mathrm{B}}T} \gg 1$ の重みが与えられており，結局稀なゆらぎも月並みのゆらぎと同様な重要さで平均に寄与しているのだ*9．(5.3.2)を理解したといえるには確率過程論にもとづく別の発想が要ると思う．

5.3.3 不可逆仕事と所要時間の相補性

過程に費やす時間 Δt が長くなったときの不可逆仕事 $\mathcal{W}_{\mathrm{irr}}$ を評価しよう．

---

*8 確率分布 $\mathcal{P}(X,t)$ をもとに「エントロピー関数」$S \equiv -\int \mathcal{P} \ln \mathcal{P} dX$ と「擬似自由エネルギー」$\tilde{F} \equiv \langle E \rangle - TS$ を定義すると，$d\langle W \rangle/dt - d\tilde{F}dt = \int \gamma J_x^2/\mathcal{P} dX \geqq 0$ なる不等式を導くことができる((4.9.4)と基本的に同じ内容[39])．本文の F は $\tilde{F}$ の定義の $\mathcal{P}$ をカノニカル平衡分布 $\mathcal{P}_{\mathrm{eq}}$ に置き換えたものであり，等価ではない．

*9 たとえば，断熱されたシリンダーに入ったガスをシステム(系)とし，シリンダーに取りつけられたピストンを急に引いて体積 a をうんと大きくする状況を考えよう．$-\Delta F/k_{\mathrm{B}}T \sim \ln(a_{\mathrm{f}}/a_{\mathrm{i}})$ だから(5.3.2)の右辺は体積比 $a_{\mathrm{f}}/a_{\mathrm{i}}$ に比例する大きな数になる．気体が膨張する典型的な速さよりはるかに速くピストンを引いたら気体はピストンの動きに追いつけず，ピストンを押すことはほとんどできない．でも非常に稀な場合には，ガス分子みんながピストンめがけて一斉にラッシュしてピストンを押すことも可能だ．このような非常に稀な事象が期待値 $\langle e^{-W/k_{\mathrm{B}}T} \rangle$ には重要な寄与をするのだ．

簡単な例

まず 5.2.1 の例に戻って，$\mathcal{W}_{\rm irr}$ を計算してみる．（結果にのみ関心があれば(5.3.9), (5.3.10)へ.）まずエネルギーバランスの式 $dW = dU - dQ$ に沿って dW を $(x^2/2)da = d(ax^2/2) - axdx$ と分解すると，$d(ax^2/2)$ は平衡での等分配則のためにゆっくりした a の変化でほぼ一定値 $k_{\rm B}T/2$ をもつ．そこでこの項を無視して，次の量を W として計算すればよい．

$$W = -\int axdx = \int_0^{\Delta t} \left[\frac{a^2}{\gamma}x^2 - \frac{a}{\gamma}x\xi\right] dt \tag{5.3.3}$$

(5.2.1)を積分して代入し，ξ の統計をもちいると平均 $\langle W\rangle$ が 3 つの部分からなることがわかる：$\langle W\rangle = \langle W\rangle_{\rm i} + \langle W\rangle_{\rm path} + \langle W\rangle_{\rm f}$．ここで

$$\langle W\rangle_{\rm i} = \frac{T}{\gamma}\int_0^{\Delta t} \frac{a(t)^2}{a_{\rm i}} e^{-\frac{2}{\gamma}\int_0^t a(u)du} dt \tag{5.3.4}$$

$$\langle W\rangle_{\rm path} = \frac{T}{\gamma}\int_0^{\Delta t} \frac{da(t)}{dt}\int_0^t ds\, e^{-\frac{2}{\gamma}\int_s^t a(u)du} dt \tag{5.3.5}$$

$$\langle W\rangle_{\rm f} = -\frac{T}{\gamma}\int_0^{\Delta t} a_{\rm f} e^{-\frac{2}{\gamma}\int_t^{\Delta t} a(u)du} dt \tag{5.3.6}$$

$\langle W\rangle_{\rm i}$ と $\langle W\rangle_{\rm f}$ はそれぞれ初期値条件，終期条件だけの影響を表わし，実質 Δt によらない．主要な部分 $\langle W\rangle_{\rm path}$ を見積もるには，$a(u)$ がゆっくり変化するときによい近似である次の公式を用いる[*10]．

$$\int_0^t dse^{-\frac{2}{\gamma}\int_s^t a(u)du} = \frac{\gamma}{2a(t)} + \frac{\gamma^2}{4a(t)^3}\frac{da(t)}{dt} + \cdots \tag{5.3.7}$$

この展開の初項から $\langle W\rangle_{\rm path}$ のうちの可逆仕事 ΔF $(= k_{\rm B}T\ln\sqrt{a_{\rm f}/a_{\rm i}})$ がでてくる．また，残りの部分すなわち不可逆仕事 $\mathcal{W}_{\rm irr} \equiv \langle W\rangle_{\rm path} - \Delta F$ は次のように書ける．

$$\mathcal{W}_{\rm irr} = \frac{k_{\rm B}T}{2}\frac{\gamma}{2}\int_0^{\Delta t} dt \frac{1}{a(t)^3}\left(\frac{da(t)}{dt}\right)^2 + \mathcal{O}\left(\frac{1}{\Delta t^2}\right) \tag{5.3.8}$$

そこで本節の最初に導入した，$a(t) = \hat{a}(t/\Delta t)$ を満たす $\hat{a}(s)$ で積分を書き換え

---

*10　$a(u) \simeq a(t) + \dot{a}(t)(u - t)$ と近似して指数の肩の積分を実行すると，指数の部分は $\exp[-2\gamma^{-1}a(t)(t-s)]\exp[\gamma^{-1}\dot{a}(t)(t-s)^2]$ となる．この 2 つ目の因子を $1 + \gamma^{-1}\dot{a}(t)(t-s)^2$ と近似して s についての積分を行う．

ると次の形が得られる．

$$\mathcal{W}_{\mathrm{irr}}\Delta t = \mathcal{S}[\hat{a}] + \mathcal{O}\left(\frac{1}{\Delta t}\right) \tag{5.3.9}$$

$$\mathcal{S}[\hat{a}] = \frac{\gamma k_{\mathrm{B}} T}{4} \int_0^1 \frac{1}{\hat{a}(s)^3} \left(\frac{d\hat{a}(s)}{ds}\right)^2 ds \tag{5.3.10}$$

したがって，時間 Δt を大きくするとき，不可逆仕事 $\mathcal{W}_{\mathrm{irr}}$ は漸近的に $(\Delta t)^{-1}$ のように(ゆっくりと)小さくなる(単位時間あたりでは $(\Delta t)^{-2}$ のように減少するが，積分する時間 Δt が増えるのでこうなる)．$\mathcal{S}[\hat{a}]$ は $\hat{a}$ の選択に関して有限の最小値をもつ：$\mathcal{S}[\hat{a}] \geqq \mathcal{S}_{\min}(a_{\mathrm{i}}, a_{\mathrm{f}})$．したがって，(5.3.9)は次のようにまとめられる．

$$\mathcal{W}_{\mathrm{irr}}\Delta t \geqq \mathcal{S}_{\min}(a_{\mathrm{i}}, a_{\mathrm{f}})\,(>0) \qquad (\Delta t \to \infty) \tag{5.3.11}$$

$\mathcal{S}_{\min}(a_{\mathrm{i}}, a_{\mathrm{f}})$ は途中の $\hat{a}(s)$ の形に依存しない．この具体的な値やそれを実現する「最適」な $\hat{a}$ の関数形を求めるのは変分問題の一種であるが，今の例については最小値は $\mathcal{S}_{\min}(a_{\mathrm{i}}, a_{\mathrm{f}}) = 4\left|1/\sqrt{a_{\mathrm{i}}} - 1/\sqrt{a_{\mathrm{f}}}\right|^2$ で，それを実現する $\hat{a}$ の動かしかたは $\hat{a}(s) = \left|s/\sqrt{a_{\mathrm{f}}} + (1-s)/\sqrt{a_{\mathrm{i}}}\right|^{-2}$ となる．

一般論

上の簡単な例で得た結論(5.3.9)および(5.3.11)は Langevin 方程式(5.2.1)に従う過程に一般に適用できる[58]($a(t)$ の遅い変化を扱うので慣性を無視しても一般性を失わない)．(5.3.8)に対応する表現は，$a(t)$ が多成分 $\boldsymbol{a}(t) = \{a_j(t)\}$ の場合も想定して成分表示すると次のようになる．

$$\mathcal{W}_{\mathrm{irr}} = k_{\mathrm{B}} T \int_0^{\Delta t} \sum_j \sum_k \frac{da_j(t)}{dt} \Lambda_{jk}(\boldsymbol{a}(t)) \frac{da_k(t)}{dt} dt + \mathcal{O}\left(\frac{1}{\Delta t^2}\right) \tag{5.3.12}$$

ここで対称で正定値($\sum_j \sum_k \Lambda_{jk} z_j z_k \geqq 0$ が任意の実ベクトル $\{z_j\}$ について成立つ)の行列 $\boldsymbol{\Lambda}(a(t))$ は次式で定義される．

$$\Lambda_{jk}(\boldsymbol{a}) = -\int\!\!\int \frac{\partial \mathcal{P}^{\mathrm{eq}}}{\partial a_j}(X, \boldsymbol{a}; T) g(X, X'; \boldsymbol{a}) \frac{\partial \mathcal{P}^{\mathrm{eq}}}{\partial a_k}(X', \boldsymbol{a}; T) dX dX' \tag{5.3.13}$$

ただし，$\mathcal{P}^{\mathrm{eq}}(X, a; T)$ は(1.11.2)で定義したカノニカル平衡分布関数すなわち $\mathcal{P}^{\mathrm{eq}}(X, a; T) \equiv Z(a; T)^{-1} e^{-U(X,a)/k_{\mathrm{B}} T}$ ($Z(a; T)$ は規格化定数)で，また $g(X,$

$X'; \boldsymbol{a})$ は次の非斉次微分方程式の解で遠方でゼロになるものである．

$$\frac{\partial}{\partial X}\frac{1}{\gamma}\left[\frac{\partial U(X,\boldsymbol{a})}{\partial X}+k_{\mathrm{B}}T\frac{\partial}{\partial X}\right][\mathcal{P}^{\mathrm{eq}}(X,a;T)g(X,X';\boldsymbol{a})]=\delta(X-X')$$

(5.3.10)に対応する量は(5.3.12)から次のように表わされることがわかる．

$$\mathcal{S}[\hat{a}]=k_{\mathrm{B}}T\int_0^1\sum_j\sum_k\frac{d\hat{a}_j(s)}{ds}\Lambda_{jk}(\hat{\boldsymbol{a}}(s))\frac{d\hat{a}_k(s)}{ds}ds \qquad (5.3.14)$$

相補性

ゆらぐ世界で操作およびエネルギー的な測定を行う立場から，(5.3.11)をどう解釈できるだろうか．

(1) **操作におけるロスの下限を定める**　不可逆仕事 $\mathcal{W}_{\mathrm{irr}}$ は，過程に費やす時間 Δt を長くすればいくらでも小さくすることができるが，パラメータ $a(t)$ の変えかた(これをプロトコルとよぶ)をいかに選んでも $\mathcal{S}_{\min}(a_{\mathrm{i}},a_{\mathrm{f}})/\Delta t$ を下回ることはできない．

(2) **測定における誤差の下限を定める**　限られた測定時間 Δt の間に操作 $a(t)$ を行ってシステムの自由エネルギー $F(T,\boldsymbol{a})$ の情報を得たいとしたら，$\mathcal{S}_{\min}(a_{\mathrm{i}},a_{\mathrm{f}})/\Delta t$ より細かな精度は期待できない．ただし，$a_{\mathrm{i}}\to a_{\mathrm{f}}$ と $a_{\mathrm{f}}\to a_{\mathrm{i}}$ の往復の操作を行うことにより ΔF の上限($W>0$ の測定から)と下限($W<0$ の測定から)を得ることができる．((5.3.2)の平均を本当に求めることができれば ΔF を知ることもできる．)

5.4　不可逆仕事を最小にする操作

$\Lambda_{jk}(\hat{\boldsymbol{a}}(s))$ の表現はさておき，(5.3.12)の形の積分はマクロな線形非平衡熱力学の分野でもあらわれる($\boldsymbol{\Lambda}(\boldsymbol{a})$ の対称性は線形非平衡熱力学の Onsager 係数の対称性に対応する)．そこで，与えられた Δt のもと，操作の過程 $\boldsymbol{a}(t)$ をうまく選んで $\mathcal{W}_{\mathrm{irr}}$ を小さくする問題——$\mathcal{S}_{\min}(a_{\mathrm{i}},a_{\mathrm{f}})$ の下限を探索する問題——はつとに議論されてきた．なかでも $\mathcal{S}_{\min}(a_{\mathrm{i}},a_{\mathrm{f}})$ を何らかの幾何学での「距離」のように表現できるか，いいかえると最適な $\hat{a}$ を「測地線」(最短の道)とみなせるかについて議論がある．最適な $\hat{a}$ の選択には a-空間での経路だけではなくその経路上での時間配分も問題になるので，そのような幾何学があったとしても，**時間尺度の局所的な変更**なしには(局所的なことばで)議論できない[59].

ゆらぎのエネルギー論では(5.3.4)と(5.3.6)にみるように初期と終期の条件による微妙な問題があることがわかる．これは $\varDelta t$ に比べて有限のシステムの緩和時間をみとめたためともいえる．この項の存在のために，$\mathcal{W}_{\rm irr}$ を完全に最小化しようとすると，$\boldsymbol{a}(t)$ の両端での振る舞いが滑らかでなくなる場合がある[60]．ただし，この補正による全体の不可逆仕事への量的効果は $\varDelta t$ の増加とともにいくらでも小さくできると思われる．

初期・終期条件の影響を無視して(5.3.12)の積分だけを最小化する問題はたやすく解けて，最適な関数 $\hat{a}(s)$ (これを $\hat{a}^*(s)$ と書く)の条件は

$$\sum_j \sum_k \frac{d\hat{a}_j^*(s)}{ds} \varLambda_{jk}(\hat{\boldsymbol{a}}^*(s)) \frac{d\hat{a}_k^*(s)}{ds} = \text{const.}, \quad \hat{\boldsymbol{a}}^*(0) = \boldsymbol{a}_{\rm i}, \ \ \hat{\boldsymbol{a}}^*(1) = \hat{\boldsymbol{a}}_{\rm f} \tag{5.4.1}$$

であることが示せる．大雑把には，摩擦係数 $\boldsymbol{\varLambda}(\boldsymbol{a})$ (注：γ ではない)が大きな所および方向は，回避するかもしくはゆっくりと進み，逆に $\boldsymbol{\varLambda}(\boldsymbol{a})$ が小さい所は速く進め，という直観的にも当然の結論である．

5.5 外系の環境としてみたシステム

2.7 でシステム x の詳細を知らない外系の立場 ‘Ext’ にとって，Helmholtz の自由エネルギーは $\boldsymbol{a}$ を準静的に変化させるうえでの「ポテンシャルエネルギー」に見えることを論じた．外系の立場からシステム内部の自由度が見えないのは，システムから熱環境内部の自由度が見えない状況に似ている．準静的過程に限れば，システムは外系にとってゆらぐ「環境」のように見える，といってもよいだろう．では，ゆっくりと有限の時間で $\boldsymbol{a}$ を変える際にはどのように見えるだろうか．前節で得た結果をまとめると，外系がなす仕事 W は $\mathcal{O}((\Delta t)^{-1})$ までの精度で次のように表わせる．

$$\langle W \rangle = \Delta F + k_{\mathrm{B}} T \int \frac{d\boldsymbol{a}}{dt} \cdot \boldsymbol{\Lambda}(\boldsymbol{a}) \frac{d\boldsymbol{a}}{dt} dt$$
$$= \int_{\boldsymbol{a}_{\mathrm{i}} \to \boldsymbol{a}_{\mathrm{f}}} d\boldsymbol{a}(t) \cdot \left[\frac{\partial F}{\partial \boldsymbol{a}} + \boldsymbol{\Lambda}(\boldsymbol{a}) \frac{d\boldsymbol{a}}{dt} \right] \tag{5.5.1}$$

$a(t)$ の経路に沿って積分する 2 行めの表現から，外系はシステムに［　］の中で表わされる力を及ぼしていると解釈される．これはシステム x の動きを知りうる立場(2.7 の 'Sys' の立場)から定義した表現(5.2.4)とはその時間尺度も分解能も異なる(システムが大きくて平均 $\langle\ \rangle$ が必要ない場合には，線形非平衡熱力学の立場といってもよい)．

ここでシステムと外系の間で働く力に作用・反作用の法則をあてはめれば次のように表現できるだろう：外系という「システム」は，「ポテンシャルエネルギー」F による力 $-\partial F/\partial \boldsymbol{a}$ と，システムという「環境」からの「摩擦力」$-\boldsymbol{\Lambda}(\boldsymbol{a})(d\boldsymbol{a}/dt)$ を受ける．F は温度に依存する．

'Sys' の立場で記述した Langevin 方程式に現われたポテンシャルエネルギーによる力 $-\partial U/\partial x$ と摩擦力 $-\gamma(dx/dt)$ と，'Ext' で得た上記の力とは役割上の対応が見られる．また統計平均 $\langle\ \rangle$ をとらない力 W のゆらぎを調べれば，長い時間尺度では白色 Gauss 過程的に振る舞う(1.4.1 参照)．階層が変わっても登場する役者の間に同じような関係構造が見られる．生物でも，特定の階層によらない論理があるといわれている[61]．

5.6　パラメータの微細な変動が仕事におよぼす影響

前節 5.5 では外系がパラメータ $\boldsymbol{a}$ を緩やかに変動させることを前提としていたが，逆に前章 4.8 で扱ったように $\boldsymbol{a}$ (x' と書いた)もゆらいでいる場合も想定される．そんな場合に，仕事の定義(5.2.4)が異常な振舞いを示さないかどうか，確かめておく必要がある(少なくとも 4.8 で得たミクロ熱伝導については物理的に妥当な結果ではあったが)．

また，たとえ外系はマクロでも，それが想定している $\boldsymbol{a}$ の振舞いと実際にシステムを操作する末端で実現している $\boldsymbol{a}$ とのあいだには微細だが短い時間尺度で変動する誤差があるかもしれない．定義(5.2.4)で計算する仕事がこのような誤差に非常に敏感に依存したのでは使いものにならない．

そこで，(5.2.4)にしたがって解析的に仕事を計算できる場合を例にとり，結果が $a(t)$ の変化の微細なちがいに依存しないことを確認しておきたい．考えるのは，ふたたび調和ポテンシャルの中の Brown 運動する微粒子である．ただし外系はバネ定数ではなくポテンシャルの底の位置を $a(t)$ として操作するものとする(光ピンセットで Brown 粒子を動かす実験はこれに相当する)．

Langevin 方程式は

$$-\gamma\dot{x}+\xi(t)-K[x-a(t)]=0 \tag{5.6.1}$$

ここで K はバネ定数である．熱揺動力 $\xi(t)$ はこの場合も $\langle\xi(t)\xi(t')\rangle=2\gamma k_{\mathrm{B}}T\delta(t-t')$ を満たす平均ゼロのガウス分布にしたがうとする．以下では表記を簡略化するために時間の単位を $\gamma/K\equiv 1$ となるようにえらぶ．$a(t)$ のプロトコルとして，時間幅 Δt ($\gg 1$) を固定して a_{i} から a_{f} まで単調に増加させる際に，時刻 t に関して線形に a を増すプロトコル S と，時間が $\Delta t/N$ 経過するごとに $(a_{\mathrm{f}}-a_{\mathrm{i}})/N$ ずつ不連続に a を増すプロトコル N とを解析する．

(5.6.1)は一般の $a(t)$ にたいして解けて，その解 $x(t)$ を(5.2.4)に代入して平均をとると，次式を得る(今の例では準静的過程での可逆な仕事はゼロなので，仕事はすべて不可逆仕事 $\mathcal{W}_{\mathrm{irr}}$ である)．

$$\mathcal{W}_{\mathrm{irr}}=\int\left[\int_0^\infty dse^{-s}a(t-s)-a(t)\right]^2dt \tag{5.6.2}$$

$a(t)$ の形を代入して計算を実行すれば，プロトコル S での不可逆仕事は $\mathcal{W}_{\mathrm{irr}}^{(\mathsf{S})}=(a_{\mathrm{f}}-a_{\mathrm{i}})^2/\Delta t$ となり，いっぽうプロトコル N での不可逆仕事は次式になる．

$$\mathcal{W}_{\mathrm{irr}}^{(\mathsf{N})}=\mathcal{W}_{\mathrm{irr}}^{(\mathsf{S})}\times\frac{\Delta t}{2N}\coth\frac{\Delta t}{2N} \tag{5.6.3}$$

微細な変動による「補正」因子 $(\Delta t/2N)\coth(\Delta t/2N)$ (>1) は微細さの極限 $N\to\infty$ で 1 に収束する．つまり，$a(t)$ の変動が収束すれば微分係数では極端に違うプロトコル S と N も同じ仕事を与えることをこの例は示している．たとえば所要時間 Δt を M 倍し，同時に分割の数 N は M^2 倍にすると，a の増加の時間刻みは M 倍細かくなるが，プロトコル N の不可逆仕事は M^{-1} 倍になり，補正因子は 1 に近づく．$M\to\infty$ の極限で $a(t)$ は限りなく細かいジャンプをくりかえすが，結果は準静的過程に合致して $\mathcal{W}^{(\mathsf{N})}_{\mathrm{irr}}=0$ となる．

一般のポテンシャルエネルギー $U(x,a)$ の場合には，$U(x,a)$ が x および a の関数としてどのくらい良い性質を持てば仕事が a のプロトコルの微細な変動によらなくなるのか，正確な条件はわかっていない．以下は推論である：滑らかな変化をさせるプロトコル $a_{\mathsf{S}}(t)$ に対して，これを「離散化」して細かなステップ状のプロトコル $a_{\mathsf{N}}(t)$ に変換する関数 $\phi(a)$ を $a_{\mathsf{N}}(t)=\phi(a_{\mathsf{S}}(t))$ となるよう導入する．そうして，それぞれのプロトコルでの仕事 W_{S} および仕事 W_{N} を次のように表わす．

$$W_{\mathsf{S}}=\int \left.\frac{\partial U(\hat{x},a)}{\partial a}\right|_{a=a_{\mathsf{S}}(t)} da_{\mathsf{S}}(t)$$

$$W_{\mathsf{N}}=\int \left.\frac{\partial U(\hat{x},a)}{\partial a}\frac{\phi(a)}{da}\right|_{a=a_{\mathsf{N}}(t)} da_{\mathsf{S}}(t)$$

「離散化」の効果は，$\hat{x}(t)$ の振る舞いの違いと，$d\phi(a)/da$ という(ブラシのように)多数の小さなデルタ関数の列に反映される．$d\hat{x}(t)/dt$ は $a(t)$ のプロトコルに強く依存するが，$\hat{x}(t)$ 自体はそうではないだろう．そこで $\partial U(\hat{x},a)/\partial a$ が x と a について十分滑らかな関数ならば，プロトコルの違いは $\partial U(\hat{x},a)/\partial a$ に顕在化せず，W_{N} の積分の中の $d\phi(a)/da$ は a について均した関数($=1$)に置き換えてよいだろう．これが正しければ $W_{\mathsf{S}}=W_{\mathsf{N}}$ がステップを細かくする極限で成り立つ．

5.7 おわりに――開放系および Clausius の不等式

本章では，一定温度の熱環境と接触するシステムに，サンプルにわたる平均を介さずにマクロ熱力学の準静的過程に対応する熱力学的構造があることを示した．また有限時間の操作にたいして生じる不可逆仕事の性質を論じた．この枠組みを，2つ以上の運動自由度(x が多成分)の場合に拡張することはたやすい．また，自由度が変化する開放系への拡張は第8章で示す．

マクロ熱力学では環境の温度を変える操作も考慮した．これに対応する操作をゆらぐ世界の尺度で思い描くのは(私には)容易ではない．これについて，松尾[62]は前章の熱 dQ の定義を温度 $T(t)$ を変化させる過程に拡張し，その過程

における $dQ/T(t)$ の統計平均とエントロピーの関係を使って **Clausius の不等式** $\oint dQ/T \leqq 0$（[27]第 11 章）を示した．

制御とメモリー

洗濯機を使うとき，少なくとも 2 つの外部系が洗濯機に働きかける：動力源(電源)と操作者(ヒト)である．ゆらぎのエネルギー論における{システム，熱環境，外系}の組でも，外系の役割はしばしば 2 つある．すなわち，システムとの間で主たる仕事のやり取りをする役割と，それを実現するための制御をする役割とである．でも洗濯機の場合，エネルギー的な観点では，ヒトのする仕事なぞ電源の仕事にくらべて問題にならない．また熱力学の教科書で Carnot サイクルが説明されるとき，熱環境とシステムとの切り結びに要する仕事の説明はどれほどもないだろう．

ところがゆらぐ世界では，システムとその自由度が小さいため，主たる仕事(主仕事)にくらべて制御にかかわる仕事(制御仕事)は同等に重要である．逆にいうと，制御仕事やその解析方法を考えたければ，その効果がクローズアップされるゆらぐ世界でモデルをつくって検討するのがよい．もしもこの尺度で Maxwell の悪魔のようなモデルを構成できた(と思った)なら，それをマクロな個数並列させたマクロ系は熱力学第 2 法則を否定する例になるから，慎重に再検討する必要がある．そのような際に本書のエネルギー論の方法や概念が使えるだろう．

制御に関するさまざまな研究がすでになされてきた．

Maxwell の悪魔　第 2 種永久機関をつくるパラドックス(4.10 を参照)[35].

計算の熱力学　計算機の 2 進メモリーの状態を操作(書込み・消去・転送・保持)するのに最低限必要な仕事を論じる[63, 64].

温度差から仕事への自律変換　Feynman の爪と爪車：第 9 章で述べる[3, 65].

化学ポテンシャル差から仕事をとりだすタンパク質　分子モーターやイオンポンプ[66]：第 9 章で論じる．

化学ポテンシャル差から情報伝達を行うタンパク質　Gタンパク質など：分子モーターに似た構造をもつ[67].

本章での前半では，「どのようなシステムの操作も準静的に行えるか？」という，上記の例などに共通する問いを考え，「準静的に行うことが本質的に不可能な，しかもごくありふれた制御がある」と主張したい．これらを「本質的な非準静的過程」とよぼう．不可能の原因は2つある：

(1)　システムを環境から切り離す際にシステムの緩和時間が無限大に発散してしまう．

(2)　環境と切り離されたシステムが環境と再接触させられるときに，保持していた情報を失ってしまう．

(1)では不可逆過程そのものは決して避けられないが，それにともなう不可逆仕事を量的に小さくするように操作の手順を最適化することはできる．(2)では必ず有限の不可逆仕事を伴う．

これら2つの状況は，マクロ熱力学の出発点であるCarnotサイクルの操作においてすら現われる．またメモリー状態の操作にも(1)の状況は不可避である(まぎらわしいが，後述の「メモリー消去に必要な不可逆仕事」と(1)の不可逆性による仕事とは別問題である)．だから，これらの本質的な非準静的過程ぬきには興味ある(マクロに)可逆なプロセスも，また情報を制御する機能も構成できない．6.1で(1)について説明し，6.2では(2)を論じる．

章の後半6.3では，前半の議論もふまえて，メモリー操作に関するエネルギー論の基本的な部分を説明する．中心となる問題は「1ビットの情報を操作するのにどれだけの不可逆性が(最低限)必要か？」である．これに対し前世紀後半にLandauerやBennettらは**計算の物理学**を論じて「消去して上書きするのに$k_{\mathrm{B}}T\log 2$の不可逆仕事が必要」という結論を得た．ゆらぎのエネルギー論によればこれが解析的に導け，問題が明確になることを見るだろう．メモリー装置も物理システムである以上，その状態と操作しだいでは仕事を取り出すことができる．だから熱力学第2法則を破るような過程は起こらないと期待されるが，これを示すのが「コピーを作る仕事」の問題で，6.3.3で論じる．

6.1　本質的な非準静的過程 1：時間尺度の逆転

6.1.1　2 つの時間尺度 τ_{op} と τ_{sys}

われわれの制御や測定の時間的尺度には下限 τ_{min} があるだけでなく，上限もある．制御や測定の特徴的な時間とか，それらの可能な最大値($<$ 宇宙の寿命)などである．この時間を τ_{op} とする．もし，$x(t)$ で代表されるシステムの状態の緩和時間 τ_{sys} がこの測定の特徴的時間よりも長ければ($\tau_{\mathrm{sys}} \gg \tau_{\mathrm{op}}$)，測定データは，逆の場合 $\tau_{\mathrm{sys}} \ll \tau_{\mathrm{op}}$ とは一般に異なる統計を示すだろう．

6.1.2　状況設定

次の状況を考える(図 6.1 を参照)：(i)外系がパラメータ a を特徴的時間 τ_{op} で操作する．(ii)システムの緩和時間 $\tau_{\mathrm{sys}}(a)$ が a の値に依存する．(iii)操作の途中で $\tau_{\mathrm{sys}}(a) \ll \tau_{\mathrm{op}}$ から $\tau_{\mathrm{sys}}(a) \gg \tau_{\mathrm{op}}$ へ，あるいはその逆の変化という，時間尺度の逆転がおこる．もしも a の最終値 a_{f} に対応する $\tau_{\mathrm{sys}}(a_{\mathrm{f}})$ が宇宙の寿命よりも長いなら，準静的状況 $\tau_{\mathrm{sys}}(a) \ll \tau_{\mathrm{op}}$ のままで a を a_{f} まで変えることは決してできない．メモリーの操作ではこの逆転を積極的に使うから，メモリー制御の状況といってもよいだろう．あるいは，システムのエルゴード性(エネルギー的に可能な状態をすべて経巡るという性質)が失われる問題ということもできる．

［注］　3.1.1 や 1.11 で繰り返しのべたように，システムの「枠組み・前提」を

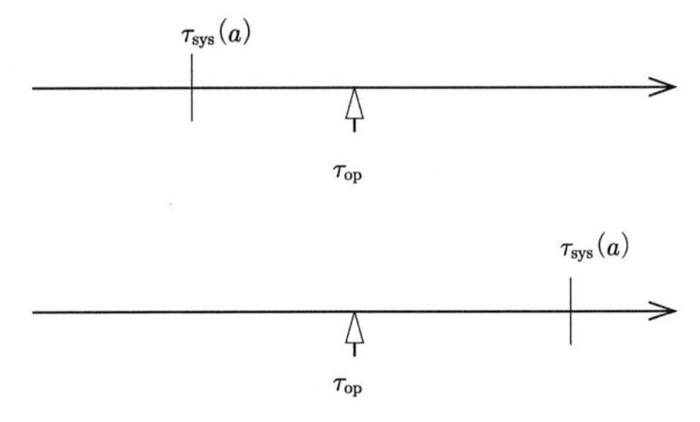

図 6.1　システムの変化の時間尺度 $\tau_{\mathrm{sys}}(a)$ と測定・操作の時間尺度 τ_{op} との大小関係が逆転する．横軸は対数時間．

構成する要素——容器の壁とか分子など——の安定性は，それらに関する τ_{sys} が終始一貫して $\tau_{\mathrm{sys}} \gg \tau_{\mathrm{op}}$ を満たす，と表現できる．

6.1.3 具体例による検討

簡単な状況を例にとり，具体的に検討しよう．熱環境の影響下にある微粒子が図 6.2 のポテンシャルエネルギー $U(x,a)$ の中を運動する．微粒子の座標 x の動ける範囲 Ω_0 は図の左端から右端まで(幅 L)とする．そのうち，中央部の $x=0$ を中心とする領域 $\Omega \equiv \{x : |x| \leqq \delta\}$ だけはパラメータ a の値によってポテンシャルエネルギーの値が変化するものとする．$|x| > \delta$ では $U(x,a)=0$ とする．

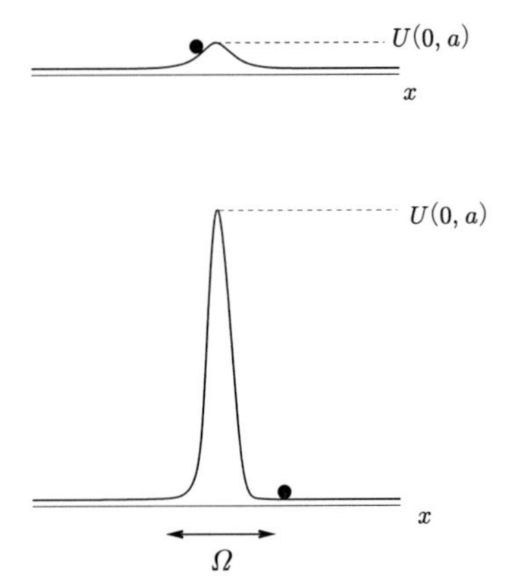

図 6.2　パラメータ a によって変化するポテンシャル障壁(曲線)と状態点(黒丸)．

微粒子の運動は慣性を無視した Langevin 方程式で記述できるとする．

$$0 = -\frac{\partial U(x,a)}{\partial x} - \gamma \frac{dx}{dt} + \xi(t) \tag{6.1.1}$$

与えられた a と温度 T のもとでの全域 Ω_0 にわたる平衡確率分布は $\mathcal{P}^{\mathrm{eq}}(x,a;T) = Z^{-1}\, e^{-\frac{U(x,a)}{k_{\mathrm{B}}T}}$ で，x によらない数 Z は全域の規格化条件 $\int_{\Omega_0} \mathcal{P}^{\mathrm{eq}}(x,a;T) = 1$ で決まる．τ_{sys} は微粒子がこの領域 Ω_0 を経巡るのに必要な時間である．それは障壁を越える遷移率を考えれば次のように表わせる((3.4.4)参照)．

$$\frac{1}{\tau_{\rm sys}(a)} \simeq \frac{1}{\tau_0} e^{-\frac{U(0,a)}{k_{\rm B}T}} \tag{6.1.2}$$

ここで τ_0 は a によらない時定数で，微粒子が Ω_0 を自由拡散する時間 $\sim \gamma L^2/k_{\rm B}T$ よりは長い(拡散定数 D が $k_{\rm B}T/\gamma$ であることを使った)．

パラメータ a が初期値 $a_{\rm i}$ のとき，障壁の高さ $U(0,a_{\rm i})$ は熱運動で十分乗り越えられる($U(0,a_{\rm i})/k_{\rm B}T \leqq 1$)とする．他方，終期値 $a_{\rm f}$ では，$U(0,a_{\rm i})/k_{\rm B}T$ は十分大きく(たとえば 22 以上：後述)，考えうる観測時間の最大 $\tau_{\rm op}$ に比べて $\tau_{\rm sys}(a_{\rm f}) \gg \tau_{\rm op}$ だとする．だから $a = a_{\rm f}$ では「測定する限りでは微粒子は障壁を越えない」．

6.1.4　障壁を上げる仕事

障壁を高さ $U(0,a_{\rm f})$ まで上げるのに，**不可逆仕事**がなるべく小さい $a(t)$ のプロトコルを探したい(可逆仕事の部分は $a_{\rm f}$ から $a_{\rm i}$ へ向う逆操作において回収できるはずだから大きくてもよい)．なぜこのようなことを考えるかというと，このように障壁を上げ下げする操作は続く 2 章で述べる温度差や濃度差から仕事を取り出す機関にとって不可欠な要素だからだ．この操作での不可逆仕事が無視できない状況では，たとえば Carnot 熱機関の可逆サイクルは不可能となる．

最初，$U(0,a)$ の値が $k_{\rm B}T$ よりさほど大きくないうちは，$\tau_{\rm sys}(a_{\rm f}) \ll \tau_{\rm op}$ を満たす準静的な操作が可能だから，ここで無駄な(不可逆な)仕事をしないために，実際に $\tau_{\rm sys} \ll \tau_{\rm op}$ となるような特徴時間 $\tau_{\rm op}$ でゆっくりと $a(t)$ を変える．この場合の不可逆仕事はすでに 5.3.3 でみたように所要時間 Δt に逆比例して小さくできる．

しかし，このまま高さ $U(0,a_{\rm f})$ まで準静的に障壁を上げるのは不可能である．そこで壁の高さ $U(x=0,a)$ が $k_{\rm B}T$ よりかなり大きなある値 $U_1 \equiv U(x=0,a^*)$ になった時点で準静的なアプローチをあきらめ，その後は不可逆過程を承知の上で高さ $U(0,a_{\rm f})$ まで有限の速さで障壁をあげるしかない(図 6.2 下)．$a^* = a(t^*)$ で時刻 t^* を定義しよう．t^* 以降になす仕事は，準静的過程からほど遠いから，ほとんどが不可逆(回収不可能)な仕事である．そこでの不可逆仕事の大きさの統計平均を大雑把に評価しよう．結果は(6.1.4)にある．

前章の定義により，制御の仕事 W の平均は次式であたえられる．

$$\langle W \rangle = \int_{a_\mathrm{i}}^{a_\mathrm{f}} \left\{ \int_{|x| \leqq \delta} \mathcal{P}(x,a)(\partial U(x,a)/\partial a)dx \right\} da \tag{6.1.3}$$

ここで変化するパラメータ $a(t)$ が値 a をとる時点での x の確率分布を $\mathcal{P}(x,a)$ と書いた．準静的に行えない $a^* < a < a_\mathrm{f}$ の範囲で，どのような物理的状況が不可逆仕事をうみ出すかというと，障壁が微粒子を載せたまま持ち上がる場合である．これは非常に稀な場合で，その確率はおおよそ $\sim (\delta/L)e^{-U(0,a^*)/k_\mathrm{B}T}$ 程度と評価してよいだろう[*1]．持ち上げる際の仕事は $U(0,a_\mathrm{f}) - U(0,a^*)$ 程度で，いずれ微粒子が「滑り落ち」たらその仕事は回収できないので不可逆となるのである．そこで，温度 $k_\mathrm{B}T$ を基準に測った不可逆仕事の大きさの見積もりとして次式を得る．

$$\frac{W_\mathrm{irr}}{k_\mathrm{B}T} \leqq \frac{\delta}{L} e^{-\frac{U(0,a^*)}{k_\mathrm{B}T}} \times \frac{U(0,a_\mathrm{f}) - U(0,a^*)}{k_\mathrm{B}T} \tag{6.1.4}$$

具体的な数値を想定して，この比率が無視できるものか調べよう．たとえば $U(0,a^*) = 10k_\mathrm{B}T$ まで準静的過程が使えるとしよう．また最終の障壁高さは $U(0,a_\mathrm{f}) \simeq 22k_\mathrm{B}T$ とする．すると $W_\mathrm{irr}/k_\mathrm{B}T = e^{-10} \times 12 \simeq 5 \times 10^{-4}$ となり[*2]，他方で $a = a^*$ での緩和時間 $\tau_0 e^{U(0,a^*)/k_\mathrm{B}T}$ を 1 分としたときの $a = a_\mathrm{f}$ での緩和時間 $\tau_0 e^{U(0,a_\mathrm{f})/k_\mathrm{B}T}$ は e^{12} 分(>40 日)となり，「40 日間は微粒子が飛び越えないくらいに高い障壁を数分間で築くには，$k_\mathrm{B}T$ の 0.05% の不可逆仕事を支払えばよい[*3]」．ただし，いつでもこの程度の無駄仕事が必要なのではなく，$\sim$ (δ/L) $e^{-U(0,a^*)/k_\mathrm{B}T}(< 10^{-4})$ 程度の稀な確率で $U(0,a_\mathrm{f}) - U(0,a^*) \sim 22k_\mathrm{B}T$ 程度の無駄な仕事が必要なかわり，それ以外の場合は仕事はほぼゼロである．

補足：τ_sys を変える要因　上の例に限らず，システムの状態の緩和時間 τ_sys は状態遷移のネックとなるポテンシャルエネルギーの障壁 U^* と温度 T で決まる Boltzmann 因子 $e^{-U^*/k_\mathrm{B}T}$ に支配されることがしばしばある．この因子に限れば，U^* の値を制御することと逆温度 $(k_\mathrm{B}T)^{-1}$ を制御することは同じ効果をもつ．1.12.1 で述べた Fokker-Planck 方程式をみれば，温度の変化は，γ の

---

*1　指数因子は $a = a^*$ の時点で粒子を障壁の頂上付近に持ち上げる熱ゆらぎがある確率，指数の前の因子は障壁がなかった場合に微粒子が $|x| \leqq \delta$ の範囲に拡散して来る確率．

*2　δ/L は $10^0 = 1$ の程度とした．

*3　計算機のメモリーとしては確実性が足りないだろうがコストは低い．

変化をとおして全体の時間の尺度を変える効果と $U^*/k_{\mathrm{B}}T$ の形で U の変化に読み替えられる効果の両方からなることがわかる．ちなみに，ポテンシャルエネルギー $U(x,a)$ が $U(x,a)=U_0(x)-ax$ という形でパラメータ a に依存する場合，a を変えると障壁の高さだけでなく，$dU_0(x_0)/dx=a$ を満たす平衡位置 $x_0(a)$ における $U_0(x)$ の「曲率」$d^2U_0(x_0)/dx^2$ も変化する．いずれも緩和時間 τ_{sys} に影響を及ぼすので，タンパク質から基質分子を引きはがす実験などでポテンシャルの形を論じるのは容易ではない．

6.1.5　拡張：熱環境との接触・断絶

時間尺度の逆転による本質的な非準静的過程があらわれるもうひとつの典型的な例として，システムと熱環境との接触・断絶のプロセスがある．まずこれを定性的に説明し，その後でこれが上のポテンシャルエネルギー障壁の問題に帰着できることを示そう．

システムと温度 T の熱環境の間に接触があると，システムのエネルギーは時間的にゆらぐ．そのゆらぎの統計はカノニカル平衡分布によって記述される．しかしながら，1 つのシステムがこの統計を時間経過として再現するには有限の時間を要する．これがシステムの(エネルギーの)緩和時間 τ_{sys} である．一方，システムが熱環境から完全に切り離されていると，システムのエネルギーはまったく変化しない．このとき τ_{sys} は無限大である．だからシステムを熱環境から完全に切り離すという操作を τ_{op} という有限時間で行うとき，不可避的に $\tau_{\mathrm{sys}}\gg\tau_{\mathrm{op}}$ の状況が起こってしまうのである．

さてどうすればこの過程を，操作の仕事も含めて記述できるだろうか．Langevin 方程式(6.1.1)では熱環境とシステムの相互作用は唯一のパラメータ γ で特徴づけられた．たしかに，γ の値を $+0$ にすれば熱環境からの断絶を表現できるが，γ を変える外系の仕事は直接には定義できない(1.9.1, 4.1 参照)．そこで次のように考える(図 6.3)．システムには常に熱環境に接している自由度 y があり，そのゆらぎ運動は Langevin 方程式で陽に記述できる．他方，システムの主たる変数 x は直接に熱環境と接触せず，自由度 y と相互作用ポテンシャルエネルギー $\phi(x,y,\chi)$ を介して間接的に接触する[*4]．また孤立状態でもシステムがエネル

*4　以下での混同を避けるため，熱接触にかかわる制御パラメータは a のかわりに χ と書く．

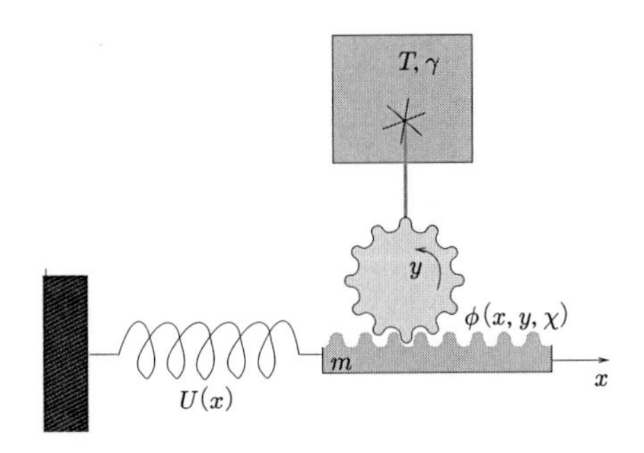

図 6.3　熱接触を制御する装置をふくむシステム．

ギー一定の運動を続けるよう，x には慣性の効果(運動量 p)も考慮する．

システムと接触のない時に自由度 y が Brown 運動で「遠く」に行ってしまうと困るという技術上の問題があるので，一案として自由度 y を回転 Brown 運動の角度変数であると仮定して，$y + 2\pi\times$(整数)と y を同一視する．相互作用ポテンシャルエネルギーにも条件 $\phi(x, y, \chi) \equiv \phi(x, y + 2\pi, \chi)$ を課す．そうして，Langevin 方程式(6.1.1)の代わりに次の連立方程式を扱うことにする．

$$\frac{dx}{dt} = \frac{p}{m}, \quad \frac{dp}{dt} = -\frac{\partial U}{\partial x} - \frac{\partial \phi}{\partial x} \tag{6.1.5}$$

$$0 = -\gamma \frac{dy}{dt} + \xi(t) - \frac{\partial \phi}{\partial y} \tag{6.1.6}$$

ここでパラメータ χ の値が χ_{i} のときは x と y はよく噛み合った歯車のように相互作用し，他方 χ を χ_{f} にする極限で $\phi(x, y, \chi) \to 0$ となるものとすれば，外系は χ を変えることでシステムと熱環境の接触・断絶を制御できる．これは既述の障壁を上げ下げする問題と本質的に同じであり，外系のする仕事も評価できる[*5]．次の第 7 章では，この装置を使って Carnot 熱機関のエネルギー論を制御のコストも含めて検討する．

環境との接触・断絶の際に生じる時間尺度の逆転は，環境がシステムと粒子をやりとりする場合(粒子溜め)の場合にも現われることは想像に難くないだろう．粒子の出入りを制御するには「玄関」のエネルギー障壁を上下すればよい

*5　十分小さな ϕ になるまで準静的に χ を動かし，それが限界になった時点($\chi = \chi^*$ とする)以降は一気に χ_{f} まで変化させるなら，不可逆仕事は $\max\limits_{x,y} |\phi(x, y, \chi^*)|$ と見積もれる．

から，図 6.2 の状況により近い．第 8 章，第 9 章でも関連の問題を論ずる．

6.1.6　尺度の逆転を伴う類似の現象について

化学反応の電子論における「断熱遷移」の近似(**Born-Oppenheimer** 近似)の問題も「緩和時間の変化をともなうような操作」にまつわる問題の例である．この近似で電子遷移の計算をする際，(ほんとうは動いている)イオン核どうしの距離を固定したものとみて定常状態波動関数を近似として用いる．ところがイオンどうしが離れて行く過程ではエネルギーの非対角要素(電子のイオン間遷移に関係する)がどんどん小さくなり，対応する遷移の時間尺度は発散する．したがって，イオン核の変位がいかに遅くとも，遂には遷移の時間尺度が追い越してしまい，定常状態の近似は破綻する．

「緩和時間の変化をともなうような操作」のロジックは時間を空間に置き換えても存在する．量子力学では，ポテンシャル中の粒子の波動関数を求める **WKB 近似**がその例である．ポテンシャルの空間変化に比べて波動関数の位相変化が細かい(波長が短い)場合に有効なこの近似は，位相変化の波長が発散的に増大する**転回点**(古典的な運動エネルギーがゼロとなる点)で破綻する(そこでは相補的な変数——運動量——で記述するとよい近似がある[68])．

6.1.7　システム側からみた非準静的過程

結局，上記のタイプの本質的な非準静的過程は，こと操作の仕事に関する限り，さほど大きな不可逆効果をもたないようにできる．しかしそれは制御する外系の視点からの話であって，システムの状態は $\tau_{\mathrm{sys}} \gg \tau_{\mathrm{op}}$ になった段階で「凍結」してしまうことを忘れてはなるまい．高い障壁に阻まれた微粒子はその一方側に止まり，熱環境から接触を絶たれたシステムのエネルギーは一定値に留め置かれる．その凍結状態を「知る」とはどういうことかについて 6.3 で考える．

6.2　本質的な非準静的過程 2：制御によって消せない不整合

本節で扱うのは，システムの緩和時間に関係しない，したがって操作のプロトコル $a(t)$ を工夫しても不可逆仕事を小さくできない類の非準静的過程である[69].

6.2.1　状況設定

つぎのような外系による制御を考える(番号(i)～(iv)などは図 6.4 のそれに対応する).

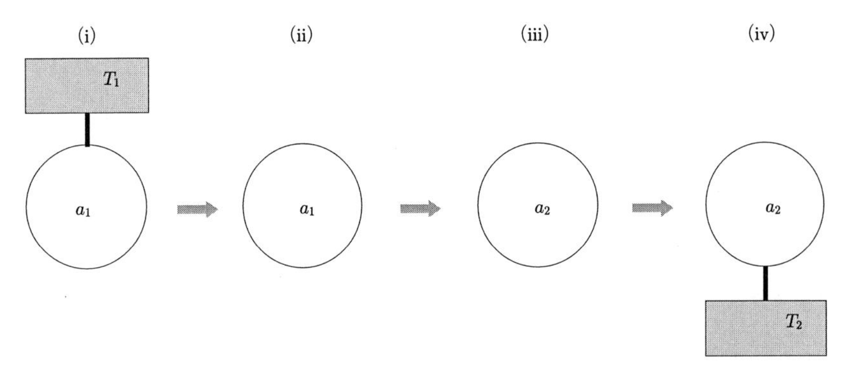

図 6.4　系との断絶・接触および断熱変化を含む過程.（[69]より転載）

(i)　初期にシステムをある温度 T_1 の熱環境と十分に長い時間接触させておく. この間にシステムは熱平衡のエネルギー分布を実現するものとする.

(i)→(ii)　ある時刻にその熱環境からシステムを断絶させる.

(ii)→(iii)　熱環境から断絶したままシステムの(熱環境との接触・断絶を制御するためのものとは別の)パラメータ a を $a_1 \to a_2$ と操作して断熱変化をさせる. この断熱変化にともない，システムのエネルギーも変化する.

(iii)→(iv)　その後で別のある温度 T_2 の熱環境と十分に長い時間接触させる.

(iv)→(iii)　この熱環境からシステムを断絶させる.

(iii)→(ii)　パラメータ a を $a_2 \to a_1$ と操作して断熱変化をさせる. この断

熱変化でも，システムのエネルギーが変化する．

以上の制御においては，6.1 の結果を考慮し，熱環境の接触・断絶に要する不可逆仕事は十分小さくできるものと仮定する．そして以下の考察ではこの種の不可逆仕事は無視する．(iii)→(iv) でのシステムから熱環境へのエネルギー移動量は，実験の度に確率的なばらつきを示す．そこでこの実験を無限回繰り返したときに，(iii)→(iv) でのエネルギー移動が平均としてゼロとなるよう，温度 T_2 を選ぶものとする．

6.2.2　熱環境とのおだやかな断絶

上のような状況でのシステムのエネルギーの統計について，次のことをまず認めよう．

> 注意深く熱環境と断絶されたシステムにおいても，凍結されたエネルギーの値は確率的にしか決まらない．しかし，もしこのシステムを再び注意深く**同じ**温度の熱環境に(同じ a の値のまま)接触させたなら，「断絶などなかったかのように」平衡状態のゆらぎが回復するだろう．

いうなれば(不可逆仕事の無視できる注意深い)断絶は時間尺度を無限に引き伸ばす以外なにもしない．そこで，熱環境から注意深く断絶された直後のシステムをいくつも用意してそのエネルギーの分布をみれば，熱環境の温度 T およびパラメータ a の値*6のもとでカノニカル平衡状態にあった断絶前のシステムのエネルギー分布に等しいはずだ：この平衡エネルギー分布関数を $\mathcal{P}_E^{\mathrm{eq}}(E,a;T)$ と書こう．(注：熱環境との接触を急に遮断しても同じ結果が得られると思われるかもしれないが，それには遮断前のシステムとの相互作用エネルギーが無視できるという前提が必要である．それがまさに 6.1 で $a^* = a(t^*)$ となる時刻 t^* 以降に行った操作である)．

エネルギー分布関数 $\hat{\mathcal{P}}_E(E)$ を，システムの座標と運動量 (x,p) についての分布関数 $\hat{\mathcal{P}}(x,p)$ およびハミルトニアン $H(x,p,a)$ で表わす際には，等エネルギー面層で一様な確率分布を仮定する(x と p は多自由度でもよい)．

$$\hat{\mathcal{P}}_E(E) = \iint \delta(E - H(x,p,a))\hat{\mathcal{P}}(x,p)dxdp \tag{6.2.1}$$

---

*6　(i)→(ii) では $(T,a) = (T_1,a_1)$，(iv)→(iii) では $(T,a) = (T_2,a_2)$．

今の場合，$\mathcal{P}_E^{\mathrm{eq}}(E,a;T)=\iint \delta(E-H(x,p,a))\mathcal{P}^{\mathrm{eq}}(x,p,a;T)dxdp$ である．

6.2.3　平均エネルギー移動のない接触

上の制御過程の接触 (iii)→(iv) に際して，システムと熱環境の間に統計平均としてはエネルギーの授受がない，という条件を満たすには，接触前のシステムの平均エネルギーと接触後のそれが等しければよい．断熱変化 $a_1 \to a_2$ ((ii)→(iii))を終えてかつ T_2 と接触する前のエネルギー分布を $\mathcal{P}'_E(E)$ と書くことにすると，この要請は次のように書ける．

$$\int E\mathcal{P}'_E(E)dE=\int E\mathcal{P}_E^{\mathrm{eq}}(E,a_{\mathrm{f}};T_2)dE \tag{6.2.2}$$

システムがまともである限り，右辺は T_2 の増加関数だから，上式から T_2 が 1 つ決まる．

6.2.4　本質的な非準静的過程とその起原

上の一連の過程は等温過程を省いた Carnot サイクルを思いおこさせる．これがマクロ熱力学ならば，(iii)→(ii) のあと T_1 の熱環境と再び熱接触させ((ii)→(i))ても熱の移動はおこらないと期待される．ところが下に示すように，これはゆらぐ世界では正しくない：(ii) での(すなわち T_1 と再接触する前の)エネルギー分布を $\mathcal{P}''_E(E)$ と書くと，一般に

$$\int E\mathcal{P}''_E(E)dE \geqq \int E\mathcal{P}_E^{\mathrm{eq}}(E,a_1;T_1)dE \tag{6.2.3}$$

となる．たとえ断熱過程 (ii)↔(iii) を限りなくゆっくり行ってさえ，両辺の差が無視できるのはシステムが大きな極限(エネルギー分布 $\mathcal{P}'_E(E)$ の分散が無視できる)か，特殊なポテンシャルエネルギー $U(x,a)$ のシステム(本小節の最後に述べる)に限られる．(6.2.3)の意味するところは，このサイクル全体を通して外系は不可逆仕事をして T_1 の熱環境にエネルギーを供給するということだ．これは一見ふしぎに思える：限りなくゆっくり行う断熱過程においては，力学系の理論における「断熱不変定理」[70]により，エネルギー E 以下の相体積 $\iint_{H(x,p,a)\leqq E} dpdx$ が不変に保たれることが知られており，これによれば a_1 と

a_2 の間で限りなくゆっくり行う断熱過程の部分は可逆である．だから上述の不可逆仕事の唯一の原因は T_2 の熱環境との接触にある（実際，ここで接触していなければ文字どおり元に戻ることができる）．

不可逆過程の原因は $\mathcal{P}'_E(E) \to \mathcal{P}_E^{\mathrm{eq}}(E, a_2; T_2)$ という「後戻りできない」**確率分布の緩和**にある．外系はパラメータ a を通してしか系を扱えず，a の操作は平均エネルギーとエネルギー確率分布を一緒に変えてしまうので，平均のエネルギー移動を消すのがせいぜいで，接触前に $\mathcal{P}_E^{\mathrm{eq}}(E, a_2; T_2)$ の分布を実現できない．エネルギー移動なしでしかも不可逆な接触がありうることは，情報論的な統計力学のアプローチの文脈でつとに指摘されていた[71]．そこでは接触前の分布がたまたま第 2 のマクロパラメータ b を含むカノニカル平衡分布に等しい場合が扱われた．この場合には，外系は b を準静的に動かすことで不可逆を回避することができた（詳細は[71]を参照のこと）．しかしこれはむしろ例外的で，かつ外系（を操作する者）はシステムのエネルギーを**個別サンプルごとに測り知る**ことを許されていない：マクロな外系に許される操作の範囲についてはもっと掘り下げられてよいと思う．

開放系の操作でも本節で扱ったのと同様の不可逆性が起こりうることを第 8 章で示す．

6.2.5 不可逆性(6.2.3)の略証

(1) 過程 (iii)→(ii) の後で熱環境と接触させても平均としてエネルギー移動のおこらないような熱環境の温度があるはずで，これを T'_1 とする．

$$\int E\mathcal{P}''_E(E)dE = \int E\mathcal{P}_E^{\mathrm{eq}}(E, a_1; T'_1)dE \tag{6.2.4}$$

(2) あとの便宜のため，システムの座標と運動量 (x, p) にかんする確率分布関数 $\hat{\mathcal{P}}(x, p)$ によって定まる「ミクロなエントロピー関数」$S[\hat{\mathcal{P}}]$ を導入する．

$$S[\hat{\mathcal{P}}] \equiv -\iint \hat{\mathcal{P}}(x, p) \ln \hat{\mathcal{P}}(x, p) dxdp \tag{6.2.5}$$

(3) ある時刻 t に (x, p) であったシステムは断熱過程のあいだ Hamilton 方程式 $dx/dt = \partial H/\partial p$, $dp/dt = \partial H/\partial x$ に従って (x, p) の値を変化させる．それに応じて確率分布関数 $\hat{\mathcal{P}}(x, p)$ も時間発展するが，それは $S[\hat{\mathcal{P}}]$ の値を変えない

ことを直接示せる(統計力学の教科書，あるいは[69]を参照)．

$$\frac{dS[\hat{\mathcal{P}}]}{dt}=0 \tag{6.2.6}$$

(4) (ii)→(iii) の後でのシステムのエントロピーはそのときの分布関数 $\mathcal{P}'(x,p)$ (式(6.2.1)参照)をつかって $S[\mathcal{P}']$ であるが，(3)の結果によりこれは温度 T_1 での平衡分布関数 $\mathcal{P}^{\mathrm{eq}}(x,p,a_1;T_1)$ によるエントロピーに等しい．

$$S[\mathcal{P}']=S[\mathcal{P}^{\mathrm{eq}}(\cdot,\cdot,a_1;T_1)] \tag{6.2.7}$$

(5) 同様にして (iii)→(ii) の後でのシステムのエントロピーはそのときの分布関数 $\mathcal{P}''(x,p)$ を使って $S[\mathcal{P}'']$ であるが，(3)の結果により次で与えられる．

$$S[\mathcal{P}'']=S[\mathcal{P}^{\mathrm{eq}}(\cdot,\cdot,a_2;T_2)] \tag{6.2.8}$$

(6) (iv)においてカノニカル分布の形 $\mathcal{P}^{\mathrm{eq}}(x,p,a_2;T_2)=e^{-H(x,p,a_2)/k_{\mathrm{B}}T_2}/Z$ を使うと，エントロピー $S[\mathcal{P}^{\mathrm{eq}}(\cdot,\cdot,a_2;T_2)]$ は次のように書き直せる．

$$S[\mathcal{P}^{\mathrm{eq}}(\cdot,\cdot,a_2;T_2)]=\iint \mathcal{P}^{\mathrm{eq}}(x,p,a_2;T_2)\left[\frac{H(x,p,a_2)}{k_{\mathrm{B}}T_2}+\ln Z\right]dxdp \tag{6.2.9}$$

ここで((6.2.1)および)(6.2.2)と，確率分布の規格化条件 $\iint \mathcal{P}^{\mathrm{eq}}(x,p,a_2;T_2)dxdp=\iint \mathcal{P}'(x,p)dxdp=1$ とを用いると上式右辺を次のように書き換えることができる．

$$\begin{aligned}S[\mathcal{P}^{\mathrm{eq}}(\cdot,\cdot,a_2;T_2)]&=\iint \mathcal{P}'(x,p)\left[\frac{H(x,p,a_2)}{k_{\mathrm{B}}T_2}+\ln Z\right]dxdp\\&=-\iint \mathcal{P}'(x,p)\ln\mathcal{P}^{\mathrm{eq}}(x,p,a_2;T_2)dxdp\end{aligned} \tag{6.2.10}$$

そこでこれと $S[\mathcal{P}']$ の差を求めると，次の結果を得る．

$$S[\mathcal{P}^{\mathrm{eq}}(\cdot,\cdot,a_2;T_2)]-S[\mathcal{P}']=\iint \mathcal{P}'(x,p)\ln\frac{\mathcal{P}'(x,p)}{\mathcal{P}^{\mathrm{eq}}(x,p,a_2;T_2)}dxdp \tag{6.2.11}$$

この右辺は 3.4.10 の式(3.4.6)の下で定義した Kullback-Leibler エントロピー $D(\mathcal{P}'\|\mathcal{P}^{\mathrm{eq}}(\cdot,\cdot,a_2;T_2))$ に等しいから非負である．結局次の不等式が示された．

$$S[\mathcal{P}^{\mathrm{eq}}(\cdot,\cdot,a_2;T_2)]\geqq S[\mathcal{P}'] \tag{6.2.12}$$

(7) まったく同様に次の不等式が成り立つ.

$$S[\mathcal{P}^{\mathrm{eq}}(\cdot,\cdot,a_1;T_1')] \geqq S[\mathcal{P}''] \tag{6.2.13}$$

(8) エントロピーに関する(4)〜(7)の結果を総合すると結局 T_1' と T_1 にかかわる次の不等式が導かれた.

$$S[\mathcal{P}^{\mathrm{eq}}(\cdot,\cdot,a_1;T_1')] \geqq S[\mathcal{P}^{\mathrm{eq}}(\cdot,\cdot,a_1;T_1)] \tag{6.2.14}$$

このあとエネルギーを与える $H(x,p,a_1)$ が正常な振舞いをすることなどを用いて, $T_1' \geqq T_1$ が, さらにそれから

$$\int E\mathcal{P}_E^{\mathrm{eq}}(E,a_1;T_1')dE \geqq \int E\mathcal{P}_E^{\mathrm{eq}}(E,a_1;T_1)dE \tag{6.2.15}$$

がえられ(詳細は[69]参照), これと(6.2.4)から(6.2.3)が示される.

6.2.6 例外

有限のシステムでかつ(6.2.3)の等号が成り立つ例外的な場合もある. システムが1次元の力学系 (x,p) の場合, ポテンシャルエネルギーが $U(x,a)=a|x|^\nu$ $(\nu>0)$ の「自己相似型」をしていると, 断熱不変定理の成り立つ遅い断熱過程で $\mathcal{P}_E'(E)=\mathcal{P}_E^{\mathrm{eq}}(E,a_{\mathrm{f}};T_2)$ であることを示せる[69].

6.2.7 量子系での相当する現象

上の結果はただちに量子系に翻訳することができ[72], その場合(6.2.3)の等号の条件はシステムのエネルギー固有値 $\{E_n(a)\}$ が n によらない $\phi(a,a')$ を介して $E_n(a')-E_0(a')=\phi(a,a')(E_n(a)-E_0(a))$ を満たすことである. $U(x,a)=a|x|^\nu$ をもつ1次元量子系がこの条件を満たすのを固有値方程式の無次元化によって確認できる(試みられよ).

6.3 メモリーの操作

時間尺度の逆転そのものといってもよいメモリーの操作をゆらぐ世界との関連で論じることには, いくつかの意義があると思う.

I. **メモリーの物理的表現を与える** メモリーは物理的なシステム(メモリー装置)の状態であり, 環境によるゆらぎまたは外系による制御によって変化す

る．この状態を物理のことばで記述し，抽象的な情報自体がエネルギーなどの物理量を担うのではないということを納得する．

II. **非準静的な過程のエネルギー論を確認する**　再利用可能なメモリーでは，消去は書き込みと同様に本質的な操作であるが，これに関して，情報論的な不可逆(何を覚えていたのかわからない)が物理過程としての不可逆にどう対応するかを見る．

III. **「知る(検知する)」ことの物理的表現を与える**　知るということを，具体的に「対象と主体との間に状態の相関を形成する過程」として記述する．

以下 6.3.1 では I. について Langevin 方程式とポテンシャルエネルギーによるモデルを説明する．6.3.2 では II. について第 5 章の結果を使って解析する．6.3.3 では III. についてメモリー状態をコピーする手段とコストについて述べる．

6.3.1　メモリー装置のモデル

有限温度 T の熱環境のなかで，ただ 2 つの記憶状態をとりうる，いわゆる 1 bit (binary digit)のメモリーを，図 6.5 のような二重井戸型ポテンシャル中の状態点 x のダイナミックスとして記述する．x は慣性を無視した次の Langevin 方程式に従うとする．

$$\gamma\frac{dx}{dt} = -\frac{\partial U(x,a,b)}{\partial x} + \xi(t) \tag{6.3.1}$$

x が左の谷の領域 Ω_0 にいれば状態 0，右の谷の領域 Ω_1 にいれば状態 1 とみなす(状態の添字 $\sigma = 0$ または 1 を Ω_σ というふうに使う)．ポテンシャルエネルギー $U(x,a,b)$ が 2 つのパラメータをもつのは，本章の冒頭で述べた外系の担う 2 つの役割に相当する：主仕事はポテンシャルエネルギーの非対称(asymmetry)を作ることによって「状態 0/1 の指定」をおこない(パラメータ a)，制御仕事は障壁の高さ(barrier)を変えることによって「状態の緩和時間の制御」を担う(パラメータ b)．

図で点線より上の陰の部分に障壁の山が入ると，この障壁を最小点から乗り越える遷移は τ_{op} よりはるかに長い待ち時間 τ_{sys} を要するものとする．したがって，図の **A** において変数の動く範囲は実質上「現在いる」谷に制限され，

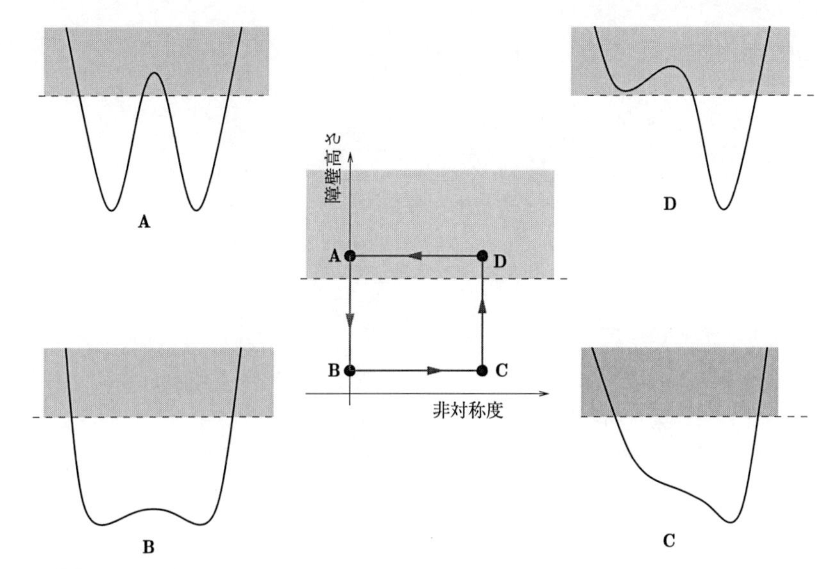

図 6.5 書き込み $\mathcal{W}$：**B**→ **C**→ **D**→ **A** および消去 $\mathcal{E}$：**A** → **B** の過程におけるポテンシャル．ポテンシャルの最小値から陰をつけた部分への熱ゆらぎは現実的には不可能とみなす．中央の図は 2 つの操作パラメーター——非対称度(横軸)および障壁高さ(縦軸)——の変化を示す．

システムは「メモリーを保持する」*7．また，**D** において右の谷から左に遷移することはなく，「メモリーは状態 1」に強制される．他方，**B** での障壁は低く，$\tau_{\text{sys}} \ll \tau_{\text{op}}$ が成り立つものとする．

A↔**B** で障壁の高さを増減させる過程は 6.1 で述べた意味の本質的な非準静的過程である．以下では 6.1.2 同様この過程での不可逆仕事は(存在するけれども)無視できる大きさだと仮定する(現実的に無視できるという主張ではない：メモリー操作に本質的な非可逆に焦点を当てたいからである)．そうして，この部分の過程を除いては準静的過程($\tau_{\text{sys}} \ll \tau_{\text{op}}$)とみなせる操作をするものとする．以下で使用する準静的とか可逆とかいう表現は，すべてこの但し書きつきだと思っていただきたい．

6.3.2 メモリーの書き込みと消去のエネルギー論

図 6.5 において，書き込み過程 $\mathcal{W}$ (**writing**)と消去過程 $\mathcal{E}$ (**erasure**)を次のよ

*7 簡単のため，**A** におけるポテンシャルは左右対称とする．

うに同定する．

書き込みの経路 $\mathcal{W}$: $\mathbf{B} \to \mathbf{C} \to \mathbf{D} \to \mathbf{A}$

消去の経路 $\mathcal{E}$: $\mathbf{A} \to \mathbf{B}$

この図では状態1に書き込んでいる．状態0に書き込む場合の $U(x,a,b)$ の変化は図の $\mathcal{W}$ を左右鏡映反転したものになる．

準静的過程 $\mathcal{W}$ の後でこれを逆にたどる $\mathcal{W}^{-1}$ を行えば，合成過程 $\mathcal{W}^{-1} \circ \mathcal{W}$ は明らかに何もしなかったと同じで可逆な過程になっている（$\mathbf{A}$ には σ =0 の谷があるが，これは事実上，存在しないに等しい）．

$\mathcal{E}$ の後でこれを逆にたどる $\mathcal{E}^{-1}$ を行った合成過程 $\mathcal{E}^{-1} \circ \mathcal{E}$ でも，外系が b の制御によってする仕事は（ほとんど）可逆になる．しかし，メモリー状態 σ については，最初 $\mathbf{A}$ で保持されていたメモリー状態と $\mathcal{E}^{-1} \circ \mathcal{E}$ の後で保持される（無意味な）メモリー状態には相関がなくなっている．

書き込み $\mathcal{W}$ の仕事の評価

過程 $\mathcal{W}$ においては $\mathbf{D}$ 以降で左領域 Ω_0 に x が来る滞在確率はゼロである．だから，$\mathbf{D}$ 以降でのダイナミックスにおいては，ポテンシャルエネルギー $U(x,a,b)$ を次の実効ポテンシャルエネルギー $U^{(\mathrm{eff},1)}(x,a,b)$ に置き換えても外系の仕事に違いはない：$U^{(\mathrm{eff},1)}(x,a,b) = \infty$ $(x \in \Omega_0)$，$U^{(\mathrm{eff},1)}(x,a,b) = U(x,a,b)$ $(x \in \Omega_1)$．この「実効」ポテンシャルエネルギーを用いれば，第5章の(5.2.8)に到る条件（第1章の(1.11.5)の上の議論）が満たされる．そこで，過程 $\mathcal{W}$ を行う準静的仕事 $W_{\mathbf{BCDA}}$ は確率1で次式で与えられる．

$$W_{\mathbf{BCDA}} = F(a_{\mathbf{A}}, b_{\mathbf{A}}; \Omega_1) - F(a_{\mathbf{B}}, b_{\mathbf{B}}; \Omega_0 \cup \Omega_1) \tag{6.3.2}$$

ただし，「実効」自由エネルギーは次式で定義する．

$$e^{-F(a_{\mathbf{A}}, b_{\mathbf{A}}; \Omega_1)/k_{\mathrm{B}}T} \equiv \int_{\Omega_1} dx e^{-U(x, a_{\mathbf{A}}, b_{\mathbf{A}})/k_{\mathrm{B}}T} \tag{6.3.3}$$

$$e^{-F(a_{\mathbf{B}}, b_{\mathbf{B}}; \Omega_0 \cup \Omega_1)/k_{\mathrm{B}}T} \equiv \int_{\Omega_0 \cup \Omega_1} dx e^{-U(x, a_{\mathbf{B}}, b_{\mathbf{B}})/k_{\mathrm{B}}T} \tag{6.3.4}$$

消去 $\mathcal{E}$ の仕事の評価

少し技巧的な論理構成で計算する．

1. 過程 $\mathcal{E}$ の逆過程 $\mathcal{E}^{-1}$ をまず考える．
2. $\mathcal{E}^{-1}$ を 2 つの引き続く過程の合成 $\mathcal{E}^{-1}=\mathcal{E}^{-1}_{\mathsf{0.XOR.1}}\circ\mathcal{E}^{-1}_{\mathsf{0.AND.1}}$ で表わす．前半の $\mathcal{E}^{-1}_{\mathsf{0.AND.1}}$ は $\mathbf{B}$ から始めて 6.1 で述べた意味の時間尺度の逆転が起こる時点までとし，後半の $\mathcal{E}^{-1}_{\mathsf{0.XOR.1}}$ はその時点から $\mathbf{A}$ にいたるまでとする．$\mathcal{E}_{\mathsf{0.AND.1}}$ では $\Omega_0\cup\Omega_1$ の範囲での準静的過程が実現し，$\mathcal{E}_{\mathsf{0.XOR.1}}$ では排他的に Ω_0 または Ω_1 での準静的過程が実現している．
3. 左右対称性のおかげで，$\mathcal{E}^{-1}_{\mathsf{0.XOR.1}}$ での仕事はメモリー状態が 0, 1 のいずれに保持されても同じである．
4. すでに 6.3.1 で仮定したように，時間尺度の逆転が起こる時点での不可逆仕事は無視できる．
5. 2 つの準静的過程 $\mathcal{E}^{-1}_{\mathsf{0.AND.1}}$ と $\mathcal{E}^{-1}_{\mathsf{0.XOR.1}}$ を合わせた仕事*8 $W_{\mathbf{BA}}$ は第 4 章の定義にたちもどって次のように計算できる(注：パラメータ a は変化しない($a_{\mathbf{B}}=a_{\mathbf{A}}$)ので a と書いた)．

$$W_{\mathbf{BA}}=\int_{b_{\mathbf{B}}}^{b_{\mathbf{A}}}\frac{\partial U(x(t),a,b(t))}{\partial b}db(t) \tag{6.3.5}$$

この積分のうち，後半の $\mathcal{E}^{-1}_{\mathsf{0.XOR.1}}$ では $x(t)$ が Ω_0 か Ω_1 の一方に保持されるが，いずれも同じ結果を与える．だから両者の相加平均を考えてもよい．そうすると次式がえられる．

$$W_{\mathbf{BA}}=\int_{b_{\mathbf{B}}}^{b_{\mathbf{A}}}\left[\int_{\Omega_0\cup\Omega_1}\frac{\partial U(X,a,b)}{\partial b}\mathcal{P}^{\mathrm{eq}}(X,a,b)dX\right]db \tag{6.3.6}$$

ここで $\mathcal{P}^{\mathrm{eq}}(X,a,b)$ は $\Omega_0\cup\Omega_1$ 全域で定義したカノニカル分布関数 $\mathcal{P}^{\mathrm{eq}}(X,a,b)=e^{-U(X,a,b)/k_{\mathrm{B}}T}/Z$ (Z は規格化定数)である．なぜかというと，まず $\mathcal{E}^{-1}_{\mathsf{0.AND.1}}$ に相当する b の積分では第 1 章の(1.11.5)に到る議論により，$x(t)$ のゆらぎが $\mathcal{P}^{\mathrm{eq}}(X,a,b)$ の重みを実現する．つぎに $\mathcal{E}^{-1}_{\mathsf{0.XOR.1}}$ に相当する部分では，$x(t)$ のゆらぎは障壁を決して越えないが，相加平均のおかげでやはり $\mathcal{P}^{\mathrm{eq}}(X,a,b)$ の重みが実現される．また 4. から，両者の境目の仕事は無視できる．最後に(6.3.6)に対して第 5 章の(5.2.6)を導いたのと同じ計算を適用し，次の結果を得る．

$$W_{\mathbf{BA}}=F(a_{\mathbf{A}},b_{\mathbf{A}};\Omega_0\cup\Omega_1)-F(a_{\mathbf{B}},b_{\mathbf{B}};\Omega_0\cup\Omega_1) \tag{6.3.7}$$

---

*8 6.1.4 で扱った状況とは異なり，$\mathcal{E}^{-1}_{\mathsf{0.XOR.1}}$ はポテンシャルの障壁だけでなく谷の変形も伴うかもしれないので，この過程も無茶に速くは行わず，谷の中での可逆仕事は陽に考慮する．

6. $\mathcal{E}^{-1}_{\mathsf{0.AND.1}}$ および $\mathcal{E}^{-1}_{\mathsf{0.XOR.1}}$ それぞれの準静的過程の内部では仕事は可逆で，かつ 4. から，過程 $\mathcal{E}$ の仕事 $W_{\mathbf{AB}}$ は $\mathcal{E}^{-1}_{\mathsf{0.AND.1}}$ および $\mathcal{E}^{-1}_{\mathsf{0.XOR.1}}$ の準静的仕事の和に負号をつけたものに等しい：$W_{\mathbf{AB}} = -W_{\mathbf{BA}}$. そこで，消去 $\mathcal{E}$ の仕事 $W_{\mathbf{AB}}$ は次式となる.

$$W_{\mathbf{AB}} = F(a_{\mathbf{B}}, b_{\mathbf{B}}; \Omega_0 \cup \Omega_1) - F(a_{\mathbf{A}}, b_{\mathbf{A}}; \Omega_0 \cup \Omega_1) \tag{6.3.8}$$

現在保持されているメモリーの消去 $\mathcal{E}$ をし，新たに書き込み $\mathcal{W}$ をする仕事は，$\mathbf{A} \to \mathbf{B} \to \mathbf{C} \to \mathbf{D} \to \mathbf{A}$ をたどって消去 $\mathcal{E}$ と書き込み $\mathcal{W}$ をする仕事の和に等しく，$k_{\mathrm{B}} T \ln 2$ であることが分かる．すなわち

$$\begin{aligned} W_{\mathbf{AB}} + W_{\mathbf{BCDA}} &= F(a_{\mathbf{A}}, b_{\mathbf{A}}; \Omega_1) - F(a_{\mathbf{A}}, b_{\mathbf{A}}; \Omega_0 \cup \Omega_1) \\ &= k_{\mathrm{B}} T \ln 2 \end{aligned} \tag{6.3.9}$$

この過程での熱の出入りについても第 4 章の方法で解析されている[73]．メモリー操作の仕事に関する $k_{\mathrm{B}} T \ln 2$ という結果は，不可逆な過程に関して普遍的な結論が得られるという点で興味深い．「良い」メモリーならばシステムに依存する仕事は可逆仕事として相殺してしまい，組み合わせに由来する数 2 だけを反映した不可逆分がのこるのだ*9．だから $k_{\mathrm{B}} T \ln 2$ の不可逆仕事と言うかわりに，$k_{\mathrm{B}} \ln 2$ だけの不可逆エントロピー増大と言ってもよい.

6.3.3　メモリーのコピー：知ること

知るということ

メモリー状態のコピーをつくることの具体的な議論に入る前に，情報の物理でえてして主観的な意味と混同しそうになる「知っている」「知る」ということを定義しておきたい.

最初に，「何が」知るのか，主体をはっきりさせておこう．図 6.5 の **A** において，目下 Langevin 方程式(6.3.1)を数値的に解いている者には，$x(t)$ が 0, 1 のいずれを保持しているか知れている．計算機の記憶装置に書いてあるからだ．他方，これから消去と書き込みを行いメモリーを再利用する外系の立場では，0, 1 のいずれとも知れていないと想定するのが妥当だろう．事前に外系がメモ

*9　自由エネルギー F を(5.2.7)の形の定義に従って計算する際，対数の中の積分を左右対称なポテンシャルの 2 つ谷にわたってするか一方の谷に限るかで 2 倍の違いがあるのが $k_{\mathrm{B}} T \ln 2$ の由来.

リーの状態を知っているためにはさらに別のメモリーを必要とし，堂々めぐりになるのである．$\mathcal{E}$ の消去の手順が最も省エネルギーなのは，このような 0, 1 のいずれとも知らない立場にとってこそである(さもなければ既知の bit 情報をもとに $\mathcal{W}$ の逆過程によって仕事をシステムから受け取ることもできる)．

次に，「知る」という過程じたいをどう定義するかだが，われわれヒトの意識まで含めて議論するというややこしいことを避けて，知られる対象と知る主体をセットとして客観化したい．そこで**「知る」とは知られる対象の状態と知る主体の状態の間に相関が生じる(不可逆)過程である**と定義する(括弧内は作業仮説でいずれ除去すべきかもしれない)．メモリー操作の文脈では，二重井戸型ポテンシャルによる 1 ビットメモリーを 2 つ用意し，「知る主体のメモリー」([64]の用語で movable bit)の状態が，「知る対象のメモリー」(data bit)の状態に「等しくなる(＝コピーされる)過程」を「知る」過程と定義する．大事な点は，「コピー作りを制御する外系」と「知る主体」とを区別して考えており，前者が後者の状態を知る必要はないということだ．現実には外系は「知る主体のメモリー」に付随した機械かもしれないが，その機械の状態と「知る主体のメモリー」の状態は切り離して考えるのである．

同じ論理で，たとえばタンパク質が基質分子の到着を「知る(検知する)」ことも定義することができる．ただ，知る対象(基質)の動く範囲に制限がない開放系の場合，記述に少し違いがある．これについては第 9 章で改めて論じる．

コピー過程のコストがなかったなら永久機関を作れる

ここで思考実験をしてみよう：仮に外系の仕事を要しないコピー作成が可能だったとする．そこで 1 つの「知る対象のメモリー」から $n\,(\gg 1)$ 個の「知る主体のメモリー」にコピーをコストなしに作る．外系はメモリー状態を知らないから，n 個のうち 1 つの「主体のメモリー」に前述の $\mathcal{W}$ の逆過程を試しに行ってみる．もしメモリー状態が 0 だったら $\mathbf{A}\to\mathbf{D}$ の段階のせいで相当な仕事 $W'\,(\gg k_{\mathrm{B}}T\ln 2)$ を要する．逆に 1 だったら仕事は $-W_{\mathbf{BCDA}}\,(<0)$ となって得をする．いずれにせよ外系は有限の平均コストで仕事の符号を知り，それによってメモリーの状態を知る．それが知れたら，残りの $n-1$ 個のメモリーに $\mathcal{W}$ あるいはそれを左右反転した過程のうち得になる方のサイクルを行い，それぞれ

から $k_{\mathrm{B}}T\ln 2$ ずつ仕事をもらう．n を十分大きくとれば $(n-1)k_{\mathrm{B}}T\ln 2 > W'$，すなわち収支をプラスできるから，「等温の環境から最終的に仕事だけを取り出す」第 2 種の永久機関ができたことになる！　現実は，最初の仮定「外系の仕事を要しないコピー作成が可能」が誤りなので，そうはいかない．以下にこれを示す．

コピー作成サイクルのコスト

新しい情報をもった「知られる対象のメモリー」data bit が与えられるたびに，外系は「知る主体のメモリー」movable bit のそれまでの記憶をご破産にして data bit の状態を写し取るものとする．

（0）図 6.6 のように二重井戸型ポテンシャルのメモリーが 2 つあり，左を data bit，右を movable bit とする．両者の自由度 x, x' の間には，近距離では引力が働くとする．この相互作用エネルギーも含めたポテンシャルエネルギーを $U(x', a, b)$ と表わすことにする．

（1）初期には data bit (σ) と movable bit (σ') は $\mathbf{A}$ の状況にあり，互いに隔

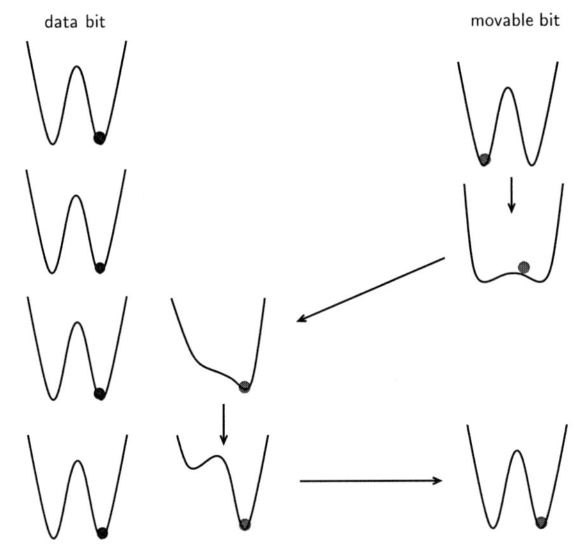

図 6.6　data bit（左のポテンシャル）から movable bit（右のポテンシャル）へのメモリーのコピー．

てられており相互作用しない(外系は σ, σ' いずれの値も知らなくてよい).

(2) movable bit のポテンシャルを下げて $\mathbf{B}$ にする(外系は b による仕事をされ，movable bit は吸熱する).

(3) movable bit を data bit に近づける(両者引き合うので外系は a による仕事をされ，その相互作用のために movable bit は $\mathbf{C}$ になる).

(4) 近づけたまま movable bit のポテンシャル障壁を(b を変えて)持ち上げる(引力の存在下で movable bit のポテンシャルは $\mathbf{D}$ になる).

(5) movable bit を data bit から遠ざけ孤立させる(外系は遠ざけるために a による仕事をし，movable bit は $\mathbf{A}$ になる).

(6) 終状態では movable bit も data bit も $\mathbf{A}$ のポテンシャル型にあり，かつ状態はコピーされている($\sigma = \sigma'$).

結局，外系は movable bit に図 6.5 の消去書き込みサイクル $\mathcal{W} \circ \mathcal{E}$ すなわち $\mathbf{A} \to \mathbf{B} \to \mathbf{C} \to \mathbf{D} \to \mathbf{A}$ を行わせたことになる．ただし非対称化 ($\mathbf{B} \to \mathbf{C}$) をさせるパラメータ a が変化したのは，movable bit のポテンシャル自体の変形のせいではなく，状態を写し取るために data bit と movable bit とを空間的に近づけた際に引力が変化したからである．以上を総合して，図 6.5 の消去・書き込みサイクル $\mathcal{W} \circ \mathcal{E}$ の計算がそっくり適用でき，結局 movable bit の 1 つにコピーを作るたびに $k_{\mathrm{B}} T \ln 2$ の仕事が必要なことがわかる．

6.4　メモリー効果を示す一群の現象

非平衡現象としてのガラス化は，$\tau_{\mathrm{sys}} \ll \tau_{\mathrm{op}}$ から $\tau_{\mathrm{sys}} \gg \tau_{\mathrm{op}}$ への時間尺度の逆転だといってよかろう[74]．とくにエイジングとよばれる現象のうちには，外系が操作すべきパラメータ a をシステムからのフィードバックが決めるような状況がある．これは $\tau_{\mathrm{sys}}(a) = \tau_{\mathrm{op}}$ すなわち

$$\frac{da}{dt} = -\frac{a}{\tau_{\mathrm{sys}}(a)} \tag{6.4.1}$$

のような状況である．

ガラスや塑性物質の降伏は，逆に $\tau_{\mathrm{sys}} \gg \tau_{\mathrm{op}}$ から $\tau_{\mathrm{sys}} \ll \tau_{\mathrm{op}}$ への時間尺度の逆転といってよかろう．物質中には(谷の数は 2 つではないが)図 6.5 の $\mathbf{A}$ のよ

うな状況が多くあり，それに対し外系は $\mathbf{A} \to \mathbf{D}$ という変形を起させて Ω_0 から Ω_1 への熱的遷移を誘導する．そうして外力が除去されたあとも，Ω_1 の状態が記憶される(内部応力)．

他にも，摩擦，破壊と修復，乾燥粉粒体の釣合いなど，時間尺度の逆転を伴う多くの現象がある．これらの現象においても，上記の (a, b) に相当する 2 つの制御変数(うち 1 つが温度 T でもよい：6.1.4 の補足参照) を同定できれば，メモリーの消去・書き込みや読み出しが論理的には可能である．

Carnot 熱機関への適用

本章では，Carnot 熱機関をゆらぐ世界でどうすれば実現できるのか，それはどの程度うまく働くのかについて，ゆらぎのエネルギー論の視点で考える．ゆらぐ世界で作動する Carnot 熱機関を具体的に作り，マクロ熱力学では議論されなかった，熱環境との接触・断絶の操作にかかわる仕事を，前章の議論もふまえて詳しく検討する．

Carnot 熱機関はマクロ熱力学の構築の基礎となったものである*1から，これをマクロ熱力学のレベルで検討したりしたらトートロジーになる．それに比べ，ゆらぎのエネルギー論は Carnot 熱機関を基礎に構築されるわけではないので，対象として Carnot 熱機関を(再)検討することができる．

結論的には，サイクル平均のエネルギー変換効率がいわゆる Carnot 効率の最大値(2.11 の $\eta_{\rm rev}$)を上限にもつことを示す．

マクロ熱力学では粒子を「粒子」環境(粒子溜め)とやりとりできる「開放系」も扱い，Carnot **熱**機関に対応する**粒子**機関を考えることもできる[81]．いっぽう，ゆらぐ世界で対応するエネルギー論を扱うには，システムの変数 x の数が可変になるように定式化を拡張する必要がある．この問題と粒子機関については章を改めて述べる(第 8 章)．

Carnot 熱機関にせよ粒子機関せよ，またマクロにせよゆらぐ世界にせよ，システムに操作を行うのは(ゆらがない)外系であり，その意味でこれらの機関は他律的である．本章および次章では，モータータンパク質のように操作を自分で行うシステム(自律系)は扱わない．自律系については終章で論じる．

*1　熱力学の教科書では第 2 法則・準静的過程および可逆性にかんする章でこれを導入することが多い．

7.1　ゆらぐ世界の Carnot サイクルの構成

Carnot 熱機関のモデルとして概念図 7.1 のようなものを考えよう[75]．質量 m，可変なバネ定数 k をもつ調和振動子(位置 x，運動量 p)をシステムとする．

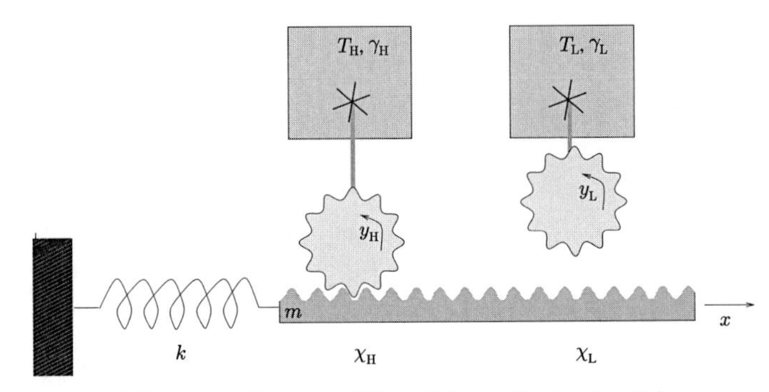

図 7.1　分子 Carnot 機関の概念図．([75]より転載)

これは理想気体のミクロ版になっており，$k^{-1/2}$ は気体の体積に相当し，T と k が一定のもとでの平均ポテンシャルエネルギー($=k_{\rm B}T/2$)は k によらない．熱環境との接触は 6.1.5 で述べた方法で制御する：高温熱環境(温度 $T_{\rm H}$)で回転 Brown 運動する自由度(回転角度) $y_{\rm H}$ が，結合ポテンシャル $\phi_{\rm H}(x-y_{\rm H},\chi_{\rm H})$ と制御パラメータ $\chi_{\rm H}$ により，システムの状態 x と結合/断絶されるとする．$\chi_{\rm H}=0$ では $\phi_{\rm H}(x-y_{\rm H},0)\equiv 0$，すなわち結合は完全に断絶されており，また $\chi_{\rm H}=1$ では周期ポテンシャルの高さは $k_{\rm B}T$ と同程度かそれ以上で，歯車は「十分に噛み合っている」とする(簡単のため回転 Brown 運動は過減衰だとみなして角運動量の自由度は省いた)．$\phi(x-y_{\rm H},\chi_{\rm H})$ は図 7.2 のように回転角度に換算して 2π を周期にもつとする．低温側の熱環境とも同様の結合と制御を想定し，諸量は添字 $\alpha={\rm H}$ を $\alpha={\rm L}$ に置き換えて定義する．

運動方程式は次の連立方程式になる．

$$\frac{dx}{dt}=\frac{p}{m} \tag{7.1.1}$$

$$\frac{dp}{dt}=-kx-\frac{\partial\phi_{\rm H}}{\partial x}-\frac{\partial\phi_{\rm L}}{\partial x} \tag{7.1.2}$$

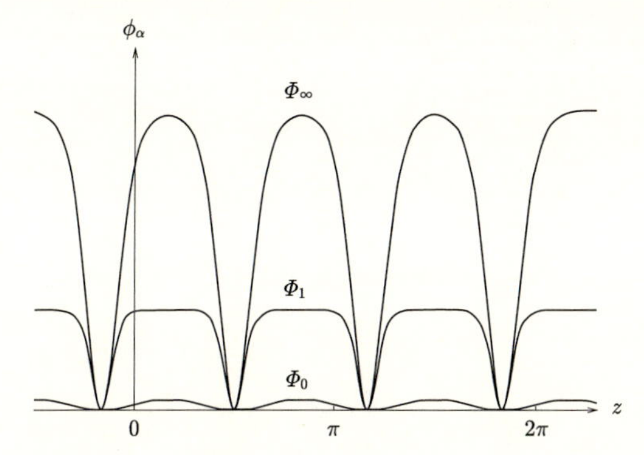

図 7.2 2つの熱環境とシステムの接触・断絶を制御する「歯車」.（[75]より転載）

$$\gamma_{\mathrm{H}}\frac{dy_{\mathrm{H}}}{dt} = -\frac{\partial \phi_{\mathrm{H}}}{\partial y_{\mathrm{H}}} + \xi_{\mathrm{H}}(t) \tag{7.1.3}$$

$$\gamma_{\mathrm{L}}\frac{dy_{\mathrm{L}}}{dt} = -\frac{\partial \phi_{\mathrm{L}}}{\partial y_{\mathrm{L}}} + \xi_{\mathrm{L}}(t) \tag{7.1.4}$$

ここに揺動力は白色 Gauss 過程を表わし，$\alpha, \beta = \mathrm{H}$ および L に対して次式を満たすとする．

$$\langle \xi_\alpha(t) \rangle = 0, \qquad \langle \xi_\alpha(t)\xi_\beta(t') \rangle = 2\gamma_\alpha T_\alpha \delta_{\alpha\beta}\delta(t-t')$$

7.2 Carnot モデルの制御

外系は $\{\chi_{\mathrm{H}}, \chi_{\mathrm{L}}, k\}$ という3次元の制御パラメータを持つ．3つとは多いようだが，マクロの Carnot 熱機関でもこれら3つの操作は前提とされており，ただ χ_{H} と χ_{L} の制御についての仕事は示量的ではないので今までほとんど論じられてこなかった(操作の重要性を意識してマクロ熱力学を公理的に捉えようという立場があり，論文[76, 77]や教科書が最近出版されている[24, 25])．良いエネルギー変換効率を実現したいので，プロトコルとしてはマクロな場合を参考に図 7.3 のようなものを考える．図の中で k を変える操作は断熱過程($\chi_{\mathrm{H}} = \chi_{\mathrm{L}} = 0$)と等温過程($\chi_{\mathrm{H}} = 1$ または $\chi_{\mathrm{L}} = 1$)を実現し，k を固定したままの水平な部分の操作が熱環境との接触・断絶を表わす．

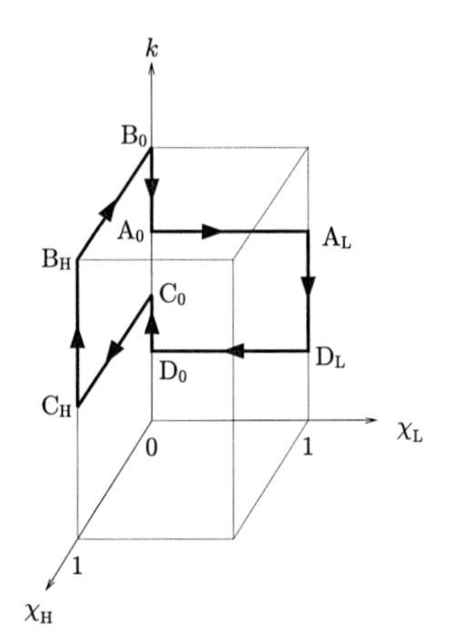

図 **7.3**　制御パラメータのプロトコル図.（[75]より転載）

7.3　熱環境との接触・断絶のエネルギー論

7.3.1　時間尺度の逆転による非準静的過程

図 7.1 のなかで，2 つの熱環境との結合を断絶する際($\chi_\alpha \to 0$)，前章の 6.1 で述べた時間尺度の逆転が起こる．実際，ϕ_α が小さくなる極限で調和振動子と熱環境との間のエネルギー交換が無限に遅くなり(そうでなければ断熱過程はできない)，準静的過程は不可能となる．しかし ϕ_α が小さくなる場合の不可逆な仕事の部分は，前章で詳しく論じたように操作をゆっくり行えば十分小さくできる．χ_α をゼロから有限にする操作についても同様である．以下では 6.1.2 同様，これらの不可逆過程での仕事は(存在するけれども)無視できると仮定しよう．

完全に断熱された直後，システムのエネルギーと振動の位相は過程ごとにばらつく．エネルギーは直前に接していた熱環境の温度での平衡確率分布に従い，また位相は一様な確率分布に従う．

7.3.2　熱環境との接触に際してのエネルギー分布の緩和について

一般には前章の 6.2 で論じたように，断熱過程のあとでシステムを熱環境と再び接触させる際，システムのエネルギーに関する分布が不可逆緩和を示し，これが不可逆仕事の原因となって Carnot の最大効率が実現不可能になる．本章のモデルでは，システムのポテンシャルエネルギー $kx^2/2$ が x のべき関数であり，前章の 6.2.6 でのべた例外的な場合に相当するので該当しない．マクロな Carnot 熱機関では作業物質が理想気体である必要はないが，ゆらぐ世界のモデルで調和振動子を選んだのにはそれなりの理由があるのだ．

7.3.3　熱環境との接触・断絶での可逆仕事

7.3.1 と 7.3.2 の議論をふまえると，制御仕事の実質部分は状態変数が (x, p, y_α)，エネルギーが $E_\alpha(x, p, y_\alpha; k, \chi_\alpha) \equiv p^2/2m + kx^2/2 + \phi_\alpha(x - y_\alpha, \chi_\alpha)$ であるシステムにおいて χ_α を変える仕事だけである．

5.2.2 の結果により，これらの仕事は準静的に行えば Helmholtz 自由エネルギー $F_\alpha(T_\alpha, k, \chi_\alpha)$ の差として与えられる．しかしサイクル(図 7.3)においてはたとえば制御 $\mathrm{A_L} \to \mathrm{A_0}$ は使っても逆過程 $\mathrm{A_0} \to \mathrm{A_L}$ は使わない．そのかわり，経路 $\mathrm{D_0} \to \mathrm{D_L}$ の仕事 $W(\mathrm{D_0} \to \mathrm{D_L})$ が前者の仕事 $W(\mathrm{A_L} \to \mathrm{A_0})$ を相殺する．このことを実際に確かめておこう．

まず熱環境との結合･断絶のために外系がするシステムにする仕事を列挙する．

$$W(\mathrm{A_L} \to \mathrm{A_0}) = F_\mathrm{L}(T_\mathrm{L}, k_\mathrm{A}, 0) - F_\mathrm{L}(T_\mathrm{L}, k_\mathrm{A}, 1)$$
$$W(\mathrm{D_0} \to \mathrm{D_L}) = F_\mathrm{L}(T_\mathrm{L}, k_\mathrm{D}, 1) - F_\mathrm{L}(T_\mathrm{L}, k_\mathrm{D}, 0)$$
$$W(\mathrm{B_0} \to \mathrm{B_H}) = F_\mathrm{H}(T_\mathrm{H}, k_\mathrm{B}, 1) - F_\mathrm{H}(T_\mathrm{H}, k_\mathrm{B}, 0)$$
$$W(\mathrm{C_H} \to \mathrm{C_0}) = F_\mathrm{H}(T_\mathrm{H}, k_\mathrm{C}, 0) - F_\mathrm{H}(T_\mathrm{H}, k_\mathrm{C}, 1)$$

ここで χ_α の下限は厳密には有限の小さな値をとるべきだが，定量的には 7.3.1 を考慮して 0 で置き換えてもよいこと用いた．上式の各 F_α は分配関数 $Z_\alpha = e^{-F_\alpha/k_\mathrm{B}T}$ を介して計算できる．

$$Z_\alpha = \int dx \int dp \int dy_\alpha \ e^{-E_\alpha(x,p,y_\alpha;k,\chi_\alpha)/k_\mathrm{B}T_\alpha}$$

ところが積分のなかで変数 y_α は結合部分 $\phi_\alpha(x - y_\alpha, \chi_\alpha)$ にしか現われないので，和 $W(\mathrm{A_L} \to \mathrm{A_0}) + W(\mathrm{D_0} \to \mathrm{D_L})$ および $W(\mathrm{B_0} \to \mathrm{B_H}) + W(\mathrm{C_H} \to \mathrm{C_0})$ を計算するとその寄与は相殺する($\phi_\alpha(x - y_\alpha, \chi_\alpha)$ の形によらない)．残る x と p の積分は各式の内部で打ち消しあうので，結局**熱環境との接触・断絶**にかかわ

る 4 つの可逆仕事の総計は 0 になることが確かめられた．

7.4　断熱過程のエネルギー論

熱環境から断絶された調和振動子のエネルギー変化はひとえに k を変えることを通しての外系の仕事による．そこで仕事を知るにはエネルギー変化を知ればよい．

まず，1 つの熱環境から断絶された直後のシステムのエネルギー分布はカノニカル平衡状態でのエネルギー分布 $\mathcal{P}_{\mathrm{eq,e}}(E;T)$ に等しい：この分布の具体形は，(x,p) についてのカノニカル平衡分布 $\propto e^{-H(p,q;k)/k_{\mathrm{B}}T}$ に $\delta(E-H(p,q;k))$ をかけて q と p について積分すれば得られる．結果は m と k によらない．

$$\mathcal{P}_{\mathrm{eq,e}}(E;T)=\frac{1}{k_{\mathrm{B}}T}e^{-\frac{E}{k_{\mathrm{B}}T}} \tag{7.4.1}$$

これから平均エネルギー $\langle E\rangle$ が $k_{\mathrm{B}}T$ であることも再確認できる．

システムを熱環境から断絶させて k を限りなくゆっくり動かす断熱過程では，「断熱不変量」$J(E,k)$ の値が一定になるようにエネルギー E が変化する[78]．断熱不変量は「エネルギー関数 $H(p,q;k)\equiv p^2/2m+kx^2/2$ の値が与えられた値以下であるような相体積」であり，調和振動子の場合は具体的に計算できて次のように書ける．

$$J(E,k)\equiv\int_{H(p,q;k)\leqq E}dqdp=(E/2\pi)\sqrt{m/k}$$

そこでバネ定数を $k\to k'$ と変化させる断熱変化でシステムのエネルギーは $E\to E'=\sqrt{k'/k}E$ に変化し，最初(7.4.1)で与えられたエネルギー分布は次のように変化する．

$$\mathcal{P}_{\mathrm{eq,e}}(E;T)\to P'(E')=\mathcal{P}_{\mathrm{eq,e}}(\sqrt{k/k'}E';T)\sqrt{k/k'}$$

(確率の保存 $\mathcal{P}_{\mathrm{eq,e}}(E;T)dE=P'(E')dE'$ を使えばよい)．右辺の分布は(7.4.1)によれば $\mathcal{P}_{\mathrm{eq,e}}(E';\sqrt{k'/k}T)$ に等しく，したがってエネルギーは断熱変化後も平衡分布に従うことがわかった．そこで T_{L} と T_{H} および断熱過程の両端の k の値を次の条件を満たすように選ぶことにする．

$$\sqrt{\frac{k_\mathrm{B}}{k_\mathrm{A}}}T_\mathrm{L} = T_\mathrm{H} \quad (\mathrm{A}_0 \to \mathrm{B}_0), \quad \sqrt{\frac{k_\mathrm{D}}{k_\mathrm{C}}}T_\mathrm{H} = T_\mathrm{L} \quad (\mathrm{C}_0 \to \mathrm{D}_0) \tag{7.4.2}$$

こうすれば平均としてのエネルギー移動もなく，しかも 7.3.2 で述べたように分布関数の不可逆緩和もない接触が実現する．断熱過程での仕事の統計平均は次式で与えられる．

$$\langle W_\mathrm{ad}(\mathrm{A}_0 \to \mathrm{B}_0)\rangle = T_\mathrm{L}\left[\sqrt{\frac{k_\mathrm{B}}{k_\mathrm{A}}} - 1\right],$$
$$\langle W_\mathrm{ad}(\mathrm{C}_0 \to \mathrm{D}_0)\rangle = T_\mathrm{H}\left[\sqrt{\frac{k_\mathrm{D}}{k_\mathrm{C}}} - 1\right] \tag{7.4.3}$$

(7.4.3)に条件(7.4.2)を代入すれば，いまのモデルでは断熱過程どうしで仕事が相殺することがわかる．

$$\langle W_\mathrm{ad}(\mathrm{A}_0 \to \mathrm{B}_0)\rangle + \langle W_\mathrm{ad}(\mathrm{C}_0 \to \mathrm{D}_0)\rangle = 0 \tag{7.4.4}$$

孤立力学系の断熱変化における「断熱不変量」の存在，およびそれと熱力学的な断熱過程との関係については本書の視野を超えるので立ち入らない．

7.5 等温過程のエネルギー論

最後に，2 つの等温過程 $\mathrm{B_H} \to \mathrm{C_H}$ および $\mathrm{D_L} \to \mathrm{A_L}$ で k を変える仕事を考えよう．これについては第 5 章の議論に尽きる．結果だけを記すと，準静的過程での仕事は次式で与えられる*2．

$$W_\mathrm{H}(\mathrm{B_H} \to \mathrm{C_H}) = \frac{T_\mathrm{H}}{2}\log\frac{k_\mathrm{C}}{k_\mathrm{B}}, \quad W_\mathrm{L}(\mathrm{D_L} \to \mathrm{A_L}) = \frac{T_\mathrm{L}}{2}\log\frac{k_\mathrm{A}}{k_\mathrm{D}} \tag{7.5.1}$$

条件(7.4.2)から $k_\mathrm{A}/k_\mathrm{D} = (k_\mathrm{C}/k_\mathrm{B})^{-1}$ なので

$$W_\mathrm{H}(\mathrm{B_H} \to \mathrm{C_H}) + W_\mathrm{L}(\mathrm{D_L} \to \mathrm{A_L}) = \frac{T_\mathrm{H} - T_\mathrm{L}}{2}\log\frac{k_\mathrm{C}}{k_\mathrm{B}} \ (< 0) \tag{7.5.2}$$

*2 $F_\alpha(T_\alpha, k, \chi_\alpha)$ は，既出の分配関数 Z_α の y 積分を先に行えば確かめられるように，$F_{\alpha,0}(T_\alpha, k, 0)$ と，ϕ_α に依存し k にはよらない項の和で表わせるので，k を変える等温過程においては後者を考えなくてよい．

を得る(外系が仕事を得るから負になる)．またこれらの等温過程ではシステムの平均エネルギーが変化しないので，高温熱環境からもらう熱の平均は，その際の等温仕事と相殺しなければならない．

$$\langle Q_{\mathrm{H}}(\mathrm{B_H} \to \mathrm{C_H}) \rangle = \frac{T_{\mathrm{H}}}{2} \log \frac{k_{\mathrm{B}}}{k_{\mathrm{C}}} \ (> 0) \tag{7.5.3}$$

ここでふたたび条件(7.4.2)を使った．結局，準静的なサイクルを平均すると，システムがなす仕事と高温熱環境からもらう熱の比は

$$\frac{|W_{\mathrm{H}}(\mathrm{B_H} \to \mathrm{C_H}) + W_{\mathrm{L}}(\mathrm{D_L} \to \mathrm{A_L})|}{\langle Q_{\mathrm{H}}(\mathrm{B_H} \to \mathrm{C_H}) \rangle} = \frac{T_{\mathrm{H}} - T_{\mathrm{L}}}{T_{\mathrm{H}}} \tag{7.5.4}$$

となり，Carnot 効率の最大値(2.11 の η_{rev})に等しいことがわかった．

Carnot 熱機関についての上記の解析は次のようにまとめられるだろう：一般には熱環境との接触・断絶という制御に際して不可逆仕事があるが，これが無視できるならば制御の準静的仕事は個別には小さくなくてもよく，平均として Carnot 効率の最大値が達成できる．

7.6 ゼロ再帰性と熱力学の第 2 法則

本章を閉じる前に，**個別のサイクル**でのエネルギー論と熱力学第 2 法則との関係について述べる．k を変える準静的等温過程はサイクル上に 2 つあるが，これらの終点では熱ゆらぎが過去の履歴を消し去っている．そこでこれらの終点の一方をサイクルの起点に選ぼう．こうすれば，熱環境との断絶直後のエネルギーが確率的に決まることに影響されずに各サイクルが統計的に独立となる．各サイクルについて次の量 $\varDelta \equiv -W_{\mathrm{ad}}(\mathrm{A_0} \to \mathrm{B_0}) - W_{\mathrm{H}}(\mathrm{B_H} \to \mathrm{C_H}) - W_{\mathrm{ad}}(\mathrm{C_0} \to \mathrm{D_0}) - W_{\mathrm{L}}(\mathrm{D_L} \to \mathrm{A_L}) - Q_{\mathrm{H}}(\mathrm{B_H} \to \mathrm{C_H}) \times (T_{\mathrm{H}} - T_{\mathrm{L}})/T_{\mathrm{H}}$ を考える．これは外系が最大効率 η_{rev} で期待できるよりも過剰に得た仕事を表わす．平均は $\langle \varDelta \rangle = 0$ となるが，各サイクルでの $\varDelta$ は正負にゆらぐ．そこで n 回目のサイクルの $\varDelta$ を $\varDelta_n$ と書き，1 回目から n 回目までの和 $\mathcal{R}_n \equiv \sum_{l=1}^{n} \varDelta_l$ を考えよう．これは $\langle \mathcal{R}_n \rangle = 0$ でかつ $\mathcal{R}_{n+1} - \mathcal{R}_n$ は $\mathcal{R}_n$ に無相関にゆらぐから 1 次元の自由 Brown 運動になっている．$\mathcal{R}_0 \equiv 0$ とする．

さて，サイクルをまわしはじめて $\mathcal{R}_n > 0$ となったところでやめ，n を 0 にリセットして再び $\mathcal{R}_0 = 0$ からサイクルをまわしはじめ，また $\mathcal{R}_n > 0$ となったところでやめ，$\cdots$ を繰り返せば，いくらでも Carnot 効率以上の仕事を取り出せるだろうか？　もし可能だったら熱力学第 2 法則の反例ができるところだが，1 次元 Brown 運動のゼロ再帰性(「何度もまつのは無理」，下記 7.7 参照)は，この繰り返しが不可能なことを示している．1 次元 Brown 運動に熱力学の原理があるわけではないが，ゼロ再帰性という微妙な制約が役立つのはおもしろいではないか．

7.7　付録：1 次元 Brown 運動のゼロ再帰性

初期に原点にあり($x(0) = 0$)，離散的な時間・空間刻みで自由 Brown 運動する粒子が，初めて原点にもどるまでの待ち時間 $t_{\rm w}$ を調べることは 1.13 の初期通過時刻問題に関連しており，(1 次元の)**再帰性の問題**と呼ばれる．この問題は微粒子にかぎらず多くの場面で現われるので広く研究されている．とくに $t_{\rm w}$ の確率分布密度 $\pi(t_{\rm w})$ は，大きな $t_{\rm w}$ の値で $t_{\rm w}^{-3/2}$ のように振る舞い，したがって $\int_0^\infty \pi(t_{\rm w})dt_{\rm w} = 1$ と規格化できることが知られている．ところが，$t_{\rm w}$ の期待値をあたえる積分 $\int_0^\infty t_{\rm w}\pi(t_{\rm w})dt_{\rm w}$ は発散する．だから「時間の制限なしに待てば，粒子は必ず有限時間で原点に戻って来るが，何度も待つのは無理」である．この性質を 1 次元 Brown 運動のゼロ再帰(null recurrent)性という．

ゆらぐ開放系のエネルギー論および平衡「粒子」機関

本章では，今までのエネルギー論の枠組みを開放系に拡張して，その帰結を調べる．まず開放系とその状態を定義し，次に開放系のエネルギー E_Ω を定義する．すでに導入した熱の定義と合わせて，開放系のエネルギーのバランス式を導く．そのあと開放系での準静的過程について述べ，そこから得られる熱力学的構造について述べる．

続いて空間的に粗視化した記述(Bergmann-Lebowitz-Hill の枠組み)に移行し，2 つの粒子溜めの濃度差から仕事を取り出す「粒子」機関のモデルを説明する．ただし，本章では外から制御を行う場合に限る．

8.1　開放系とその状態の定義

粒子が，ある空間領域 Ω と，十分に大きな「粒子」環境 Ω^c との間を往来できる状況を考える．たとえば Ω はガス抜き栓のあるシリンダーとピストンで囲まれた内容積でもよいし，タンパク質表面にあるシグナル分子の結合サイトでもよい．また，光ピンセットや磁場ピンセットで電磁場を集中させた領域でもよい．

$\Omega \cup \Omega^c$ 全域は，大きいけれど有限で閉じているものとする．その中の全粒子数(自由度数)は不変である．また，粒子は Ω と Ω^c いずれにおいても温度 T の熱環境の影響を受けるとする．粒子どうしは相互作用してもよい．粒子の運動は $\Omega \cup \Omega^c$ 全域での Langevin 方程式で記述できるものとする*1．仮に粒子を

*1　環境 Ω^c でのダイナミックスまで具体的に記述するのは，今までの結果を適用するための方便である．後の節 8.3 および 8.5.1 で粒子環境 Ω^c の統計的な特徴づけについて述べる．

見分ける特徴がなくても，「いったん目をつけたら見失うことはない」という古典的な弁別可能性を認めよう．境界 $\partial\Omega$ に壁などがあればそれも粒子のポテンシャルエネルギー障壁として表わす．さしあたり摩擦係数 γ の不均一はないものとする．また簡単のため，粒子の慣性(加速度)を無視できる状況に限る．

さてこの $\Omega\cup\Omega^{\mathrm{c}}$ 全域のうちの(小さな部分) Ω という「いれもの」自体を**開放系**と定義する．開放系の状態の記述については，粒子の位置 x でシステムの状態を指定する前章までの方法をそのまま使うと，粒子が Ω を出た時点で困ってしまう．そこで見方を変えて，ある時刻の**開放系の状態**としては，1 つの粒子が $x\,(\in\Omega)$ にいるとき「1 粒子が x にある(開放系の)状態」$\{x\}$，また Ω 内部に粒子がまったくなければ「空っぽの状態」$\{\}$，$n\,(\geqq 2)$ 粒子が位置 $x_1,\cdots,x_n$ $(\in\Omega)$ にあれば状態 $\{x_1,\cdots,x_n\}$ などと考えることにする．粒子に種別があれば添字をつけて $x^{(\alpha)}$ というふうに区別しよう．したがって開放系に(ある時点で)属する自由度は時間とともに増減する．

［注］　本書で扱う開放系は，「生成・消滅のある系」という範疇のうち，非常に単純かつ特殊なものである．たとえばアメーバなどの走行性細胞は，前方の細胞膜の内面でアクチンのゲルを合成させて細胞膜を前方に押し出し，後方ではゲルを分解するというリサイクルを行って動く．この場合にゲルの合成を記述するには，新たに生じるゲル要素の変形自由度を付加するだけではすまず，そのゲル要素の弾性定数も指定しないといけない．非線形弾性などの場合も考慮すると，**一般に生成・消滅のある系で増減するのは変数でなく関数**だと考えるべきだろう．

8.2　開放系のエネルギーおよびそのバランス

開放系のエネルギーを形式的に定義し，エネルギーバランスの公式を導く．開放系における準静的過程の仕事の公式は 8.3 で述べる．化学ポテンシャルはそこで初めて現われる．

8.2.1　開放系のエネルギーの定義

まずは開放系の粒子数 n がわかっている状態 $\{x_1,\cdots,x_n\}$ でのエネルギー E_Ω

を導入しよう．粒子に相互作用がなければ，粒子がまったくないときのエネルギーをゼロと約束して E_Ω を個々の粒子の(1体)ポテンシャルエネルギーの和

$$E_\Omega(\{x_1,\cdots,x_n\})=\sum_{j=1}^{n}U_1(x_j,a) \tag{8.2.1}$$

と定義してよかろう．ここで a は外系が操作するパラメータ，$U_1(x,a)$ は全域 $x\in\Omega\cup\Omega^{\mathrm{c}}$ で定義された(1体)ポテンシャルエネルギーである．次にこれを n が変わる場合にも使えるよう一般化したい．それには Boole 関数 $\theta_\Omega(x)$ を導入すると便利である：$\theta_\Omega(x)=1$ $(x\in\Omega)$，$\theta_\Omega(x)=0$ $(x\notin\Omega)$．これを使って E_Ω を次式で与える．

$$E_\Omega=\sum_{j=1}^{N}U_1(x_j,a)\,\theta_\Omega(x_j) \tag{8.2.2}$$

ここで N は $\Omega\cup\Omega^{\mathrm{c}}$ 全域での全粒子数である．図 8.1 に 1 粒子が領域 Ω を通過するときのエネルギーの変化を示す．ここでも「外系は環境と直接相互作用しない」という本書の立場を遵守し，$U_1(x,a)$ が a に依存するのは $x\in\Omega$ の部分だけだとする．

粒子間に有限到達距離の相互作用があると，ことは途端にややこしくなる．たとえば 2 つの粒子が Ω の境界を挟んで内と外にあって相互作用が無視できない

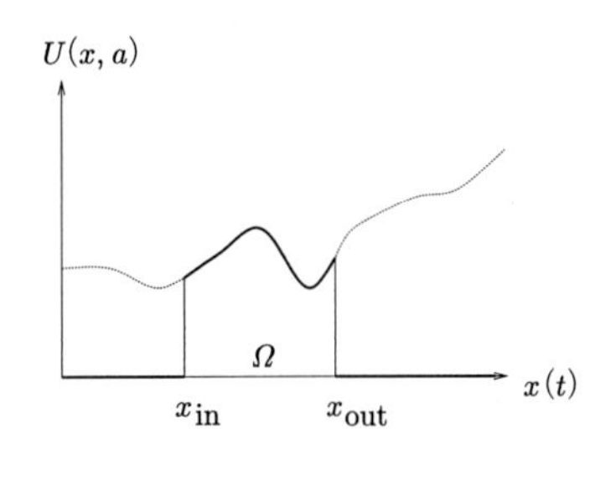

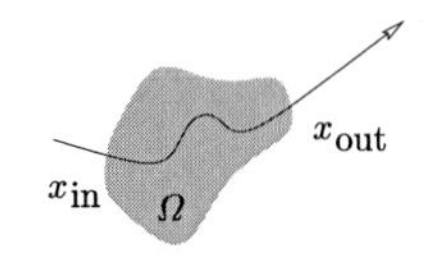

図 8.1　ポテンシャルエネルギー $U(x,a)$ (上図の曲線)および領域 Ω が指定されたときの，1 粒子の位置 $x(t)$ と開放系のエネルギー(上図の実線)．

とき(図 8.2 参照)，この相互作用エネルギーを開放系のエネルギーに算入するか否かは自明でない．3 体以上の相互作用でも同様である．マクロ熱力学では開放系のさしわたしが粒子の相互作用距離より大きいとみなして表面効果を無視したが，今はそうはいかないのだ．そこでどうしても恣意性がはいるが，本書では次の定義を採用する[79](他の可能な定義より便利という保証はないが)．

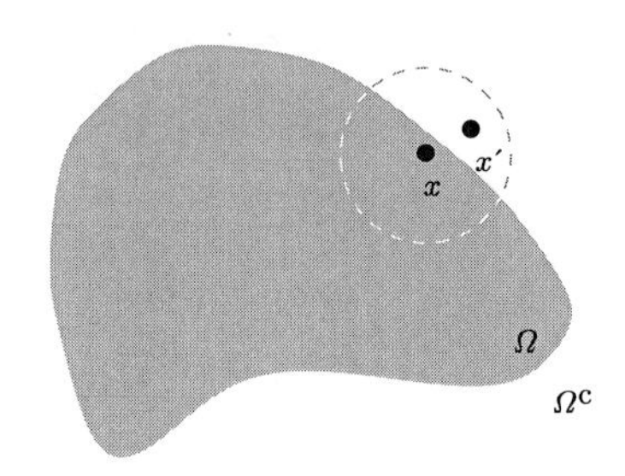

図 8.2　粒子 $x \in \Omega$ の 2 体相互作用範囲(破線の円)内に粒子 $x' \in \Omega^{\mathrm{c}}$ がいるなら，‘クラスター’ (x, x') の相互作用エネルギー $U_2(x, x')$ は E_Ω にカウントする．

1. もとより，相互作用は短距離とする(重力相互作用などの場合は扱わない)．
2. 1 粒子 j を他のすべての粒子(固定)から孤立させた際のエネルギーを $U_1(x_j, a)$ とする(定数部分は適当に決める)．
3. 2 粒子 j, k を他のすべての粒子から孤立させた際の寄与を $U_1(x_j, a)+U_1(x_k, a)+U_2(x_j, x_k)$ とする．
4. 以下同様に順にクラスター化した寄与から p 体相互作用 $U_p(x_1, \cdots, x_p)$ $(p > 1)$ を定義すれば，これは p 粒子すべてが近くにいない限り 0 になる．
5. p 体の Boole 関数 $\theta_\Omega^{(p)}(x_1, \cdots, x_p)$ を次式で定義する．

$$\theta_\Omega^{(p)}(x_1, \cdots, x_p) \equiv 1 - \prod_{j=1}^{p} [1 - \theta_\Omega(x_j)] \tag{8.2.3}$$

この関数は p 粒子の座標 $\{x_1, \cdots, x_p\}$ のうち少なくとも 1 つの x_j が Ω 内部にあれば $\theta_\Omega^{(p)} = 1$，すべて外部なら値 0 をとる．
6. この $\theta_\Omega^{(p)}(x_1, \cdots, x_p)$ を用いて開放系のエネルギーを次式で定義する．

$$E_\Omega = \sum_{i=1}^{N} U_1(x_i, a)\theta_\Omega^{(1)}(x_i) + \sum_{j=1}^{N}\sum_{k=j+1}^{N} U_2(x_j, x_k)\theta_\Omega^{(2)}(x_j, x_k)$$
$$+ \sum_{j=1}^{N}\sum_{k=k+1}^{N}\sum_{l=k+1}^{N} U_3(x_j, x_k, x_l)\theta_\Omega^{(3)}(x_j, x_k, x_l) + \cdots \qquad (8.2.4)$$

要するに，p 粒子がクラスターになっているとき，もしそのうち 1 粒子でも Ω の内部にあれば，このクラスターに関する p 体相互作用エネルギーは開放系 Ω のエネルギーにカウントする，という「よくばりルール」である[*2].

E_Ω は全 N 粒子の座標の関数だが，実際に寄与するのは開放系とその近傍にいるものだけである．他方，全域の粒子のエネルギー $E_{\rm tot}$ は(8.2.4)から Boole 関数 $\theta_\Omega^{(p)}$ を取り去った次式で与えられる(以下で使用する)．

$$E_{\rm tot} = \sum_{i=1}^{N} U_1(x_i, a) + \sum_{j=1}^{N}\sum_{k=j+1}^{N} U_2(x_j, x_k)$$
$$+ \sum_{j=1}^{N}\sum_{k=k+1}^{N}\sum_{l=k+1}^{N} U_3(x_j, x_k, x_l) + \cdots \qquad (8.2.5)$$

個々の座標 x_j は次の Langevin 方程式に従うとする．

$$0 = -\gamma\frac{dx_j}{dt} + \xi_j(t) - \frac{\partial E_{\rm tot}}{\partial x_j} \qquad (8.2.6)$$

8.2.2 開放系のエネルギーバランス

開放系でも通常の熱($dQ_\Omega^{(\rm in)}$ と書く)は第 4 章の定義を $x_j \in \Omega$ である自由度について適用したものの和で定義する[*3].

$$dQ_\Omega^{(\rm in)} \equiv \sum_{j}^{(x_j\in\Omega)} \left(-\gamma\frac{dx_j}{dt} + \xi_j(t)\right) dx_j \qquad (8.2.7)$$

これに個々の粒子の従う Langevin 方程式(8.2.6)を代入し，エネルギー E_Ω の定義(8.2.4)を使って書き換える．その際に，次の恒等式を用いる．

$$d[f(x,a)\theta(x)] \equiv \left[\frac{\partial f(x,a)}{\partial a}da + \frac{\partial f(x,a)}{\partial x}dx\right]\theta(x) + f(x,a)d\theta(x)$$

---

*2　異なる 2 つの開放系 Ω と Ω' が隣接する場合には，これとは異なるルールがふさわしいだろう．

*3　以下では Stratonovich タイプの積を使い，記号 $\circ$ は省略する．

すると次のエネルギーバランスの式が得られる(詳しい導出は[79]参照).

$$dE_\Omega = dW_\Omega + dQ_\Omega^{(\mathrm{in})} + dQ_\Omega^{(\mathrm{mig})} + dQ_{\partial\Omega} \tag{8.2.8}$$

ここで仕事 dW_Ω は次式で定義される.

$$dW_\Omega = \sum_{j=1}^{N} \frac{\partial[\theta_\Omega^{(1)}(x_j)U_1(x_j,a)]}{\partial a} da(t) = \frac{\partial E_{\mathrm{tot}}}{\partial a} da(t) \tag{8.2.9}$$

2 つめの等式に移行する際には, $U_1(x_j,a)$ が Ω の内部でだけ a に依存し, そこでは $\theta_\Omega^{(1)}(x_j)=1$ であることを使った.

上で dW_Ω 以外をすべて dQ 風に書いたのは, これらの寄与が外系によって直接制御できないからである. $dQ_\Omega^{(\mathrm{mig})}$ は開放系特有の「自由度の変化にともなうエネルギー変化」で, 次のように定義する.

$$dQ_\Omega^{(\mathrm{mig})} \equiv \sum_{j=1}^{N} U_1(x_j,a)d\theta_\Omega^{(1)}(x_j) + \sum_{j=1}^{N}\sum_{k=j+1}^{N} U_2(x_j,x_k)d\theta_\Omega^{(2)}(x_j,x_k) + \cdots \tag{8.2.10}$$

上式で $d\theta^{(p)}(x_{j_1},\cdots,x_{j_p})$ は, 微小時間内に特定の p 粒子クラスター $\{x_{j_1},\cdots,x_{j_p}\}$ が開放系に生成(登場)すれば $d\theta^{(p)}=1$, 消滅(退場)すれば $d\theta^{(p)}=-1$ という値をとる.

最後の項 $dQ_{\partial\Omega}$ は $p\,(\geqq 2)$-体の相互作用の非局所性によるもので,「Ω 内部の粒子の変位によらない粒子間相互作用エネルギーの変化」を表わす. 具体的にたとえば 2 体相互作用のみをもつ場合を考えよう(一般的な表現は煩雑なので[79]に譲る). (8.2.8)の左辺から, 右辺の $dQ_{\partial\Omega}$ 以外をすべて引き算してみると次の項が残ることが直接確かめられる.

$$\begin{aligned} dQ_{\partial\Omega} =& \sum_{j=1}^{N}\sum_{k=j+1}^{N} \theta_\Omega^{(2)} \left(\frac{\partial U_2}{\partial x_j}dx_j + \frac{\partial U_2}{\partial x_k}dx_k \right) \\ & - \sum_{j=1}^{N} \theta_\Omega^{(1)}(x_j) \sum_{k=1}^{N(k\neq j)} \theta_\Omega^{(2)} \frac{\partial U_2}{\partial x_j}dx_j \end{aligned} \tag{8.2.11}$$

ただし U_2 と $\theta_\Omega^{(2)}$ の引数は (x_j,x_k) である. 上式の右辺は次の性質をもつ：N 粒子のうち特定のペア $\{j_1,j_2\}$ が 2 体相互作用をしているとき, $x_{j_1}\in\Omega$ かつ $x_{j_1}\in\Omega$ なら上の右辺で相殺し, $x_{j_1}\notin\Omega$ かつ $x_{j_1}\notin\Omega$ なら各項とも 0 であるが, $x_{j_1}\in\Omega$ かつ $x_{j_2}\notin\Omega$ ならば $[\partial U_2(x_{j_1},x_{j_2})/\partial x_{j_2}]dx_{j_2}$ という項が残る. これは Ω の外の粒子の変位 dx_{j_2} による 2 体相互作用の変化を表わしている. ち

なみにこの $dQ_{\partial\Omega}$ は，$dQ_{\Omega}^{(\mathrm{in})}$ の定義を変更して他の項にくりこもうとしてもできない．

［注］ 結合サイトにちょうど分子 1 個分のスペースしかない場合には，1 体ポテンシャルをそのように設定しておけば分子間の剛体的な斥力(立体障害・排除体積効果)は考慮しなくてもよかろう，と思われるかもしれない．しかしこれを考慮しないと，2 個以上の分子が重なって結合サイトに存在する，という非物理的な状況が起こりうる．だから，剛体的な斥力 $U_2(x,x')$ は必要である．ただ量的には排除体積効果の常として，$dQ_{\partial\Omega}$ には寄与せず，x と x' の運動を制限するだけだ．

このように開放系についても，個々の確率過程にたいしてエネルギーのバランスを定式化できるが，そこに現われる量の変化は不連続である．全域 $\Omega\cup\Omega^{\mathrm{c}}$ でみれば，粒子やクラスターのポテンシャルエネルギーはそれらの変位に伴って連続的に変化するが，それを開放系に属するとみなすかどうかは不連続に変わるからだ．ただし，この不連続に現われるのはポテンシャルエネルギーであって，μ ではない．$\{x_j\}$ を追尾する精度をもっている Langevin 方程式の記述では，「粒子環境からやってくる粒子はその環境の化学ポテンシャル μ を担う」とはいえないのである(2.8 の(2.8.1)と見比べよ)．

8.3 開放系の準静的過程

前節の(8.2.9)はすでに第 5 章で扱った形をしているから，そこの(5.2.8)を参考に，パラメータ a を準静的に変化させる 1 回の過程で外系がする仕事を求めることができる．

$$W = \Delta F^{\mathrm{tot}} \qquad (|da/dt| \to 0)$$

ここで F^{tot} は

$$e^{-F^{\mathrm{tot}}/k_{\mathrm{B}}T} = \int_{(\Omega\cup\Omega^{\mathrm{c}})^N} e^{-E^{\mathrm{tot}}/k_{\mathrm{B}}T} d^N x$$

で定義される全域 $\Omega\cup\Omega^{\mathrm{c}}$ での Helmholtz 自由エネルギーである．ΔF^{tot} は粒子環境の寄与も含んでいるかもしれないので，これを開放系のみの量で書き直

したい．これは平衡統計力学の問題なので詳細は[80]などの適当な教科書を参照していただくとして，結論は

$$\Delta F^{\mathrm{tot}} = \Delta J$$

となる．ここで J は開放系の熱力学ポテンシャルである(2.8 参照)．これは定性的には次のように説明できる：粒子環境のサイズ $\|\Omega^{\mathrm{c}}\|$ を(T,μ)を保ったままどんどん大きくすると，F^{tot} は漸近的には $\|\Omega^{\mathrm{c}}\|$ に比例する：$F^{\mathrm{tot}} \simeq \|\Omega^{\mathrm{c}}\| f(T,\mu)$．ここで係数 $f(T,\mu)$ は粒子環境の性質なので a によらない．そこで J を

$$J(a,T,\mu) \equiv \lim_{\|\Omega\cup\Omega^{\mathrm{c}}\|\to\infty} \left[F^{\mathrm{tot}} - \|\Omega^{\mathrm{c}}\| f(T,\mu)\right]$$

と定義すると，これは有限な関数であり*4，a の変化にたいしては定義により $\Delta F^{\mathrm{tot}} = \Delta J$ となる．以上をまとめると，パラメータ a を準静的に変化させる 1 回の過程で外系がする仕事は確率 1 で次式で与えられる．

$$W = \Delta J \qquad (|da/dt| \to 0) \tag{8.3.1}$$

統計力学的では J は次の「大分配関数」を介して定義される(たとえば[80]の 5.13，また[79]参照)．

$$e^{-J/k_{\mathrm{B}}T} = \sum_{n=0}^{\infty} e^{-(F_{\Omega}^{(n)} - \mu n)/k_{\mathrm{B}}T}$$

ここで $F_{\Omega}^{(n)}$ は n 個の粒子が Ω 内にあるときの Helmholtz 自由エネルギー

$$e^{-F_{\Omega}^{(n)}/k_{\mathrm{B}}T} \equiv (n!)^{-1} \int e^{-E_{\Omega}(x_1,\cdots,x_n)/k_{\mathrm{B}}T} d^n x$$

である．ただし $dQ_{\partial\Omega}$ の原因となった相互作用の非局所性の影響は無視した．上の J の定義は，開放系に n 個粒子を見出す確率 $\mathcal{P}_n$ が次式で与えられることを示す．

$$\mathcal{P}_n = e^{(J - F_{\Omega}^{(n)} + \mu n)/k_{\mathrm{B}}T} \tag{8.3.2}$$

このように化学ポテンシャル μ は，個々の粒子の出入りを見る $\hat{x}$ の立場では現われず，外系 a の立場や粒子の個数 $\hat{n}$ だけを見る立場ではじめて，粒子の去来の確率を反映すべく現われる(8.5.1 参照)．

*4　厳密には a によらない粒子環境の外部境界の影響も差し引く．

8.4 ゆらぐ開放系の制御

温度 T の熱環境に接する{開放系 Ω +粒子環境 Ω^{c}}における制御や操作の問題を考えるには，すでに第6章で述べた，{(閉じた)システム+熱環境}での結果が参考になる．その詳細は省いて，要点を次に列挙する．以下本章では(閉じた)システムのことを閉鎖系とよぶことにする．

準静的過程　上述(8.3)のように，閉鎖系の準静的等温過程での仕事が F の差であるのに対応して，開放系の準静的等温等 μ 過程での仕事が J の差で与えられる．

遅い非準静的過程での相補性　閉鎖系での議論(5.3.3)に平行して，不可逆仕事(あるいは J の測定誤差)と過程に費やした時間 Δt の間に相補性が示せる[81].

粒子環境との接触・断絶　これらは閉鎖系と熱環境との接触・断絶に対応する．この制御は開放系の境界のエネルギー障壁を上げ下げすることで実現され，6.1で述べた時間尺度の逆転による本質的な非準静的過程が不可避である．ここでもロスを定量的に小さくすることはできる．

分布関数の不可逆な緩和　断熱過程を経た閉鎖系が再度熱環境と接触するときに，平均としての熱移動がなくても不可逆が生じた(6.2)．これに対応して，粒子環境と断絶した過程(**断粒子過程**とよぶ)を終えた「開放」系がふたたび粒子環境と接触するとき，平均としては粒子移動がなくても不可逆が生じる(開放系がせいぜい1粒子しか収容できない場合は例外である：なぜか？)．開放系の断粒子過程とは閉鎖系の(a を変える)等温過程にほかならないが，上の文脈において前者はむしろ閉鎖系の断熱過程に対応している．

粒子機関　閉鎖系をつかう熱機関における等温過程および断熱過程を，開放系における等 μ 過程および断粒子過程にそれぞれ対応させることにより，2つの異なる化学ポテンシャル μ_{h} および μ_{l} の粒子環境間の粒子の移動から仕事を取り出す機関——粒子機関——を構成できる．

マクロ熱力学では粒子機関から取り出しうる最大仕事は $(\mu_{\mathrm{h}} - \mu_{\mathrm{l}})\times$(移動した粒子数)である(2.11の(2.11.3))．したがって，もし μ_{l} 側の粒子環境が真

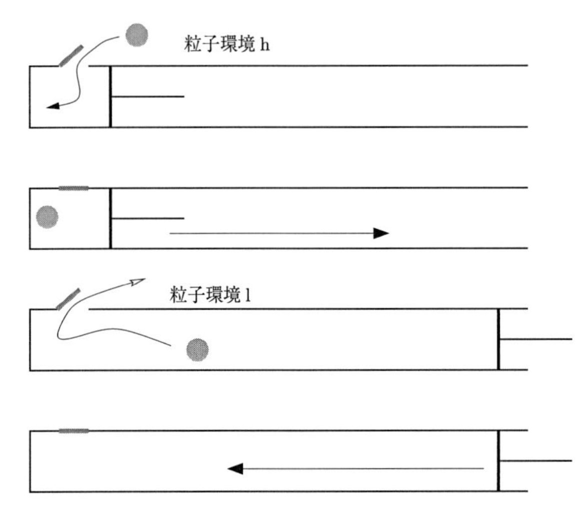

図 8.3　濃度差だけから仕事を取り出す機関の例．断粒子過程をはさんで，高濃度の粒子環境 h と低濃度の粒子環境 l での等 μ 過程を交互に行う．

空($\mu_l = -\infty$)ならば無限に大きな仕事を取り出せる．とくに粒子が理想気体なら，この場合の仕事のエネルギー源は熱環境のみである．ゆらぐ世界でも図 8.3 のような機関を想像できる：このサイクルでは，シリンダーに 1 粒子をいれたまま任意に大きな体積まで等温膨張させることにより，任意に大きな仕事を取り出せる．これはいささか現実的ではないが，より現実性のあるモデルを次に述べる．

8.5　ゆらぐ開放系の「粒子」機関

Carnot 熱機関をゆらぐ世界でモデル化したように，せいぜい 1 粒子を結合できる開放系*5を考え，これから粒子機関を構成して変換効率の上限を求めよう．結論的にはマクロ熱力学での上限に合致する．まず記述の枠組みの説明からはじめる．

*5　立体障害で 2 粒子以上の結合を禁じている：8.2.2 の注参照．

8.5.1　粗視化した開放系の状態および遷移——Bergmann-Lebowitz-Hill の枠組み

本節では Langevin 方程式より粗い尺度で粒子の出入りを記述する．このレベルでは出入りする粒子は**無名**(anonymous)になり，開放系内部でも一切識別されず，ただ粒子数 n の増減だけが区別される．閉鎖形において状態 S_j の実現確率が $P(S_j)=e^{-F_j/k_{\rm B}T}/\mathcal{Z}$ で与えられるとき，詳細釣合い条件を満たす遷移率は(3.4.4)すなわち $w_{j\to k}=\tau^{-1}\exp\left(-(\Delta_{j,k}-F_j)/k_{\rm B}T\right)$ と書けることを 3.4.8 で説明した．これを開放系の場合にそのまま拡張しよう：開放系の平衡状態では粒子数が n の確率が(8.3.2)で書けるから，これに適合する粒子数の遷移，たとえば $n\to n+1$ と $n+1\to n$ の遷移率は次式で与えられる[38, 40](下の注意 1 を参照)．

$$w_{n\to n+1}=\frac{1}{\tau}\exp\left(-\frac{\Delta_{n,n+1}-[F_{\Omega}^{(n)}-\mu n]}{k_{\rm B}T}\right) \tag{8.5.1}$$

$$w_{n+1\to n}=\frac{1}{\tau}\exp\left(-\frac{\Delta_{n,n+1}-[F_{\Omega}^{(n+1)}-\mu(n+1)]}{k_{\rm B}T}\right) \tag{8.5.2}$$

これには次の描像を与えることができるだろう：粒子個数で状態を識別するような記述の尺度では，粒子数が n のとき開放系側には $F_{\Omega}^{(n)}$，粒子環境側には(定数 $-\mu n$)の「エネルギー」が付与される．無名粒子がゆらぎによって出入りする際に‘エネルギー障壁’ $\Delta_{n,n+1}$ がある．一般には開放系内部で粒子間の相互作用があるので，$F_{\Omega}^{(n)}$ は n の 1 次式ではない*6．

[注意]

1．マクロな開放系では $F_{\Omega}^{(n)}$ の示量性を仮定する(3.5.5)：$F_{\Omega}^{(n)}=n\mu_J+$(定数)．そうして $\mu=\mu_J^{\rm res}$ とみなせば上の記述はマクロな開放系の記述に移行する．

2．化学共役など生物物理の記述では全系を圧力一定の環境のもとで考えるので，その F のかわりに Gibbs 自由エネルギー G を用いる．

3．多種の粒子が関与する場合(たとえば 2.10)，また同じ n のもとで異なる内部状態を区別する場合への拡張は容易である[38]．

*6　粒子環境中での相互作用は μ に繰り込まれる．

4. せいぜい1粒子(リガンド)を結合できるタンパク質を開放系とみなすと，結合・解離のダイナミックスは上の処方に従って状態 $n=1$ と状態 $n=0$ という2つの谷の間の遷移の問題(4.5.2参照)に帰着する．問い：これを使って6.3のようなメモリーを構成できるだろうか？

8.5.2　粒子機関の状況設定

図8.4は粒子機関の概念図である．粒子は塗りつぶした丸であらわし，半円形の窪みが結合サイトである．これは蓋(線分)によって粒子環境から隔絶することができる．'T' 字型の棒が粒子との相互作用エネルギーを変え得る自由度 a を表わす．

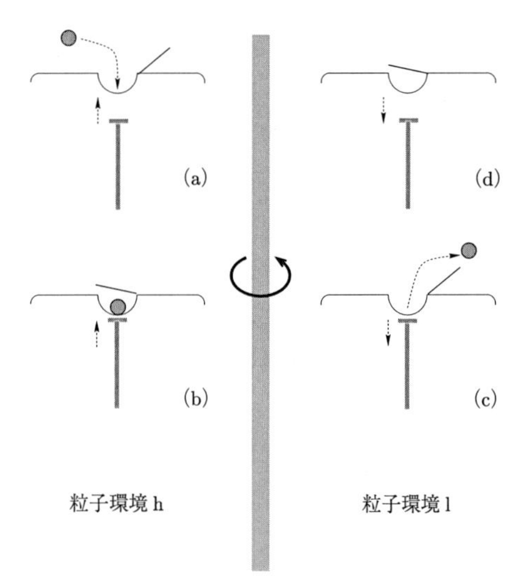

図 8.4　結合サイトをもつ粒子機関とそのサイクル．高濃度の粒子環境(左側)と低濃度の粒子環境(右側)での過程，および粒子の出入りを遮断した(陰影をつけた個所での)過程をもつ．

粒子環境が2つ('h'(高濃度)と 'l'(低濃度))あり，それぞれの化学ポテンシャルを $\mu_{\mathrm{h}}, \mu_{\mathrm{l}}$ とする．いずれかの粒子環境 α (= h または l)と接触する開放系の熱力学ポテンシャル $J^{(\alpha)}(a, T, \mu_\alpha)$ は次式で表わされる．

$$e^{-\beta J^{(\alpha)}} \equiv e^{-F_0/k_{\mathrm{B}}T} + e^{-(F_1-\mu_\alpha)/k_{\mathrm{B}}T}$$

F_n はパラメータ a に依存する．外系は a を準静的に da 変えるのに可逆仕事

$dW = dJ^{(\alpha)}$ を要する((8.3.1)参照). ここで $a \equiv F_1 - F_0$ と定義しよう. すると $e^{-J^{(\alpha)}/k_\mathrm{B}T} = e^{-F_0/k_\mathrm{B}T} + e^{-(F_1-\mu_\alpha)/k_\mathrm{B}T}$ から

$$J = F_0(a) + T\log\left(1 + e^{\frac{\mu_\alpha - a}{T}}\right), \qquad \alpha = \mathrm{h} \text{ または } \mathrm{l}$$

と書ける. 平衡状態で開放系が粒子環境 α から取込む粒子数が n である確率 $\mathcal{P}_n^{(\alpha)}$ は $\mathcal{P}_n^{(\alpha)} = e^{(J^{(\alpha)} - F_n + \mu_\alpha n)/k_\mathrm{B}T}$ であるが((8.3.2)参照), 上の a の定義により $p^{(\alpha)}(a) \equiv \mathcal{P}_1^{(\alpha)} = 1 - \mathcal{P}_0^{(\alpha)}$ は次式で表わせる.

$$p^{(\alpha)}(a) = \frac{e^{\mu_\alpha - a/k_\mathrm{B}T}}{1 + e^{\mu_\alpha - a/k_\mathrm{B}T}}$$

制御のパラメータとしては, a の他に粒子環境 h および l に対して蓋を開閉する 2 つのパラメータがあり, 図 8.5 に示すプロトコルで操作する.

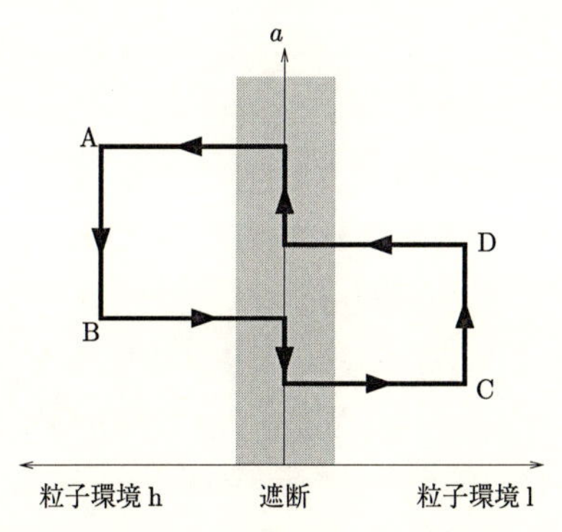

図 8.5 パラメータ a のプロトコル：準静的に行う. 水平部分は粒子環境への蓋の開閉を表わす.

8.5.3 等 μ 過程と断粒子過程の仕事

蓋を開けたままの準静的等温等 μ 過程(図 8.5 の A → B と C → D)での準静的仕事は確率 1 で $W = \Delta J$ と書け, 次式で表わせる.

$$W(\mathrm{A} \to \mathrm{B}) = F_0(a_\mathrm{B}) - F_0(a_\mathrm{A}) - k_\mathrm{B}T\log\frac{1 - p^{(\mathrm{h})}(a_\mathrm{B})}{1 - p^{(\mathrm{h})}(a_\mathrm{A})}$$

$$W(\mathrm{C} \to \mathrm{D}) = F_0(a_\mathrm{D}) - F_0(a_\mathrm{C}) - k_\mathrm{B}T\log\frac{1 - p^{(\mathrm{l})}(a_\mathrm{D})}{1 - p^{(\mathrm{l})}(a_\mathrm{C})} \qquad (8.5.3)$$

これらの過程の最後に粒子が結合されているか否かは確率的で，A および C で蓋をしめた際の $\hat{n}$ の確率的な値は次の断粒子過程に受け継がれる．

断粒子過程は閉鎖系の等温過程なので準静的仕事は（確率 1 で）Helmholtz 自由エネルギー差に等しいが，$\hat{n}$ については多数サイクルの平均を計算する．平均仕事 $\langle W \rangle$ は次式で表わせる．

$$\begin{aligned}\langle W(\mathrm{B} \to \mathrm{C}) \rangle &= (1 - p^{(\mathrm{h})}(a_\mathrm{B}))(F_0(a_\mathrm{C}) - F_0(a_\mathrm{B})) \\ &\quad + p^{(\mathrm{h})}(a_\mathrm{B})(F_1(a_\mathrm{C}) - F_1(a_\mathrm{B})) \\ &= F_0(a_\mathrm{C}) - F_0(a_\mathrm{B}) - p^{(\mathrm{h})}(a_\mathrm{B})(a_\mathrm{C} - a_\mathrm{B}) \end{aligned} \tag{8.5.4}$$

$$\langle W(\mathrm{D} \to \mathrm{A}) \rangle = F_0(a_\mathrm{A}) - F_0(a_\mathrm{D}) - p^{(\mathrm{l})}(a_\mathrm{D})(a_\mathrm{A} - a_\mathrm{D}) \tag{8.5.5}$$

8.5.4　μ のマッチングとサイクルあたりの仕事

蓋を開けたときに「あたかも昔から開いていたかのような確率で粒子が見いだされる」ことがサイクルを可逆にする必要条件である．これは $p^{(\mathrm{l})}(a_\mathrm{D}) = p^{(\mathrm{h})}(a_\mathrm{A})$ および $p^{(\mathrm{l})}(a_\mathrm{C}) = p^{(\mathrm{h})}(a_\mathrm{B})$ を要請する．これから $a_\mathrm{A} - a_\mathrm{D} = -(a_\mathrm{C} - a_\mathrm{B}) = \mu_\mathrm{h} - \mu_\mathrm{l}$ が得られ，1 サイクルの仕事 W_cyc の平均 $\langle W_\mathrm{cyc} \rangle$ は

$$\langle W_\mathrm{cyc} \rangle = -[p^{(\mathrm{h})}(a_\mathrm{B}) - p^{(\mathrm{l})}(a_\mathrm{D})](\mu_\mathrm{h} - \mu_\mathrm{l})$$

となる．サイクルあたりの平均の移動粒子数 $\langle n \rangle$ は

$$\langle n \rangle = p^{(\mathrm{h})}(a_\mathrm{B}) - p^{(\mathrm{l})}(a_\mathrm{D})$$

であるから，結局，準静的にサイクルをまわせば「移動粒子 1 個あたりに取り出せる仕事」は

$$\frac{\langle W_\mathrm{cyc} \rangle}{\langle n \rangle} = \mu_\mathrm{h} - \mu_\mathrm{l}$$

となる．これは熱力学で期待される上限に一致する．

粒子は理想気体でもよいから，2 つの粒子環境の間で粒子の移動があっても全粒子系のエネルギーはまったく変化しないこともある．それでもエネルギー保存条件に矛盾することなく仕事を取り出せるのは，熱環境がエネルギーを供給するからだ．環境からもらう熱が第 1・第 2 法則の両立を可能にしているともいえる．開放系が粒子環境にとって稀な粒子を持っていると，これを熱環境からのエネルギー供給と引き換えに手放すといってもよい．粒子機関が仕事を

なす際に，稀な粒子を留め置く機構さえあれば，エネルギーそのものを蓄えるからくりは必須ではないのだ．サイクル上のBでの結合を強くして，かつ粒子環境1の濃度を希薄にすれば，原理的にはいくらでも大きな仕事を取り出せる．ミトコンドリアやバクテリアの膜にあるF1分子モーターの動作はATP加水分解に際してのGibbs自由エネルギー変化($20\ k_{\mathrm{B}}T$)をほぼ100% 近く仕事に変えているという実験[82]があり，そうだとすればそのうち約6~7割が配置(混合)エントロピーの寄与である，つまりそれだけ熱環境からエネルギーを引き出している．

自律したエネルギー変換装置 ——分子モーターにむけて

先立つ 2 章で解析した熱および粒子機関のモデルでは，取り出せる仕事の上限がマクロ熱力学での上限に一致した．つまり，うまく設計された操作のもとでは，操作に関わる不可逆仕事は小さくすることができ，ゆらぐ世界のこのような機関をマクロな数だけ集めれば，マクロに効率のよい機関が実現できる．1 つの大きな機関と，多数個の小さな機関(モジュール)の集まりとでは，操作の総コストが同じならば，後者の方が損傷の影響が局限できるし，サイズの順次拡大やシステムの更新がしやすい，という利点があるように見える．動物の筋肉の構造をみると，ミオシン(myosin)とアクチン(actin)というタンパク質モーターのモジュールが直列かつ並列に集合して，マクロな速さと強さを実現している．

しかしながら，このようなタンパク質モーターと，すでに述べたゆらぐ世界の機関とでは，自律性という点で大きな違いがある．**自律性**を「複数のマクロ平衡系で構成される仕事源を除いて他には外系の助けなしに動作すること」と定義しよう．Carnot 熱機関や前章の粒子機関には自律性がない．良い効率を実現できたのは，準静的過程および環境とのロスの小さな接触・断絶のおかげだが，これらは外系による制御に頼っていた．これに対し，ミオシン・アクチンからなる開放系は ATP と水(厳密には，消費されない Mg^{2+} イオンを含む)の平衡環境と熱環境があれば，外系による制御を待たずに動作する．

本章では 2 つの観点から自律系の問題を考えたい：9.1 では全系のもつ対称性に関する「Curie 原理」の立場から，ロバスト(構造安定)な性質としての自律動作を議論する．9.2 では，システムが仕事をする機関として動作するには「サイクル」が必要だということを復習し，そのひとつの可能性として双方向の検知と制御というスキームを提案する(9.3).

9.1　対称性からみた自律動作——Curie 原理

熱力学的には仕事を取り出せる状況であっても，実際にシステムがその状況を利用して自律的に仕事をできるかどうかは，システムの構造次第である．だからどういうシステムなら仕事が可能かを考えよう，というのが自然な議論の流れだ．しかし本節では逆の立場をとる．つまり，どういうシステムなら自律的に仕事をすることが不可能かを考える．

そもそも平衡状態(詳細釣合い条件)および，ある種の対称性をもつ状態は統計力学の中心課題(の一つ)で，その例にはことかかず，現在でも数多くの平衡相とそれらの間の相転移があらたに見出され，説明されつつある．しかし，そのようなシステムはいわば選ばれたもので，実はわれわれの身の回りには非平衡かつ非対称な状態が圧倒的に多く，ただそれらを切り出していない(切り出せない)だけではないだろうか？　後者の状態を曖昧な言い方だが「普通の状態」とよぶならば，普通でない，特殊な状態が実現されるのはシステムにどのような制限・選別をしたときかがむしろ問題となる．

Curie 原理[83]とよばれる方法論は次のことを主張する：「普通の状態が対称性によって禁じられていなければ，蓋然的にはそんな状態が実現する」．その対偶は，「あるシステムで(上述の意味の)普通の状態が実現しない場合，システムのパラメータが偶然に特殊な値をとっているせいでないとすれば，普通の状態を禁じるような対称性がシステムに課されているはずだ」となる．トートロジーに聞こえるような内容だが，それを意識的に適用すれば多くのことが納得される．

たとえば，細胞質(ATP 加水分解反応に関して非平衡にある)の環境下で，アクチンフィラメント(軸方向に沿って前後対称性がない)と，ミオシンタンパク質(加水分解を促進させる部位をもっている)があれば何が起こるかをこの視点から考えてみる．Curie 原理のいうところは，ミオシンは ATP を加水分解しながら自律的に 1 方向に動くのが普通の状態で，どのような制限を課せば，(平均として)前にも後ろにも動けないかを考えねばならない．これはモデルづくりで

はありうることで，考えているミオシン・アクチンのモデルにおいて，もしミオシンが統計平均として動かないなら，

(1) そのモデルでのアクチンフィラメントが極性を持っていない(＝軸方向の前後対称性をもつ)，

あるいは

(2) そのモデルのダイナミックスにおいて ATP 加水分解に関する反応平衡が設定されていて，ミオシンは詳細釣合い状態にある(＝順方向の遷移と逆方向の遷移が相殺するという対称性をもつ)

といった，対称性にかかわる原因があるのが一般的だ，と Curie 原理は主張する*1．極論すれば，Curie 原理からみてタンパク質分子モーターが自律的に動作すること自体にさほどの不思議はない．そのことと現実のミオシンや ATP 合成酵素(F_1-ATPase)など，進化によって特殊化したタンパク質(群)がいかなる仕組みで高い効率で自由エネルギー変換を実現しているのかとは，質の異なる問題である．

ラチェット(ratchet)モデルとよばれる一連のモデル群が，タンパク質分子モーターのモデルという看板を掲げて前世紀末に流行した．これらのモデルの中には，本章の主題である自律性からみて分子モーターとはほど遠いものも含まれることはさておき，Curie 原理からみてこれらのモデルが動くこと自体に不思議はない．とはいえ，これらは従来の化学反応論による記述を超えてゆらぐ世界の運動を扱っており，ゆらぎのエネルギー論の方法もしばしば活用された．ラチェットモデルの元祖の 1 つである Feynman の爪と爪車については 9.2.2 で検討し，ラチェットモデル全般については付録 9.5 で Curie 原理の文脈を軸に少し紹介する．ラチェットモデル全般の詳細については，たとえば Reimann のレビュー[84](200 頁，引用文献 800 を超える)に自由エネルギー変換効率の議論もふくめてまとめられているので参照されたい．理論としての興味はもとより，1960 年代に Feynman の爪と爪車が考えられた当初は思考実験でしかなかったゆらぐ世界の自律的な装置は，今日ではさまざまな手段の実験が可能で，ゆら

*1 ただし，バラバラな要素から出発してそれらを結合するというオブジェクト的なモデル化の手法においては，ATP 加水分解と分子モーターの運動とを結合させるのを忘れたなどという，うっかりミスもありうるので，モデルのミオシンが動かなくても必ずしも対称性のせいとは限らない．

ぐ世界はぐんと身近になった．

9.2　自律系

9.2.1　システムの動作と「サイクル」

以下では，Curie 原理よりも積極的な立場で，自律系の設計指針となりそうないくつかの概念を検討する．まず，ここまでに登場したゆらぐ世界の熱機関や粒子機関などをふりかえって，経験論的に**サイクル**の重要性を述べたい．

（1）　第 7 章で述べた Carnot 熱機関では，仕事を取り出す主体としての外系($k(t)$)の他に，2 つの制御パラメータ $\chi_{\mathrm{h}}, \chi_{\mathrm{l}}$ が必要だった．仕事のエネルギー供給源である熱環境との間には，接触・断絶という自由度と，高温/低温いずれを選ぶかの自由度があり，両者は論理的に独立だからだ．ミオシンが加水分解を仕事に変換する際にも，粒子環境との接触・断絶という自由度と，ATP/ADP いずれの粒子環境と出入りを許すかの自由度は独立である．

（2）　仕事を取り出す側を考えても，2 つの自由度が働いている．第 7 章の Carnot 熱機関でのパラメータ k はある値の範囲を上下するだけだから，これを実際に仕事に変換するには，たとえば k の値が増加する際と減少する際とで，k に連動させる負荷の大きさを変えねばならない．だから k に加えて，負荷のつなぎ変えをする自由度が必要である．ミオシンに相対的にアクチンフィラメントを移動させる仕事の場合にも同様の事情が生じる：ミオシンの構造がどうであろうと，ミオシンはアクチンフィラメントを「つかんで」1 方向に動かし，次に「手放して」その手を元に戻す，という動作を繰り返さねばならない(長いひもを手繰り寄せる場合の動作を想像されよ)．そこで動かしては戻すという動作の自由度と，つかんでは離すという動作の自由度とが必要となる．

（3）　エネルギーを供給する側と仕事を取り出す側とは本来対称に扱ってよいだろうし，$\mathrm{F_1}$-ATPase が合成機関としても分解機関としても働けるように，状況次第で立場が逆転することもあるだろう．とくに，2.10 で述べた化学–化学共役系では(図 2.4 参照)，粒子 F にたいしてその粒子環境との接触・断絶を制御する自由度と，$\mathrm{F_h}, \mathrm{F_l}$ いずれの粒子環境と出入りを許すかを選ぶ自由度とが必要であるのとまったく同様に粒子 L にも 2 自由度が必要である．

ではこの 2 自由度が何をするかというと，図 7.3 や図 8.5 を見ればわかるように，制御パラメータの空間で**サイクル**を描く．サイクルを描くには 2 次元面が必要だが，サイクル自体は円とおなじ 1 次元の線なので，円を描けるようなタイプの自由度があれば，それ 1 つで済むはずだ．

以上をふまえて，自由度については次のように結論できるだろう：

> 自律的・他律的をとわずシステムが Carnot 熱機関のような良い制御を伴って働くには，エネルギーの供給側からみても，仕事を取り出す側からみても，サイクルがなければならない．とくに自律系では，エネルギーの供給側のサイクル過程を仕事を取り出す側のサイクル過程に関連させる必要がある．したがって自律系の内部状態もサイクルを描かねばならない．

たとえば，ミオシンに ATP が結合する際にミオシンが受ける内部状態の変化過程は，ミオシンから ADP+Pi が脱離する際の内部状態の変化過程の「巻戻し」ではない：空のミオシンに ATP が結合して加水分解し，ADP と Pi が脱離してもとの空状態に戻るというプロセスで，ミオシンの内部状態はサイクルを描く．

サイクルというのは 1 回のプロセスについての性質であって，統計的にサイクルがどちら向きにどれだけ回るかは次元の異なる問題である．例えば，上述の化学–化学共役系で F 側の非平衡より L 側の非平衡が強くなる(すなわち $(\mu_{\mathrm{F,h}} - \mu_{\mathrm{F,l}}) < (\mu_{\mathrm{L,h}} - \mu_{\mathrm{L,l}})$ となる)ように変更したら，それまでの F と L の役割は入れ替わり，サイクルも逆向きに回ることになる．しかしシステムの構造自身は変わらない．また，平衡状態で成り立つ詳細釣合い条件は，単位時間当たりに起こる順方向のサイクルの数と逆方向のサイクルの数が等しいと言っているだけで，順・逆のサイクルが平衡で消滅するわけではない．もしも統計平均や確率流だけで現象を論じていたら，平衡条件($\mu_{\mathrm{F,h}} = \mu_{\mathrm{F,l}}$ かつ $\mu_{\mathrm{L,h}} = \mu_{\mathrm{L,l}}$)ではすべての状態遷移の確率流がゼロであるというだけで，時々刻々に起こる順・逆方向のサイクルは相殺してしまって見えない．ゆらぐ世界において 1 回ごとの過程を記述することの重要性が納得されよう．

9.2.2 Feynman の爪と爪車

こんにち「**Feynman の爪**(pawl)と**爪車**(ratchet wheel)」[3]と呼ばれるラ

チェットモデルの元祖を紹介し，そのモデルで上記のサイクルがどう実現されているかを見てみよう．

Feynman は，爪車が熱揺動によって順方向に 1 ステップ回ったときに，その逆戻りを防止する爪が働くようにして，負荷を持ち上げる機構を提案した(図 9.1 とその説明を参照)．明らかにシステムは 2 自由度をもち，2 つの熱環境とは 2 つの自由度で接触している．ところが，負荷重の側から見ると，爪車 1 つとしか結合していない．なぜそれでも作動するかというと，爪車は回転自由度をもつので，それ自体がサイクル(2π 回れば 0 と等価)を実現し，回った回数分だけ負荷重は持ち上げられる．この意味で Feynman のモデルは特殊であり，回転要素をもたないミオシンなどに直接このモデルとの類推を求めるのには無理がある．人の歩みと自転車の違いとでもいおうか(他にも回転によるサイクルを実現するモデルとして[85, 86]がある)．

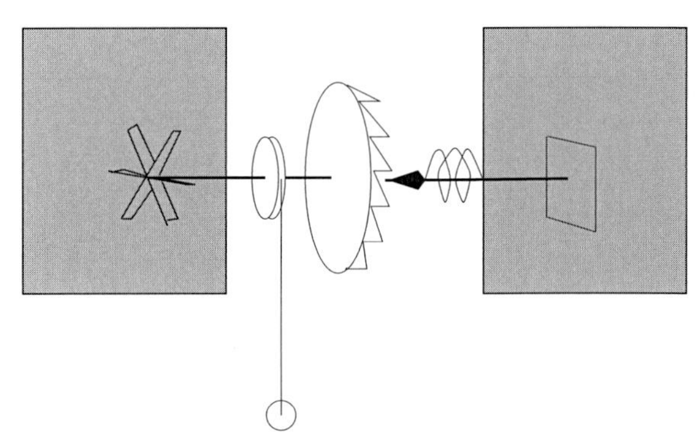

図 9.1　Feynman の爪と爪車：左の熱環境の熱揺動力＋摩擦力 を羽根車を介して受ける「爪車」と 右の熱環境の熱揺動力＋摩擦力 を羽根を介して受ける「爪」．前者には仕事をとりだすべき負荷重(白丸)がかかっている．2 つの熱環境の温度が等しいと，負荷重なしで平均回転速度 $\langle dx(t)/dt \rangle = 0$ の平衡状態を実現する．

一般的な枠組みから見た Feynman のモデルのもうひとつの問題点は，爪車が平均として回らない状況でも，爪車と爪の相互作用を通して一方のゆらぎが他方に伝わり，高温熱環境から低温熱環境へ常にエネルギーが無駄に流れるということだ(図 4.4 参照)．これに関して[3]の記述は訂正されねばならない[87, 45]．このことは爪車の 1 ステップ分の回転を検知することと，そのステップの逆戻りを制御することの 2 つを爪の上下動 1 つでやってのけていることと関係している．そこで，1分子モーターに興味をもつ立場としては，このような回転要素を直接使わずに入力側と出力側のサイクル過程を関連させる方法に関心がある．後(9.3.2)でこれについて1つの方法を提案するが，その前に検知ということについて考えたい．

9.3　検知器と化学-化学共役変換機構のデザイン

9.3.1　検知器について

すでに前2章で，システムに外から**制御**を行えばマクロ熱力学的な効率の限界に迫れることを見てきた．ここでいう制御には**検知**という情報的な要素も含まれることに注意しよう．たとえば第7章のモデルでは，パラメータ $k = k_{\mathrm{C}}$ のところで等温操作を止めるが，それには「k の値が k_{C} になった」ことを外系が了解できる必要がある．そこでゆらぐ世界の自律系における検知について考えてみよう．具体的に話をすすめるため，以下では検知の対象が粒子，また検知の主体が粒子を受容する部位(受容部位)であるような最も簡単な検知装置(検知器，detector)を考える．ATPとそれを結合するイオンポンプの活性部位などを想定している．

自律するシステムでは，われわれが粒子がいることを教えてやるわけにはいかないから，受容部位みずからが粒子の到来を「知る」必要がある(外界の情報の内部表現)．6.3.3で「知る」とは「対象と主体との間に状態の相関を形成する過程」だと定義した．これをより正確に表現しよう．対象と主体はいずれも下記の2状態だけをとると単純化して議論をすすめる．

粒子の状態 x = { IN：OUT }　　　**受容部位の状態** a = { ON：OFF }

IN および OUT はそれぞれ，粒子が物理的に受容部位にいる/いない状態を表わす．これに対し，ON および OFF は端的には受容部位を含むシステムの変形で，ON は粒子が IN のときに(検知器の機能としては)とって欲しい状態，OFF は OUT のときにとって欲しい状態を意味している(ただし，ON と OFF は勝手につけた名前なので，意味が逆転してもかまわない)．なお，粒子は受容部位に高々1個だけ到来できるとする(8.2.2の最後の注を参照)．

粒子と受容部位の状態間に相関がないというのは，粒子の状態 x が与えられ

たときに受容部位の状態 a のとる条件つき確率 $\mathcal{P}(\mathsf{a}|\mathsf{x})$（規格化条件 $\mathcal{P}(\mathsf{ON}|\mathsf{x}) + \mathcal{P}(\mathsf{OFF}|\mathsf{x}) = 1$ を満たす）が，x によらない形，$\mathcal{P}(\mathsf{a}|\mathsf{x}) = \mathcal{P}(\mathsf{a})$ に表わせるということである．この場合，検知器の状態 a は粒子が実際に受容部位にいるか否かを反映しない．逆に，少しでも相関があれば，確率的にせよ a は粒子の状態 x を反映する．理想的な検知器を考えると，それは次式を満たすべきである．

理想的な検知器：IN, OUT を確実に検知する．

$$\mathcal{P}(\mathsf{ON}|\mathsf{IN}) = 1, \quad \mathcal{P}(\mathsf{OFF}|\mathsf{IN}) = 0$$
$$\mathcal{P}(\mathsf{ON}|\mathsf{OUT}) = 0, \quad \mathcal{P}(\mathsf{OFF}|\mathsf{OUT}) = 1$$

これは横軸 a，縦軸 x の 2×2 の行列における単位行列 $\{\{1,0\},\{0,1\}\}$ に相当する（ON と OFF の意味が逆転した場合は $\{\{0,1\},\{1,0\}\}$ となる）．

ゆらぐ世界での現実の検知器はこれら両極端の中間で作動するだろう．中間といってもいろいろあるが，以下では IN の検知と OUT の検知とを論理的に分け，その意味の半面的な検知器（半検知器）を定義し，具体化についても考える．排中律をみとめる限り IN でなければ OUT なのだから半面とは妙に思われようが，考えたいのは次のようなものである：

不在検知器：OFF なら確実に OUT である．

$$\mathcal{P}(\mathsf{ON}|\mathsf{IN}) = 1, \quad \mathcal{P}(\mathsf{OFF}|\mathsf{IN}) = 0$$

存在検知器：ON なら確実に IN である．

$$\mathcal{P}(\mathsf{ON}|\mathsf{OUT}) = 0, \quad \mathcal{P}(\mathsf{OFF}|\mathsf{OUT}) = 1$$

不在検知器での $\mathcal{P}(\mathsf{a}|\mathsf{OUT})$ や存在検知器での $\mathcal{P}(\mathsf{a}|\mathsf{IN})$ は確実でなくてもよい（極端には確率 1/2 ずつでもよい）とする*2．これらの動作の良い所（確実なところ）だけを合わせると理想の検知器ができるので半検知器とよんだのである*3．

具体的に不在検知器を作るのはたやすい：受容部位にすっぽり収まり，粒子がそこに来るのを立体障害的に排除する「偽粒子」を検知器が（鎖につないだ犬

---

*2　一見して命名が逆のように思われるかもしれないが，検知器の状態 a のうちどれが信頼できるかという視点で見れば納得されよう．

*3　システムを洞穴に身を寄せる原始人にみたてよう．この人は獲物が前を通れば獲りに出たいが，獲物もいないのに出るのは消耗なので絶対に避けたい，とすれば，「存在検知器」が有用だ．他方，猛獣が前を通らなければ外に出たいが，猛獣と鉢合わせするのは絶対に避けたい，とすれば，「不在検知器」が有用だ．

のように)もっているとしよう．粒子が受容部位の中にいる時は確実に偽粒子が不在であるから，偽粒子が受容部位の中にいる状態を a=OFF，外にいる状態を a=ON と定義すれば望むものが得られる．

いっぽう存在検知器はさほど単純ではない(注：ON と OFF の名づけ方が可換なようには IN と OUT を交換することはできない．IN で粒子は局在しているのに OUT では無限遠かもしれないから)．これは次のように構成できる．粒子が受容部位に存在しないとき，後者の内部ポテンシャル V(a) は V(ON)$-$ V(OFF) $\gg k_{\mathrm{B}}T$ という強いギャップをもっており，状態 a は確実に OFF に限定されているとする．ところが，検知される粒子が受容部位に近づくと強い(近接の)引力相互作用 W が働き，OFF 状態を強いていた内部ポテンシャルの力を相殺して，受容部位は状態 ON にも変形できるとする[*4]．すると，この検知器が ON を示せば確実に粒子が存在する．一方 OFF の時には粒子は OUT か IN かの可能性があり，確実なことは言えない．

［注 1］ 不在検知器が斥力を使って検知するなら，存在検知器は引力を使って検知するといえよう．存在検知器の構成に用いた力の相殺はわざとらしく思われるかもしれない．しかし機能をもつタンパク質では，これに近い現象がしばしば見られる[88]．というのも，もし内部ポテンシャルが強すぎると検知器としての感度がなく，逆に相互作用ポテンシャルの方が強すぎればいったんリガンド粒子を結合したが最後，2 度と手放さないからやはり検知器として失格(「測定器が対象を乱す」)となり，我々が検知機能を見出すタンパク質は中立性をもつよう選択されているのだ．

［注 2］ 連続状態をもつ一般の場合には，ON, OFF はそれぞれ一群の連続状態に対応する．一方の群から他方に遷移するには有限の特徴的時間を要するから，検知器が‘即応’できるためには，この特徴的時間が粒子の出入りの特性時間よりも短い必要がある．

9.3.2 双方向制御

前小節で論じた存在検知器を使って，ゆらぐ世界の化学-化学共役変換機構(図

*4 たとえば受容部位が V(ON)$-$ V(OFF) のコストを払って変形すると，ある側鎖が露出して粒子と結合し，その結合エネルギー W が変形のコストを相殺する．

2.4 参照)を考えたい．しかも分子モーターなど化学-力学共役変換をおこなうシステムや，G タンパク質などシグナル変換の機構を考える際にも参考とできるよう，単純明快なモデルにしたい．以下ではそのような試みの 1 つを述べる[89].

存在検知器の状態は粒子の偶然の到来を表現する．システムはこれを必要な制御のために利用せねばならない．ここで F 粒子(Fuel)側と L 粒子(Load)側とをできるだけ対称に取り扱う，しかもミニマルな機関をつくる方針をとると，モデルの構成は 9.2.1 の要請からおのずと決まってしまうことを以下に述べ，そこで双方向制御という考えが現われることを見る.

(1)　9.3.1 により 1 種の粒子の検出に 1 つの内部自由度が必要であるが，化学-化学共役変換には 2 種の粒子 F, L があるから，2 つの内部自由度 $\{\mathsf{a}_F, \mathsf{a}_L\}$ を独立に要する.

(2)　ミニマルな機関は 9.2.1 により 2 自由度で作りたいから，$\{\mathsf{a}_F, \mathsf{a}_L\}$ で独立な自由度は尽きている.

(3)　粒子 F の側から見ても粒子 L の側から見ても 2 自由度なければならない(9.2.1)から，それぞれの側で検出以外の自由度は 1 つだけ許される．この自由度は制御に使うべきである.

(4)　粒子 F の検出自由度 a_F で粒子 F を制御したのでは，粒子 L 側との共役はできない．だから粒子 F の制御は自由度 a_L で，粒子 L の制御は自由度 a_F で行う．これを**双方向制御**とよぶ(図 9.2 参照)*5.

(5)　1 種の粒子につき濃淡 2 つの粒子環境(下添字 h, l で区別する)があり，制御はこれら 2 つの粒子環境から受容部位へのアクセスを支配する．アクセスの制御には障壁の上げ下げを行えばよい(8.4).

(6)　2 つの粒子環境のうち常時片方からのアクセスのみを許すように 1 つの自由度で制御する．それには一方の粒子環境への障壁を下げている時は他方への障壁が高くなるようにすればよい.

---

*5　これはゆらぐ世界に限らず，到る所で見られる現象だろう：たとえば公衆電話から電話をかけると，相手が出たことを検知してテレフォンカードから通話料が引き落とされ，こちらが切れば相手の回線も開放される.

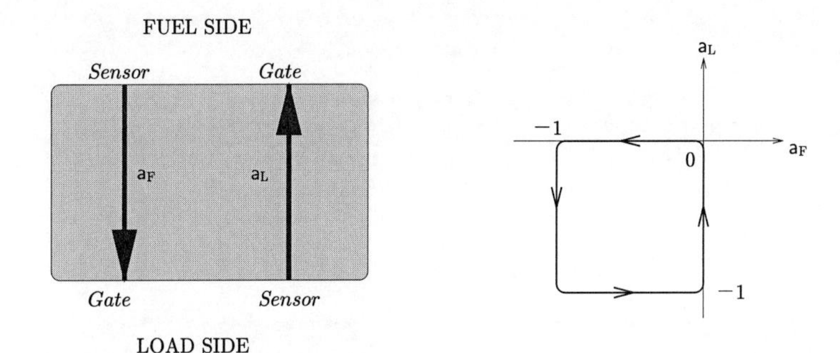

図 9.2 左図：双方向検知-制御の概念図．2つの自由度 a_{F} および a_{L} は一方の側では検知器の内部状態を表わし，他方の側では検知器への粒子の到来を制御する．右図：自由度 $\mathsf{a}_{\mathrm{F}}, \mathsf{a}_{\mathrm{L}}$ のつくるサイクル．-1 は OFF を，0 は ON をそれぞれ表わす．

以上が論理的な要請だが，これをもとに粒子環境からのアクセス制御の仕様を図 9.3 のように構成しよう．

図中の上の水平(x_{F} 軸に平行)な実線よりも上側を [上]，下の水平な実線よりも下側を [下]，それらの間を [並] とよぶことにする．また，左の垂直(x_{L} 軸に平行)な実線よりも左側を [左]，右の垂直な実線よりも右側を [右]，それらの間を [中] とよぶことにする．このようにして全平面を([上],[並],[下])と([左],[中],[右])の組み合わせにより 9 ブロックに表現する．

縦軸 x_{L} に関して [上] と [下] はそれぞれ $\mathrm{L_h}$ と $\mathrm{L_l}$ の粒子環境を表わす．[並] との境界においては粒子 L は IN の状態にあるかもしれないが，検知はされていない(OFF)．[並] 内部では粒子 L が IN であり，かつシステムがその存在を検知した ON 状態を表わす．

横軸 x_{F} に関して [左] と [右] はそれぞれ $\mathrm{F_h}$ と $\mathrm{F_l}$ の粒子環境を表わす．[中] との境界においては粒子 F は IN の状態にあるかもしれないが，検知はされていない(OFF)．[中] 内部では粒子 F が IN であり，かつシステムがその存在を検知した ON 状態を表わす．

ブロックとブロックの境界のうち水平な実線で表わしたものは粒子 L への障壁を表わし，他方垂直な太い実線で表わしたものは粒子 F への障壁を表わす．たとえば，L 粒子が検知(a_{L} = ON)されると，粒子 F の出入りは $\mathrm{F_l}$ の粒子環境からのみ許される．存在検知器は高濃度 h・低濃度 l の粒子環境のいずれ

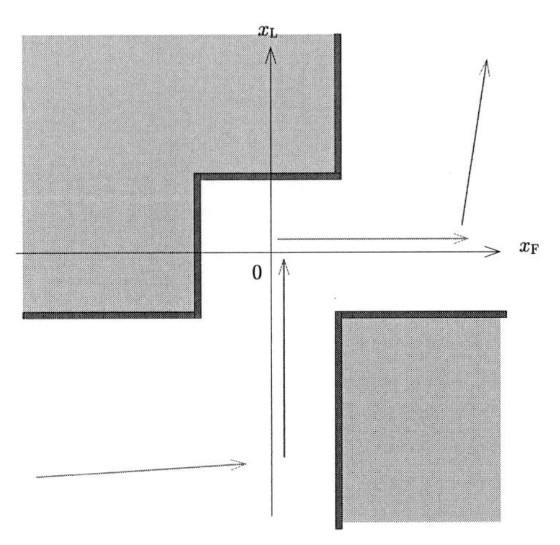

図 9.3　アクセス制限：本文参照.

から粒子が来たかを識別しないから，水平線は左右対称，垂直線は上下対称に配置されている．図をみて明らかなように，双方向の検知とアクセス制御を組み合わせることにより，F_h [左] から F_l [右] へ 1 つの F 粒子がシステムを経由して拡散する際に，L_l [下] から L_h [上] へと 1 つの L 粒子が輸送される，その際に内部状態 $\{\mathsf{a}_F, \mathsf{a}_L\}$ はサイクルを描く．また逆の過程では，サイクルも逆転する．

9.3.3　効率 100% の変換機構は可能か

図 9.3 を見ると，あたかも完璧に F 粒子と L 粒子との 1:1 共役を実現しているかのように見える．もしこれが可能だったら，釣合い条件 $(\mu_{F,h} - \mu_{F,l}) = (\mu_{L,h} - \mu_{L,l})$ のもとで 100% の変換効率を実現する自律機関になる．

しかし上のモデルは状態を離散化する近似を用いており，綿密に検討すると，たとえ量的には小さくとも「漏れ」があることがわかる．というのも，**因果関係により，障壁の制御は粒子の検知に先立てないから**，図 9.3 において障壁を表わす垂直な実線のすべての端点は [上][下] と [並] の境ではなく，[並] の側にずれており，水平な実線のすべての端点は [左][右] と [中] の境ではなく，[中] の側にずれている．そのために [並]×[中] ブロックの左上隅には必ず隙間が生じる．この隙間から漏れる粒子は共役反応に寄与できない．

そこで当然でてくるのは，そもそも自律系で効率100% は原理的に可能か，という問いだ．上で漏れの原因になるのは粒子サイズ程度のポテンシャルの変化だったから，モデルのシステム全体をマクロにしてしまえば，漏れは相対的に無視できるようになって，効率100% は可能かもしれない．たとえば，Sokolov [90]は高温熱環境と低温熱環境に1つずつ理想的なダイオードを置いた回路による自律的なラチェットモデルで効率の上限が100% だと主張している*6．では**有限の自律系で「漏れ」をゼロにできるか**，と問うたらどうだろう．次のような作業仮説を立ててみる：自律系による粒子の存在検知は一種の情報操作で，1つの粒子を輸送するたびにそのメモリー状態がリセットされなければならない．メモリー消去・書き込みのサイクル1つあたりには最低 $k_B T \ln 2$ の不可逆仕事が必要だ(6.3)．だから，このエネルギーあるいはそのエントロピー換算 $k_B \ln 2$ に相当する「漏れ」があるだろう．本当かどうか知りたいものである．

本節で述べた変換機構は全体が F と L，および h と l について対称になるよう設計された．これにより，「環境濃度の非対称(非平衡)がサイクルを非対称に回す」ということが直接に見て取れたと思う．これは全体を見る立場であるが，もしも同じ状況を，L の立場に限って見れば(すなわち，図9.2の左図の上半分を隠せば)，変換機構みずからが L 粒子を薄い所から濃い所に汲み上げるように見える*7．この立場では変換機構が粒子を能動輸送する機序を次のように表現できるだろう：L 粒子の受容部位に粒子がいない(OUT)ときは，そこへのアクセスは低濃度(l)側に対して開かれていることが多くなり，L 粒子の受容部位に粒子がいる(IN)ときは，そこへのアクセスは高濃度(h)側に対して開かれていることが多くなる．だから，低粒子側から粒子が受容部位に入ったとき，粒子が再び低濃度側に戻る以前に「後ろでドアが閉ざされてしまう」確率が高く，その粒子が高濃度側に出たとき，それが受容部位に舞い戻ったり他の L 粒子が高濃度側から舞い込んだりする以前に「後ろでドアが閉ざされてしまう」確率が高い．この動作を F 粒子を使わずに計算機制御でシミュレートさせても，も

---

*6 他のラチェットモデルでも関与するポテンシャルなどを温度スケールより十分大きく変化させ，時間変化はゆっくり行うようにすると，同様の結果がえられる場合があることが知られている[84]．

*7 逆に F の立場では，変換装置を通っての高濃度側から低濃度側への自然な拡散にブレーキがかかっているように見える．

ちろん L 粒子を能動輸送することができる(4.10 参照).

上では状態を表わす「**とき**」と変化を表わす「**なる**」を使い分けていることに注意されたい．これを「L 粒子がいる間は低濃度側にアクセスを許し，L 粒子がいない間は低濃度側にアクセスを許す」と言ってしまうと同時刻の相関しか指定されず，変化の経路がサイクルを描くかどうかがわからない.

9.3.4　分子モーターなどの理解にむけて

自由エネルギー変換の機能をもつタンパク質を，サイクルの視点から要約してみたい.

(i)　ある生化学反応にとって，その遷移状態に結合するタンパク質があるとする．それは酵素(触媒)として生化学反応を促進する.

(ii)　その酵素の受容部位は，それが触媒する反応の際にその反作用としてみずからも状態変化をする．上述のように，1 方向の単位の反応につき状態変化は 1 サイクルを描く.

(iii)　酵素の中では構成アミノ酸の主鎖や側鎖どうしの相互作用を通して，1 箇所の変形が他の箇所にも及ぶように自由度が形成されている(**アロステリック**(allosteric)**効果**とよばれる[91]).

(iv)　だから 1 つの生化学反応を触媒することで受容部位が被るサイクル的変化は，酵素上の他の場所にもサイクル的変化をひきおこす.

(v)　もしも後者の場所が第 2 の生化学反応に関与することになれば，第 2 の反応の基質と生成物の濃度が仮に反応平衡にあっても，酵素上(の第 2 の場所)においては(第 1 の場所からのアロステリック効果で)サイクル的変化を強制されるために詳細釣合い条件が成り立たなくなる．つまり，第 2 の生化学反応は平衡状態から引き離される．かくして反応の共役が生じる.

上で述べた双方向の制御のモデルを作業仮説として使うならば，タンパク質分子モーターやイオンポンプ，あるいはそれらと共通の構造部分(活性部位)をもつシグナル伝達タンパク質(G タンパク質)などの構造データを見る際に，「2 つの主要な自由度を同定すべし」という方針が立つ．また，双方向制御の傍証となるような突然変異体の振舞いを予測・検証すべきだろう[89].

9.4 おわりに

分子モーターやイオンポンプなど，自律的に自由エネルギーを変換するタンパク質の構造が解明されたのはここ10年のことであるが，それより以前にもエネルギー論の考察が慧眼の人々によってなされてきた[66]．現在，タンパク質の構造が見えるようになってきて，多くのタンパク質の立体構造の間には，機能の違いを越えて共通する部分があることがわかってきた．この共通部分をもとに分類されるタンパク質のグループは**スーパーファミリー**などとよばれ，おそらくは進化の過程で祖先タンパク質から機能の改良・分化を経て広く分布するようになったと考えられている[67]．そこでタンパク質1分子内部の動作の連携についても，個別論を超えた立場で通観するような概念があるのではないかと思われる．本書で述べてきたゆらぎのエネルギー論の方法が，これらの概念を探索するのに何がしかの視点を提供できればよいと期待するものである．

9.5 付録：ラチェットモデル

ラチェット(ratchet)モデルの定義

ラチェット(ratchet)モデルとよばれる一群のモデルが1992年頃から流行となり，最近までかなりの数の論文が書かれた．[84]によれば，ラチェットモデルは典型的には次のようなLangevin方程式で表わされる．

$$0 = -\gamma \frac{dx}{dt} + \xi(t) - \frac{\partial U(x, a(t))}{\partial x} + y(t) + F$$

ただし，空間 x および時間 t について次の周期性を仮定する．

$$U(x+L, a(t)) = U(x, a(t)), \quad a(t+\mathcal{T}) = a(t), \quad y(t+\mathcal{T}) = y(t)$$

あるいは，離散状態 $\{m_1, \cdots, m_N\}$ の間を遷移する変数 $m(t)$ を含む，次のようなLangevin方程式を解析する．

$$0 = -\gamma \frac{dx}{dt} + \xi(t) - \frac{\partial U(x, m(t))}{\partial x} + F$$

ただし，次の周期性を仮定する．

$$U(x+L, m(t)) = U(x, m(t))$$

$m(t)$ の遷移率 $\{w_{m_j \to m_k}\}$ は x に依存してよく，詳細釣合い条件は要請しない．

自律的でないラチェットモデルの例——Pulsating ratchet [65]

$U(x, a(t))$ が空間の反転 $x \leftrightarrow -x$ に関して非対称なノコギリの歯(ラチェットの名の由来)のような空間周期関数 $U_0(x)$ と，0 から 1 まで変動する時間周期関数 $a(t) = \sin^2(\omega t)$ の積 $U_0(x)\sin^2(\omega t)$ で表わされ，$y(t) = F = 0$ とすると，x を座標とする粒子は熱環境からの力 $-\gamma\, dx/dt + \xi(t)$ とポテンシャル力 $-\partial U(x, a(t))/\partial x$ をうけて，平均的には 1 方向に移動する．というのも $a(t) \simeq 0$ の間にほぼ自由に拡散していた $x(t)$ は，$a(t) > 0$ の期間に入ると $U_0(x)$ の極小点のどれかに引き寄せられる，ということを繰り返すが，$a(t)$ が下がる際の $x(t)$ の拡散はほぼ左右対称なのにたいし，上がる際の引き寄せられ方は強く非対称なので，平均変位がゼロでなくなるのだ(図 9.4 参照)．

この 1 方向移動はその逆方向に少し負荷を加えてもなお維持できる．エネルギー論的には仕事源はノコギリの歯を上げ下げする外系($a(t)$)で，これが x を負荷に逆らって移動させる．電気泳動の実験では，粒子の通路(x 軸方向)にたいし垂直方向の振動電場を印加することでポテンシャルを時間変化させた．通

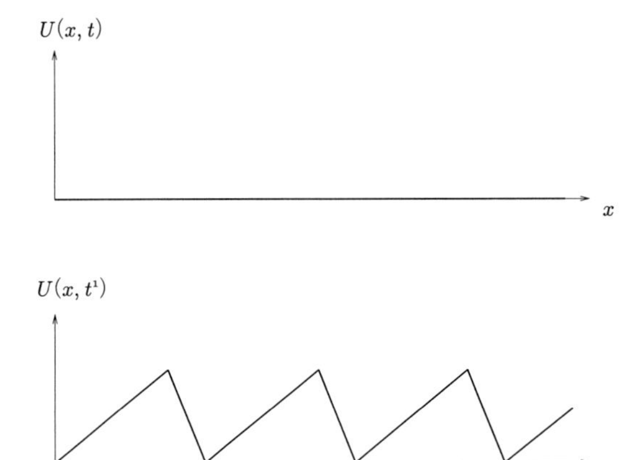

図 **9.4**　Pulsating ratchet におけるポテンシャルエネルギー関数の時間変化．上図は $U(x,t) = 0$ の時，下図は $U(x,t) \neq 0$ の時．

路の形状は x に関して周期的だが反転 $x \leftrightarrow -x$ に対して非対称になるよう設計してあり，実際に粒子が移動するのが確かめられた[92]．これを面白いと思われるならば，ラチェットモデルに関心がもたれたゆえんの一端を納得されるだろう．

ラチェットモデルの発端

社会現象としてのラチェットモデルの流行の嚆矢は，1992 年 J. Prost ら[65]による上の電気泳動のアイディアを，Magnasco が換骨奪胎した論文[93]であろう．それ以前にも，散発的ではあるがすくなくとも 1960 年代以降 Feynman [3]，Astumian [94]，Büttiker [85]らにより類似の問題が考察されてきたし，確率論の分野でも McQuarrie [95]の研究があったのだが，[93]は誰にでも片手間にいじることができるモデルを提案したので研究者社会における一流行を巻き起こした．

ラチェットモデルと Curie 原理

$\langle dx(t)/dt\rangle = 0$ となる原因として次のような場合が考察されている．

(i) 詳細釣合い条件が $\langle dx(t)/dt\rangle \neq 0$ の運動を禁止する例：$a(t)$ が定数で $y(t) = F = 0$ なら，たとえ U に反転対称性 $U(-x, a) = U(x + x_0, a)$ (x_0 は適当な定数)がなくても平衡状態が実現し，永久運動 $\langle dx(t)/dt\rangle \neq 0$ は起こらない．

(ii) 空間反転についての対称性が $\langle dx(t)/dt\rangle \neq 0$ の運動を禁止する例：ポテンシャルが反転対称 $U(-x, a) = U(x + x_0, a)$ でノイズ $\xi(t)$ の統計的性質も反転 $x \leftrightarrow -x$ に関して対称ならば，$\langle dx(t)/dt\rangle > 0$ なる定常状態と $\langle dx(t)/dt\rangle < 0$ なる定常状態が対となってあるはずだ．とくに，定常状態が唯一だと知れていれば $\langle dx(t)/dt\rangle = 0$ が結論される(自発的対称性の破れがおこれば $\langle dx(t)/dt\rangle \neq 0$ が観測される)．

(iii)「超対称性」[96]が $\langle dx(t)/dt\rangle \neq 0$ の運動を禁止する例：超対称性は(Langevin 方程式の文脈では)空間反転と時間反転を組み合わせた対称性で，この制限下では $\langle dx(t)/dt\rangle = 0$ なる非平衡定常状態が現れる．詳細は[84]の§3.5 を参照されたい．

なお，(ii)に関連して，$U(x,a)$ が反転対称をもつ固定ポテンシャルで，かつ $\xi(t)$ が $\langle\xi(t)\rangle = 0$ および $\langle\xi(t)\xi(t')\rangle \propto \delta(t-t')$ を満たしても，$\xi(t)$ の分布がGauss 分布(反転対称性をもつ)に従わないと，$\langle dx(t)/dt\rangle \neq 0$が回復する例を本堂が示した[97]．$U(x,a)$ が平坦(定数)ならば 1 方向運動は現われず，起伏があって初めて $\langle dx(t)/dt\rangle \neq 0$ となる．また(iii)に関連して，金田と佐々木[98]は，ポテンシャル $U_0(x)$ のシステムの唯一の $\langle dx(t)/dt\rangle \neq 0$ なる定常状態と，$-U_0(x)$ のシステムのおなじく唯一の $\langle dx(t)/dt\rangle \neq 0$ なる定常状態とを関係づける写像を見出した．

対称性による禁止がなければ動いて当り前，と言ってしまえば元も子もないラチェットモデルだが，非平衡性を端的に現わす現象という興味はある．たとえば Wang-Oster [53]は非平衡定常状態での効率(Stokes 効率)を定義し，いくつかの具体例についてその効率が不等式，(効率)$\leqq 1$ を満たすことを示したが，この不等式が定常状態熱力学の一般論として意味をもつかどうか知りたいところだ．

参考文献

[1] P. Langevin, Comptes Rendues **146**, 530 (1908).

[2] M. von Smoluchowski, Ann. der Phys. **21**, 756 (1906); A. D. Fokker, Ann. der Phys. **43**, 310 (1915); M. Planck, Sitzungsber. Preuss. Akad. Will. Phys. Math. **K1**, 325 (1917).

[3] ファインマンの講義録：R. P. Feynman, R. B. Leighton, and M. Sands, *The Feynman Lectures on Physics* (Addison-Wesley, Reading, MA, 1966), Vol. I, Chap. 46. 邦訳：『ファインマン物理学II，光・熱・波動』(岩波書店，1968，軽装版 1986).

[4] Y. Oono and M. Paniconi, Prog. Theor. Phys. Suppl. **130**, 29 (1998).

[5] S. Sasa and H. Tasaki, *Steady state thermodynamics for heat conduction*, cond-mat/0108365 v3.

[6] M. Horodecki, J. Oppenheim, R. Horodecki, *Are the laws of entanglement theory thermodynamical?*, Phys. Rev. Lett. **89**, 240403 (2002).

[7] Y. Imry, *Introduction to mesoscopic physics* (Oxford University Press, UK, 1997). 量子物理の基礎に携わる人々はこぞって薦めるが，応用指向の人は評価しないようだ.

[8] C. W. Gardiner, *Handbook of Stochastic Methods*, 2nd ed. (Springer-Verlag, 1996).

[9] 久保亮五『統計物理学』(岩波講座 現代物理学の基礎(第 2 版)第 5 巻，1978)第 5, 6 章.

[10] 森真，藤田岳彦『確率・統計入門』(講談社，1999).

[11] 小針晛宏『確率・統計入門』(岩波書店，1973).

[12] 大偏差性質と統計物理との関連については Y. Oono, *Large Deviation and Statistical Physics*, Prog. Theor. Phys. Supplement **99**, 165–205 (1989). また Onsager 理論との対応については，Y. Oono, *Onsager's*

Principle from Large Deviation Point of View, Prog. Theor. Phys. **89**, 973-983 (1999). また佐々真一氏の非平衡現象論の講義ノートを参考にした.

[13] A. Einstein, *Investigation on the theory of the Brownian Movement*, (1926 初版, 1956, Dover, New York より再版) chap.V-1, pp. 68-75.

[14] 藤阪博一『非平衡系の統計力学』(産業図書, 1998), 第 6, 7 章. いわゆる森スクールの研究がまとめられている. 川崎恭治『非平衡と相転移——メソスケールの統計力学』(朝倉書店, 2000). 方法論の展開に著者自身の深い省察が添えられている. また, 教育的なレビューが S. Nordholm and R. Zwanzig, J. Stat. Phys. **13**, 347 (1975) にある. 射影による運動方程式の扱いについて学ぶのに最初に読むことをお薦めする.

[15] R. Zwanzig, J. Stat. Phys. **9**, 215 (1973).

[16] H. Mori, Prog. Theor. Phys. **33**, 423 (1965). いわゆる森公式を呈示した論文.

[17] K. Kawasaki, J. Phys. A **6**, 1289 (1973). 次の文献にも同等の式が導出されている：H. Mori, T. Morita, K. T. Mashiyama, Prog. Theor. Phys. **63**, 1865 (1980). また Langevin 方程式に双対な Fokker-Planck 方程式については, 対応する導出が Zwanzig によってつとになされた.

[18] H. A. Kramers, Physica **7**, 284 (1940). これは化学反応およびゆらぎの研究における古典である.

[19] J. M. Sancho, M. San Miguel, and D. Dürr, J. Stat. Phys. **28**, 291 (1982).

[20] M. Doi and S. F. Edwards, *The Theory of Polymer Dynamics* (Oxford Science Pub. 1986) § 3.3.

[21] K. Sekimoto, J. Phys. Soc. Jpn. **68**, 1448 (1999).

[22] P. Hänngi, P. Talkner, and M. Borkovecv, Rev. Mod. Phys. **62** (1990) 251 § VII.

[23] 小嶋泉氏の教示による.

[24] 佐々真一『熱力学入門』(共立出版, 2000).

[25] 田崎晴明『熱力学』(培風館，2000)．

[26] 柴田達夫氏の教示による．

[27] エンリコ・フェルミ『フェルミ熱力学』(三省堂，1973)(E. Fermi, *Thermodyanmics*, Dover (1956))．

[28] E. Grunwald and L. L. Comeford による H–S 補償の解説が *Protein-Solvent Interactions*, ed. R. G. Gregory (Marcel Dekker, New York, 1995) の Chap. 10: *Thermodynamic Mechanisms for Enthalpy-Entropy Compensation* にある．

[29] M. Suzuki, J. Shigematsu, Y. Fukunishi, Y. Harada, T. Yanagida, T. Kodama, Biophys. J. **72** (1997) 18–23.

[30] 実験および量子化学的計算によれば，タンパク質内部や真空中という疎水性環境では加水分解は容易におこり ATP⇌ADP+Pi は平衡に近い：T. Kodama, Physiological Rev. **65**, 467–551 (1985); J. I. Braumann *et al.*, Science **279**, 1882 (1998).

[31] F. Weinhold, *Metric geometry of equilibrium thermodynamics*, J. Chem. Phys. **63** (1975) 2479–2483, *ibid.* 2484–2487, *ibid.* 2488–2495, *ibid.* 2495–2501.

[32] G. Oster, A. Perelson, A. Katchalsky, *Network Thermodynamics*, Nature **234**, 393–399 (1971).

[33] T. L. Hill, *Thermodynamics of small systems*, Parts I and II (Dover, New York, 1994). (Original from W. A. Benjamin, New York, 1963, 1964).

[34] 大きな多価イオンの周りにはそれを電気的に中和して余りある(多価)の逆イオンが集まれることに気づいたのは，現代版コロンブスの卵だ：R. Messinam, C. Holm, K. Kremer, Phys. Rev. E **64**, 021405 (2001), および Holm らの他の論文を参照．

[35] H. S. Leff and A. F. Rex, *Maxwell's Demon: Information, Entropy, Computing* (A Hilger (Europe) and Princeton U.P. (USA), 1990).

[36] 中村隆雄『酵素キネティクス』(学会出版センター，1993)，第 8 章．

[37] P. G. Bergmann and J. L. Lebowitz, Phys. Rev. **99**, 578 (1955).

[38] J. L. Lebowitz and P. G. Bergmann, Annals of Physics **1**, 1 (1957). とくにその Chap. 6.

[39] H. Spohn and J. L. Lebowitz, Advances in Chemical Physics **38**, 109 (1978).

[40] T. L. Hill, *Free Energy Transduction and Biochemical Cycle Kinetics*, (Springer-Verlag, 1989).

[41] S. Katz, J. L. Lebowitz, and H. Spohn, J. Stat. Phys. **34**, 497 (1984).

[42] たとえば ランダウ・リフシッツ『統計物理学』(岩波書店，第 3 版，1980)上巻，第 4 章.

[43] たとえば T. M. Cover and J. A. Thomas, *Elements of Information Theory* (John Wiley & Sons, 1991).

[44] たとえば，[5]や S. Yuakwa, cond-mat/0108421.

[45] K. Sekimoto, J. Phys. Soc. Jpn. **66**, 1234 (1997).

[46] 長谷川洋『数理科学』(1992. 4) p. 62.

[47] D. T. Gillespie, J. Comput. Phys. **22**, 403 (1976). 簡潔なまとめが次の論文にある．L. Vereecken, G. Huyberechts, J. Peeters, J. Chem. Phys. **106**, 6564 (1997).

[48] N. R. Davidson, *Statistical Mechanics* (Dover, New York, 2003). オリジナルは絶版であろう (McGraw-Hill, New York, 1962).

[49] 「持ち込まれる」は関手(*functor*)の概念に相当するだろう．これについてはたとえば次の本の p. 13 以下を見よ：S. Mac Lane, *Categories for the Working Mathematician* (2nd ed.) (Springer-Verlag, New York, 1998).

[50] F_1-ATPase のレビューとして例えば，Y. Hirono-Hara, H. Noji, M. Nishimura, E. Muneyuki, K.Y. Hara, R. Yasuda, K. Kinoshita Jr., M. Yoshida, PNAS **98**, 13649–13654 (2001). 最近 γ サブユニットを磁場でまわし，ATP 合成が再現された (H. Itoh, A. Takahashi, K. Adachi, H. Noji, R. Yasuda, M. Yoshida, K. Kinoshita Jr., Nature **427**, 465–468 (2004)).

[51] T. Hondou, *Equation of state in a small system: Violation of an as-*

sumption of Maxwell's demon, cond-mat/0202417.

[52] T. Aoki, M. Hiroshima, K. Kitamura, M. Tokunaga, T. Yanagida, *Non-contact scanning probe microscopy with sub-piconewton sensitivity*, Ultramicroscopy **70**, 45–55 (1997).

[53] H. Wang and G. Oster, *The Stokes efficiency for molecular motors and its applications*, Europhys. Lett. **57**, 134–140 (2002).

[54] C. Jarzynski, Phys. Rev. Lett. **78**, 2690 (1997).

[55] G. E. Crooks, *Nonequilibrium Measurement of Free Energy Differences for Microscopically Reversible Markovian Systems*, J. Stat. Phys. **90**, 1481 (1998).

[56] T. Hatano, Phys. Rev. E **60**, R5077 (1999).

[57] 佐々真一氏私信.

[58] K. Sekimoto, and S. Sasa, J. Phys. Soc. Jpn. **66** (1997) 3326.

[59] たとえば L. Diósi, K. Kulacsy, B. Lukács, A. Rácz, *Thermodynamic length, time, speed, and optimum path to minimize entropy production*, J. Chem. Phys. **105**, 11220–11225 (1996).

[60] Y. Fujitani, T. Kojoh, K. Inoué, *Minimum-work process for isothermal shift of a Brownian particle*, J. Phys. Soc. Jpn. **72**, 1300–1301 (2000).

[61] J. Maynard Smith, E. Szathmáry, *The major Transitions in Evolution* (Oxford University Press, 1995). 邦訳：『進化する階層』(シュプリンガー・フェアラーク東京，1997).

[62] M. Matsuo (学会発表：1999). 残念ながら論文が公表されていないので詳細は述べることができない.

[63] R. Landauer, IBM J. Res. Dev. **5**, 183 (1961).

[64] C. H. Bennett, Int. J. Theor. Phpys. **21**, 905 (1982). これは[35]の p. 213 以下に収録されている．この文献中，Bennett はコピー操作は可逆であるという議論を行っている．これはこれで正しく，本書との違いはコピーの定義にある．Bennett 論文の用語でいうと，本書の定義は reference bit のない孤立状態の movable bit から始めて，これを data bit に近づけ，その後再び孤立状態にするまでのサイクル操作を

コピーとしている．本書の定義のほうが，その前後の操作にたいして自立完結している．

[65] A. Ajdari et J. Prost, C. R. Acad. Sci. Paris, **315**, Ser. II, 1635 (1992).

[66] E. Eisenberg and T. L. Hill, Science **227**, 999 (1985).

[67] F. J. Kull, R. D. Vale, R. J. Fletterick, *The case for a common ancestor: kinesin and myosin motor proteins and G proteins*, Muscle Res. Cell Motil., 877–886 (1998).

[68] 池田研介氏私信．また T. Hyouguchi, S. Adachi, M. Ueda, Phys. Rev. Lett. **88**, 170404 (2002).

[69] K. Sato, K. Sekimoto, T. Hondou, F. Takagi, *Irreversibility resulting from contact with a heat bath caused by the finiteness of the system*, Phys. Rev. E **66**, 06119–1:6 (2002).

[70] T. Kasuga, Proc. Japan Academy, Tokyo, **37**, 366 (1961).

[71] I. Procaccia and D. Levine, *Potential work: A statistical-mechanical approach for systems in disequilibrium*, J. Chem. Phys. **65**, 3357–3364 (1976).

[72] H. Tasaki, *Inevitable irreversibility in a quantum system consisting of many non-interacting "small" pieces*, cond-mat/0008420 v2, (2000).

[73] S. Ishioka and N. Fuchigami, Chaos **11**, 734–736 (2001). ここではコピー過程として Bennett 流の定義(サイクルを閉じないもの)が採用されている．

[74] Y. Miyamoto, K. Fukao, H. Yamao, K. Sekimoto, *Memory Effect on the Glass Transition in Vulcanized Rubber*, Phys. Rev. Lett. **88**, 225504 (2002).

[75] K. Sekimoto, F. Takagi, T. Hondou, *Carnot's cycle for small system: Irreversibility and cost of operations*, Phys. Rev. E **62**, 7759–7768 (2000).

[76] Y. Oono, [4]. また講演，私信など．

[77] E. Lieb and J. Yngvanson, *The Physics and Mathematics of the Second*

Law of Thermodynamics, Physics Report **310**, 1–96 (1999).

[78] ランダウ・リフシッツ『力学』(東京図書，ただし 1974 年に第 1 刷の出た増訂第 3 版のみ) § 49–51.

[79] T. Shibata and K. Sekimoto, J. Phys. Soc. Jpn. **69**, 2455–2462 (2000).

[80] 久保亮五編『大学演習 熱学・統計力学』(裳華房，1961，修訂版 1998) § 5.13 と演習 6：ミクロカノニカル分布をもとに開放系の熱力学ポテンシャル J を導いている．すべてを Langevin 方程式から組み立てるという立場では，むしろカノニカル分布にもとづきたいので，[79]では簡単な場合について証明したが，一般的な証明は煩雑だろう．

[81] T. Shibata and S. Sasa, J. Phys. Soc. Jpn. **67**, 2666 (1998).

[82] H. Noji, D. Bald, R. Yasuda, H. Itoh, M. Yoshida, and K. Kinoshita Jr., J. Biol. Chem. **276**, 25480–25486 (2001).

[83] P. Curie, *Sur la symétrie dans les phénomènes physiques, symétrie d'un champ électrique et d'un champ magnétique*, J. Phys. (Paris) 3ème série, **3**, 393–415 (1894).

[84] P. Reimann, *Brownian motors: noisy transport far from equilibrium*, Physics Reports **361**, 5765 (2002) [condmat/0010237].

[85] M. Büttiker, Z. Phys. B **98**, 161 (1987). エネルギー論については M. Matsuo and S. Sasa, Physica A **276**, 188 (2000) [cond-mat/9810220 (1998)].

[86] S. Sasa and T. Shibata, J. Phys. Soc. Jpn. **67**, 1918 (1998).

[87] J. M. R. Parrondo and P. Español, Am. J. Phys. **64**, 1125 (1996).

[88] たとえば，あるタンパク質の受容部位はリガンド粒子がない時には小規模の変形しかしないが，リガンドが受容部位にくると，それを包みこむように熱ゆらぎより大規模な変形をし，リガンド形成といくつもの(水素/イオン/疎水性の)結合をつくる：D. E. Jr. Koshland, G. Némethy and D. Filmer, *Comparison of experimental binding data and theoretical models in proteins containing subunits*, Biochem. **5**, 365–385 (1966). このモデルは induced fit とよばれ，また「手袋が手

に合わせて変形する」と表現されることもある.

[89] K. Sekimoto 論文投稿中.

[90] I. M. Sokolov, Phys. Rev. E **60**, 4946–4947 (1999).

[91] たとえば B. Alberts, D. Bray, A. Johnson, J. Lewis, M. Raff, K. Roberts, P. Walter, *Essential Cell Biology* (Garland Pub. New York & London, 1997). 邦訳:『Essential 細胞生物学』(南江堂, 1999). p. 173. 言語によらずページ数は統一されている.

[92] J. Rousselet, L. Salome, A. Ajdari, and J. Prost, Nature **370**, 446 (1994) (N&V: p. 412).

[93] Marcelo O. Magnasco, Phys. Rev. Lett. **71**, 1477 (1993). この著者は常に[65]を 1993 年と誤引用しており, ラチェットの元祖として[65]でなくこの論文が引用されることも多い. 片手間にいじくれるモデルが研究者社会における流行の一要件であるという見方を, 著者は大野克嗣氏から伺った.

[94] T. Y. Tsong and R. D. Astumian, Bioelect. Bioenerg. **15**, 457 (1986); H. V. Westerhoff, T. Y. Tsong, P. B. Chock, Y. Chen and R. D. Astumian, Proc. Nat. Acad. Sci. **83**, 4734 (1986).

[95] D. A. McQuarrie, J. Applied Probab. **4**, 413 (1967).

[96] M. Bernstein and L. S. Brown, *Supersymmetry and the Bistable Fokker-Planck Equation*, Phys. Rev. Lett. **52**, 1933–1935 (1984).

[97] T. Hondou, J. Phys. Soc. Jpn. **63**, 2014–2015 (1994); T. Hondou and Y. Sawada, Phys. Rev. Lett. **75**, 3269–3272 (1995), errata, *ibid.* **76**, 1005 (1996).

[98] R. Kanada and K. Sasaki, *Thermal Ratchet with Symmetric Potentials*, J. Phys. Soc. Jpn. **68**, 3579–3762 (1999).

索　引

G

H

I

J

K

L

M

N

O

P

Q

R

■岩波オンデマンドブックス■

新物理学選書
ゆらぎのエネルギー論

2004年5月20日　第1刷発行
2006年4月14日　第2刷発行
2016年1月13日　オンデマンド版発行

著　者　関本　謙（せきもと　けん）

発行者　岡本　厚

発行所　株式会社　岩波書店
〒101-8002 東京都千代田区一ツ橋2-5-5
電話案内 03-5210-4000
http://www.iwanami.co.jp/

印刷／製本・法令印刷

ISBN 978-4-00-730346-3　　Printed in Japan